国家出版基金资助项目

ACADEMICIAN SMIRNOV LECTURE NOTES
IN MATHEMATICS(VOLUME III(2))

Smirnov院士数学讲义
（第三卷·第二分册）

（俄罗斯）В.И.Смирнов 著　　《Smirnov院士数学讲义》翻译组 译

黑版贸审字 08 - 2016 - 040 号

内 容 简 介

本书共分三章:复变数函数论的基础,保角变换和平面场,留数理论的应用、整函数和分函数.理论部分叙述扼要,应用部分叙述详尽,适合力学、物理、电机、航空各专业作为教材或参考书.

图书在版编目(CIP)数据

Smirnov 院士数学讲义.第三卷.第二分册/(俄罗斯)В.И.斯米尔诺夫著;《Smirnov 院士数学讲义》翻译组译.—哈尔滨:哈尔滨工业大学出版社,2019.1
ISBN 978 - 7 - 5603 - 7841 - 1

Ⅰ.①S… Ⅱ.①B…②S… Ⅲ.①高等数学－高等学校－教学参考资料 Ⅳ.①O13

中国版本图书馆 CIP 数据核字(2018)第 268591 号

书名:Курс высшей математики
作者:В. И. Смирнов
В. И. Смирнов《Курс высшей математики》
Copyright © Издательство БХВ,2015
本作品中文专有出版权由中华版权代理总公司取得,由哈尔滨工业大学出版社独家出版

策划编辑　刘培杰　张永芹
责任编辑　张永芹　刘家琳
封面设计　孙茵艾
出版发行　哈尔滨工业大学出版社
社　　址　哈尔滨市南岗区复华四道街 10 号　邮编 150006
传　　真　0451 - 86414749
网　　址　http://hitpress.hit.edu.cn
印　　刷　哈尔滨市工大节能印刷厂
开　　本　787mm×1092mm　1/16　印张 17.75　字数 330 千字
版　　次　2019 年 1 月第 1 版　2019 年 1 月第 1 次印刷
书　　号　ISBN 978 - 7 - 5603 - 7841 - 1
定　　价　188.00 元

(如因印装质量问题影响阅读,我社负责调换)

第四版序言

  在这一版里第三卷被分成两部,现在的第二部包含从前第三卷中复变数函数论的基础那一章以后的内容,其中除若干问题的叙述已有变更外还添加了新的内容.这些新内容主要是柯西型积分及用最速下降法求积分近似值方面的研究.关于后一问题彼得拉申教授在行文上给予我极大的帮助,兹于此对他表示衷心的感谢.

  书中凡引证以前几卷或本册已证的结果时都用简写符号.例如,[$Ⅲ_1$,44]表示第三卷第一部§44,[23]表示本册§23.

В. И. 斯米尔诺夫

一九四九年六月一日

目录

第1章 复变数函数论的基础 //1

§1 复变数函数 //1
§2 导数 //6
§3 保角变换 //11
§4 积分 //13
§5 柯西定理 //15
§6 积分学的基本公式 //18
§7 柯西公式 //20
§8 柯西型积分 //25
§9 柯西公式的推论 //28
§10 孤立奇异点 //29
§11 具复数项的无穷级数 //31
§12 魏尔斯特拉斯定理 //34
§13 幂级数 //36
§14 泰勒级数 //38
§15 洛朗级数 //40
§16 例题 //43
§17 孤立奇异点,无限远点 //48
§18 解析延拓 //51

§19　多值函数的例子　//57

§20　解析函数的奇异点和黎曼曲面　//63

§21　留数定理　//66

§22　关于零点个数的定理　//68

§23　幂级数的反演　//72

§24　对称原理　//74

§25　收敛圆圆周上的泰勒级数　//77

§26　积分的主值　//80

§27　积分的主值(续)　//84

§28　柯西型积分　//89

第2章　保角变换和平面场　//95

§29　保角变换　//95

§30　线性变换　//98

§31　分式线性变换　//99

§32　函数 $w=z^2$　//107

§33　函数 $w=\dfrac{k}{2}\left(z+\dfrac{1}{z}\right)$　//108

§34　二角形和带域　//111

§35　基本定理　//113

§36　克里斯托弗公式　//115

§37　特别情形　//121

§38　多角形的外部　//124

§39　变换区域为圆的函数的极小性质　//126

§40　共轭三角级数法　//129

§41　稳定平面液流　//136

§42　例题　//138

§43　完全环流的问题　//143

§44　茹科夫斯基公式　//144

§45　平面静电问题　//145

§46　例题　//148

§47 平面磁场 //152

§48 施瓦兹公式 //152

§49 核 $\cot\dfrac{s-t}{2}$ //154

§50 边值问题 //158

§51 重调和函数 //162

§52 波动方程和解析函数 //165

§53 基本定理 //167

§54 平面波的绕射 //172

§55 弹性波的反射 //177

第3章 留数理论的应用,整函数和分函数 //184

§56 菲涅尔积分 //184

§57 带有三角函数的积分 //186

§58 有理分式的积分 //187

§59 几种带有三角函数的新型积分 //189

§60 约当辅助定理 //191

§61 若干函数的路积分表示 //193

§62 多值函数积分的例子 //197

§63 系数为常数的线性方程组的积分 //201

§64 分函数的最简分数展开式 //205

§65 函数 $\cot z$ //209

§66 半纯函数的构造 //211

§67 整函数 //213

§68 无穷乘积 //215

§69 由零点决定整函数 //217

§70 含参变数的积分 //220

§71 第二类欧拉积分 //223

§72 第一类欧拉积分 //226

§73 函数 $[\Gamma(z)]^{-1}$ 的无穷乘积表示 //228

§74 $\Gamma(z)$ 的路积分表示式 //233

§75 斯特林公式　//235

§76 欧拉求和公式　//240

§77 伯努利数　//244

§78 最速下降法　//245

§79 决定积分的主要部分　//248

§80 例题　//254

附录　俄国大众数学传统——过去和现在　//264

复变数函数论的基础

§1 复变数函数

在讲微积分的时候,我们假定自变数和它的函数都只取实数值. 进而,当我们考察最初等的函数,即多项式,以作为研究高等代数的基础时,便要讨论到自变数取复数值时的情形. 本章的目的就是要把解析学的基础推广到复变数函数的情形.

例如,取一多项式
$$f(z) = a_0 z^n + a_1 z^{n-1} + \cdots + a_n$$
其中 a_k 都是已知的复数. 假如我们现在让自变数 z 也能取任意的复数值的话,那么对于 z 的任何复数值,函数 $f(z)$ 就是有意义的. 相仿地,对有理函数
$$\frac{a_0 z^n + a_1 z^{n-1} + \cdots + a_n}{b_0 z^m + b_1 z^{m-1} + \cdots + b_m}$$
或具有根号的函数,如
$$\sqrt{z-1}$$
都可以这样去解释它.

在第一卷第六章里我们曾定义了一些当自变数取复数值时的初等超越函数,即对于指数函数有
$$e^z = e^{x+iy} = e^x(\cos y + i\sin y)$$
借这样定义的指数函数又可以定义复变数的三角函数

$$\sin z = \frac{e^{iz} - e^{-iz}}{2i}$$

$$\cos z = \frac{e^{iz} + e^{-iz}}{2}$$

$$\tan z = \frac{\sin z}{\cos z} = \frac{1}{i} \frac{e^{i2z} - 1}{e^{i2z} + 1}$$

$$\cot z = \frac{\cos z}{\sin z} = i \frac{e^{i2z} + 1}{e^{i2z} - 1} \tag{1}$$

再回忆复数的自然对数的定义

$$\ln z = \ln |z| + i \arg z \tag{2}$$

其中$|z|$是z的模,$\arg z$是z的辐角.借此考虑式(1)中诸函数的反函数,就引向复变数的反三角函数

$$\arcsin z, \arccos z, \arctan z, \text{arccot } z$$

不难说明,这些函数能够通过对数来表达.

例如,置

$$z = \tan w = \frac{e^{i2w} - 1}{i(e^{i2w} + 1)}$$

则

$$i(e^{i2w} + 1)z = e^{i2w} - 1$$

或

$$e^{i2w} = \frac{1 + iz}{1 - iz}$$

分子、分母同乘以 i,再取对数,得

$$w = \arctan z = \frac{1}{2i} \ln \frac{i - z}{i + z}$$

完全一样,如果令

$$z = \sin w = \frac{e^{iw} - e^{-iw}}{2i}$$

则得 e^{iw} 的二次方程

$$e^{2iw} - 2ize^{iw} - 1 = 0$$

因此

$$e^{iw} = iz \pm \sqrt{1 - z^2}$$

从而

$$w = \frac{1}{i} \ln(iz \pm \sqrt{1 - z^2})$$

这里根号应当取正负两种数值.

以后就会看到,所有上述这些复变数的初等函数都有导数,但这些导数也是复变数函数.这就是说,对这些函数,比率
$$\frac{f(z+\Delta z)-f(z)}{\Delta z}$$
当复改变量 Δz 趋向零时有一定的极限值.这一章的全部内容就在替有导数的复变数函数理论奠定一个基础.我们将会看到这套理论一方面是以非常严格和简洁著称,而另一方面在许多自然科学和专门技术的部门中又有它广泛的应用.本章中先说它的理论的大概,在以后各章里面再讲它的应用.我们希望用这个办法可以达到比较严格和简洁的行文.

以后我们常要用到复数的几何解释法,这早在[Ⅰ,170]中已讲过.现在再略述其中的一些基本概念.在平面中取直角坐标轴 Ox 和 Oy,那么对平面上每一点就可以用两个实数坐标 (x,y) 或一个复数坐标 $x+iy$ 与它对应,后者是我们以后要用到的.在这种意义下,平面称为复平面,Ox 轴称为实轴,Oy 轴称为虚轴.对于复数除了这种点的解释法以外,在以后各章中我们主要还要用到一种向量的解释法,那就是对于复数 $x+iy$ 以一个在两坐标轴方向的支量为 x 及 y 的向量与它对应.这两种解释之间的关系是很显然的,即如果从原点到点 $x+iy$ 引一向量,那么它就是对应于复数 $x+iy$ 的向量了.一般地,如果平面上一向量的起点 A 的坐标是 a_1+ia_2,终点 B 的坐标是 b_1+ib_2,则向量 $\overrightarrow{AB}$ 所对应的复数就等于终点坐标与起点坐标之差,即
$$(b_1-a_1)+i(b_2-a_2)$$

关于复数的加减乘除,可以参看[Ⅰ,170 和 172].两个复数的和所对应的向量是各个复数所对应的向量的和.复数的模就是它所对应的向量的长度,辐角就是这个向量和 x 轴的交角.当复变数 z 变动时,对应点也就在平面上移动.

我们称 $z=x+iy$ 趋向极限 $\alpha=a+ib$,这里 a 和 b 是常数,假如 z 和 α 之差的模
$$|\alpha-z|=\sqrt{(a-x)^2+(b-y)^2}$$
趋向零.

因为上式根号里面两项都是正的,故知 $|\alpha-z|\to 0$ 实与
$$x\to a, y\to b$$
两式相抵.因此
$$x+iy\to a+ib$$
也就和

$$x \to a, y \to b$$

两式相抵了.

由此显然可见坐标为 $z = x + \mathrm{i}y$ 的变动点 M 趋向坐标为 $\alpha = a + \mathrm{i}b$ 的固定点 A 的意义实与通常平面上一点趋向其极限位置的意义符合. 不难证明普通关于极限之加减乘除的定理对于复变数也一样成立, 这里我们不详细说了.

又由上述极限的定义容易知道 $z \to 0$ 和 $|z| \to 0$ 相抵. 如果 $z \to \alpha$, 则 $|z| \to |\alpha|$.

对复变数, 柯西判别极限存在的准则也成立. 例如, 设

$$z_1 = x_1 + \mathrm{i}y_1$$
$$z_2 = x_2 + \mathrm{i}y_2$$
$$\vdots$$
$$z_n = x_n + \mathrm{i}y_n$$
$$\vdots$$

为一复数序列. 这个序列极限的存在和两实数序列 x_n 与 y_n 的极限都存在相抵. 但后两极限存在的充要条件是: 对所有充分大的 n 和 m, $|x_n - x_m|$ 和 $|y_n - y_m|$ 可任意小, 参看 [Ⅰ, 31].

但由

$$|z_n - z_m| = \sqrt{(x_n - x_m)^2 + (y_n - y_m)^2}$$

及根号里面两项皆为正, 可知 z_n 的极限存在的充要条件是: 对所有充分大的 m 和 n, $|z_n - z_m|$ 可任意小. 严格些说就是: 对任一已给正数 ε, 存在一正整数 N, 使 $|z_n - z_m| < \varepsilon$, 只要 n 和 m 都大于 N. 一般地, 复变数 z 的行程不一定是如上所设的可数点集, 那么我们应该仿照 [Ⅰ, 25] 一样在 z 的全部行程中确定出一个次序来. 而极限存在的充要条件就可以这么说: 对任一已给正数 ε, 存在 z 之一值 z_0, 使得 $|z' - z''| < \varepsilon$, 只要 z' 和 z'' 是任意两个在 z_0 后面的 z 的值. 又以后我们称复变数 z 趋向无限, 如果 $|z| \to +\infty$.

现在我们回过来看复变数函数

$$w = f(z)$$

并约定几个名词. 函数 $f(z)$ 可以在整个复平面上都有定义, 也可以只在平面上某一区域内有定义, 如圆、长方形、环等之内. 在所有这些区域里面, 我们可以区别它的内点和边界点. 例如, 当这个区域是以原点为中心的单位圆时, 其内点就是满足条件

$$|z| < 1 \text{ 或 } x^2 + y^2 < 1$$

的点的全体. 边界点的全体就是圆周
$$|z|=1 \text{ 或 } x^2+y^2=1$$

区域的内点的特征是:不但它们自己,并且它们有一个邻域全部属于这个区域.换句话说,一点 M 是某区域的内点,假如有一个以 M 为中心的很小的圆全部属于此区域的话.区域的边界点虽然不是它的内点,但在其任意小的邻域中一定有区域的内点存在.此外,还要规定我们的区域并不分为许多分开的小块(区域之连通性).换言之,我们将常假定区域中任何两点都可以用一条线联结起来,这条线上面的点全部属于这个区域.依照惯例,以后我们用到区域这两个字时,就只指它的内点的全体.如果连边界点也在内的话,我们就称它为闭区域.此外,如果一区域中所有的点和原点的距离都小于一个有限数,则此区域称为有界.关于区域的其他特征将在以后补充.

现在再回头来考察函数 $w=f(z)$. 假设这个函数是在某一区域 B 的内部所定义的,即对 B 内部任一点 z, $f(z)$ 必有一定的复数值(我们只说单值函数).设 z_0 为 B 中一点,如果当 $z \to z_0$ 时,有
$$f(z) \to f(z_0)$$
则称函数 $f(z)$ 在 z_0 处连续.这就是说,对任一已给正数 ε,存在一正数 η,使当 $|z-z_0|<\eta$ 时,有
$$|f(z)-f(z_0)|<\varepsilon$$
若 $f(z)$ 在 B 中每一点都连续,则称它在 B 中连续. 函数 $f(z)$ 有时不但可在 B 中有定义,并且也可以在 B 的边界线 l 上有定义,即 $f(z)$ 在闭区域 B 中有定义. 这时若 $f(z)$ 在闭区域 B 中每一点都连续,则称 $f(z)$ 在闭区域 B 中为连续. 当定义函数在边界线 l 上一点 z_0 的连续性时,需要注意这时 z 可以用任何方式趋向 z_0,但不能离开闭区域 B. 和实变数一样,[Ⅰ,43] 的定理仍成立:若 $f(z)$ 在闭有界区域中为连续,则在这个区域中必为一致连续. 这就是说,对任一已给正数 ε,存在一正数 η(对全区域只有一个),使当 $|z_1-z_2|<\eta$ 时,有
$$|f(z_1)-f(z_2)|<\varepsilon$$
这里 z_1 和 z_2 是闭区域中任意两点.

把 z 和 $w=f(z)$ 分为实数部分和虚数部分
$$z=x+\mathrm{i}y$$
$$w=f(z)=u+\mathrm{i}v$$
给 z 一值就是给 x 和 y 各一值,给 $f(z)$ 一值就是给 u 和 v 各一值,因此 u 和 v 必定是 x 和 y 的函数
$$w=f(z)=u(x,y)+\mathrm{i}v(x,y) \tag{3}$$

对于初等函数，只需用简单的运算就可把实数部分和虚数部分分开．例如
$$w = z^2 = (x+iy)^2 = (x^2-y^2) + 2ixy$$
置 $z_0 = x_0 + iy_0$，由前知 $z \to z_0$ 与 $x \to x_0, y \to y_0$ 两式相抵．

如果函数在点 z_0 连续，那么当 $z \to z_0$，即 $x \to x_0, y \to y_0$ 时，应有
$$f(z) \to f(z_0)$$
或
$$u(x,y) + iv(x,y) \to u(x_0, y_0) + iv(x_0, y_0)$$
这和
$$u(x,y) \to u(x_0, y_0)$$
$$v(x,y) \to v(x_0, y_0)$$
两式相抵．因此知道 $f(z)$ 在点 z_0 连续与 $u(x,y), v(x,y)$ 在点 (x_0, y_0) 连续相抵．

把函数分开为实数部分和虚数部分，再用初等实函数的连续性质，我们可以证明多项式 $e^z, \sin z, \cos z$ 等都是全平面上的连续函数．有理分式也是处处连续的，除了那些使它的分母为零的点以外．

要讲更进一步的理论，我们得先讲单值函数，以后再特别考虑多值函数的问题．多值函数，例如 $\sqrt{z-1}, \ln z$ 以及反三角函数等都是．

§2 导　　数

假设 $f(z)$ 在点 z 和它的某一邻域内已有定义．导数 $f'(z)$ 我们已经按照常例定义为比率
$$\frac{f(z+\Delta z) - f(z)}{\Delta z} \tag{4}$$
的极限．这时极限值必须是有限的，并且不论复改变量 Δz 依照什么规律趋向零，极限值常为一定．

和实变数的情形一样，不难证明求导数时常数因子可以拿到导数符号之外来，并且通常关于和、积、商的微分的定理对于复函数也一样成立[Ⅰ,47]．此外，用牛顿二项式公式易证关于指数为正整数的幂函数的微分规则[Ⅰ,47]对于复函数也成立
$$(z^n)' = nz^{n-1} \tag{5}$$
这样我们就可断言多项式在任何一点 z 的导数都存在，而有理分式则除在

使它的分母为零之点以外处处有导数.

进而,通常关于复合函数的微分规则也成立
$$F'_z(w) = F'_w(w) \cdot w'_z \tag{6}$$
当然,这时等式右边两个导数都要存在. 又和实变数一样,如果 $f(z)$ 在某点的导数存在,那么它在这点必为连续[Ⅰ,45].

如果函数 $f(z)$ 在某区域 B 中已有定义,而且在 B 里面的每一点都有导数,就简称 $f(z)$ 在区域 B 中有导数. 这个导数也是 B 中的单值函数.

现在引进一个新的重要的定义. 我们称 $f(z)$ 在 B 中为正则,如果它在 B 中为单值而且有连续的导数 $f'(z)$. 由前所述,可知这时 $f(z)$ 在 B 中当然为连续. 有时也称 $f(z)$ 在一点 z_0 为正则,这是指 $f(z)$ 在包含 z_0 的某一区域中为正则的意思.

回到式(3),在那里 z 和 $f(z)$ 都被分开成实数部分和虚数部分,我们问:函数 $u(x,y)$ 和 $v(x,y)$ 应该满足什么条件时,$f(z)$ 才能在 B 中为正则. 现在先假设 $f(z)$ 在 B 中为正则,看由此可以引出关于 $u(x,y)$ 和 $v(x,y)$ 的什么结果来.

我们早已说过,当导数存在时,其值与复改变量 $\Delta z = \Delta x + i\Delta y$ 趋向零的方式无关. 今在 B 中任取一点 M,坐标为 $z = x + iy$,又取一动点 N,坐标为
$$z + \Delta z = (x + \Delta x) + i(y + \Delta y)$$
且 N 趋向 M. 现在试看 N 趋向 M 的两种不同方式. 第一种方式是:N 沿一平行于 x 轴的直线趋向 M. 这时有
$$\Delta y = 0 \text{ 而 } \Delta z = \Delta x \tag{7}$$
第二种方式是:N 沿一平行于 y 轴的直线趋向 M. 这时有
$$\Delta x = 0 \text{ 而 } \Delta z = i\Delta y \tag{8}$$

现在对这两种情形来求 $f'(z)$. 在一般情形下,我们有
$$f'(z) = \lim_{\Delta z \to 0} \frac{f(z+\Delta z) - f(z)}{\Delta z} =$$
$$\lim_{\substack{\Delta x \to 0 \\ \Delta y \to 0}} \frac{[u(x+\Delta x, y+\Delta y) - u(x,y)] + i[v(x+\Delta x, y+\Delta y) - v(x,y)]}{\Delta x + i\Delta y}$$
$$\tag{9}$$

因此当 N 按照第一种方式趋向 M 时,有
$$f'(z) = \lim_{\Delta x \to 0} \left[\frac{u(x+\Delta x, y) - u(x,y)}{\Delta x} + i \frac{v(x+\Delta x, y) - v(x,y)}{\Delta x} \right]$$
这样,等式右边的实数部分和虚数部分就都应该有极限,这就是说,函数 $u(x,y)$ 和 $v(x,y)$ 应该有关于 x 的偏导数,并且下式成立

$$f'(z) = \frac{\partial u(x,y)}{\partial x} + \mathrm{i}\frac{\partial v(x,y)}{\partial x} \tag{10}$$

同样,如果 N 按照第二种方式趋向 M 的话,则由(8)和(9)应有

$$f'(z) = \lim_{\Delta y \to 0} \frac{1}{\mathrm{i}}\left[\frac{u(x,y+\Delta y)-u(x,y)}{\Delta y} + \mathrm{i}\frac{v(x,y+\Delta y)-v(x,y)}{\Delta y}\right]$$

或

$$f'(z) = \frac{\partial v(x,y)}{\partial y} - \mathrm{i}\frac{\partial u(x,y)}{\partial y} \tag{11}$$

比较(10)和(11)的右边,就得到 $u(x,y)$ 和 $v(x,y)$ 应满足的条件

$$\begin{cases} \dfrac{\partial u(x,y)}{\partial x} = \dfrac{\partial v(x,y)}{\partial y} \\ \dfrac{\partial v(x,y)}{\partial x} = -\dfrac{\partial u(x,y)}{\partial y} \end{cases} \tag{12}$$

注意:由 $f'(z)$ 的连续性和(10)(11)两式可知 $u(x,y)$ 和 $v(x,y)$ 有连续的一阶偏导数. 由以上的论断我们得到下面的结果:要使 $f(z)$ 在 B 中为正则,必须 $u(x,y)$ 和 $v(x,y)$ 在 B 中有关于 x 和 y 的连续一阶偏导数,并且这些偏导数要满足式(12)中的两个关系.

现在再证明这些条件对 $f(z)$ 在 B 中为正则不但是必要而且也是充分的. 为此,我们假定上面的条件已经成立,再来证明 $f'(z)$ 的存在和连续. 由假设 $u(x,y)$ 和 $v(x,y)$ 关于 x 和 y 的一阶偏导数都是连续的,所以可写[Ⅰ,68]

$$u(x+\Delta x, y+\Delta y) - u(x,y) = \frac{\partial u(x,y)}{\partial x}\Delta x + \frac{\partial u(x,y)}{\partial y}\Delta y + \varepsilon_1 \Delta x + \varepsilon_2 \Delta y$$

$$v(x+\Delta x, y+\Delta y) - v(x,y) = \frac{\partial v(x,y)}{\partial x}\Delta x + \frac{\partial v(x,y)}{\partial y}\Delta y + \varepsilon_3 \Delta x + \varepsilon_4 \Delta y$$

其中 ε_k 和 $\Delta x, \Delta y$ 一齐趋向零. 利用上两式求出函数 $f(z)$ 的改变量 $f(z+\Delta z) - f(z)$,代入式(4)得

$$\frac{f(z+\Delta z) - f(z)}{\Delta z} =$$

$$\frac{\left(\dfrac{\partial u}{\partial x}\Delta x + \dfrac{\partial u}{\partial y}\Delta y\right) + \mathrm{i}\left(\dfrac{\partial v}{\partial x}\Delta x + \dfrac{\partial v}{\partial y}\Delta y\right) + (\varepsilon_1 + \mathrm{i}\varepsilon_3)\Delta x + (\varepsilon_2 + \mathrm{i}\varepsilon_4)\Delta y}{\Delta x + \mathrm{i}\Delta y}$$

利用式(12)的条件,上式可改写为

$$\frac{f(z+\Delta z) - f(z)}{\Delta z} =$$

$$\frac{\dfrac{\partial u}{\partial x}(\Delta x + \mathrm{i}\Delta y) + \mathrm{i}\dfrac{\partial v}{\partial x}(\Delta x + \mathrm{i}\Delta y)}{\Delta x + \mathrm{i}\Delta y} + \varepsilon_5 \frac{\Delta x}{\Delta x + \mathrm{i}\Delta y} + \varepsilon_6 \frac{\Delta y}{\Delta x + \mathrm{i}\Delta y}$$

其中
$$\varepsilon_5 = \varepsilon_1 + i\varepsilon_3, \varepsilon_6 = \varepsilon_2 + i\varepsilon_4$$
和 Δz 一齐趋向零.

易知上面的等式右边最后两项也趋于零. 例如
$$\left|\varepsilon_5 \frac{\Delta x}{\Delta x + i\Delta y}\right| = |\varepsilon_5| \frac{|\Delta x|}{\sqrt{\Delta x^2 + \Delta y^2}}$$
右边第一个因子趋于零, 而第二个因子不大于一.

这样我们就有
$$\frac{f(z+\Delta z) - f(z)}{\Delta z} = \frac{\partial u(x,y)}{\partial x} + i\frac{\partial v(x,y)}{\partial x} + \varepsilon_7$$
其中 ε_7 和 Δz 一齐趋向零, 而等式右边前面两项和 Δz 无关. 因此, 式(4) 的比率就趋向一定的极限, 恰如式(10) 所定义的一般, 而前述条件是 $f(z)$ 在 B 中为正则的充要条件也就得以证明了. 式(12) 中两等式通常称为柯西－黎曼方程.

其实这两个方程我们早已经见过, 就是在研究理想不可压缩液体的稳定平面流动时, 速度势和流函数需要满足这两个方程[Ⅱ,74]. 因此我们知道复变数函数论的基本方程(12) 同时也是研究流体力学的基本方程. 基于这个事实, 复变数函数论在流体力学上有许多的应用, 我们在下一章将要讲到.

现在再注意一件可以由式(12) 导出的重要事实. 以后我们将会知道, 当 $f(z)$ 为正则时, $u(x,y)$ 和 $v(x,y)$ 的任何阶偏导数都存在. 现在先用一用它们的二阶偏导数存在这一件事再说. 将(12) 中第一式对 x 求偏导数, 第二式对 y 求偏导数, 相加得
$$\frac{\partial^2 u}{\partial x^2} + \frac{\partial^2 u}{\partial y^2} = 0 \tag{13}$$

同样由(12) 可导出
$$\frac{\partial^2 v}{\partial x^2} + \frac{\partial^2 v}{\partial y^2} = 0 \tag{13'}$$

由此可知, 正则函数 $f(z)$ 的实数部分和虚数部分都要满足拉普拉斯方程, 这就是说, 它们应该都是调和函数. 在下一章中我们还要详细研究复函数论和拉普拉斯方程间的关系.

从(13) 和(13') 还可以导出一件重要的事实, 就是如果已知一个正则函数的实数部分, 我们可以作出这个函数来. 这时 $u(x,y)$ 当然是(13) 的一个解, 我们要证明 $v(x,y)$ 除了一个常数项以外可以唯一决定. 其实, 由式(12) 有
$$dv = \frac{\partial v}{\partial x}dx + \frac{\partial v}{\partial y}dy = -\frac{\partial u}{\partial y}dx + \frac{\partial u}{\partial x}dy$$

因此

$$v(x,y) = \int^{(x,y)} -\frac{\partial u}{\partial y}\mathrm{d}x + \frac{\partial u}{\partial x}\mathrm{d}y + C \tag{14}$$

剩下来要证明的就是上式中线积分的数值和积分道路无关,并且是自己的上限的函数[Ⅱ,71]. 回忆线积分

$$\int X\mathrm{d}x + Y\mathrm{d}y$$

和积分道路无关的条件可写为

$$\frac{\partial X}{\partial y} = \frac{\partial Y}{\partial x}$$

把这个条件用到式(14)的积分上去,得到

$$\frac{\partial}{\partial y}\left(-\frac{\partial u}{\partial y}\right) = \frac{\partial}{\partial x}\left(\frac{\partial u}{\partial x}\right) \text{ 或 } \frac{\partial^2 u}{\partial x^2} + \frac{\partial^2 u}{\partial y^2} = 0$$

这个方程由假设是适合的,因为我们取 $u(x,y)$ 为某一调和函数. 注意:虽然 $u(x,y)$ 是单值的,但如果式(14)的积分所在的区域为复通区时,$v(x,y)$ 却可以是多值的[Ⅱ,72].

现在举几个例子看看,多项式显然是全平面中的正则函数. 有理分式在所有不包含分母的零点①的区域中也是正则函数. 例如,设 $f(z)=z^2$,则

$$u(x,y) = x^2 - y^2, v(x,y) = 2xy$$

不难证明这两个函数满足式(12)的条件.

现在再证明指数函数

$$\mathrm{e}^z = \mathrm{e}^x(\cos y + \mathrm{i}\sin y)$$

是全平面中的正则函数. 由上式有

$$u(x,y) = \mathrm{e}^x \cos y, v(x,y) = \mathrm{e}^x \sin y$$

因此就有

$$\frac{\partial u}{\partial x} = \mathrm{e}^x \cos y, \frac{\partial u}{\partial y} = -\mathrm{e}^x \sin y$$

$$\frac{\partial v}{\partial x} = \mathrm{e}^x \sin y, \frac{\partial v}{\partial y} = \mathrm{e}^x \cos y$$

这些偏导数都是连续函数,而且满足式(12)的条件. 依照式(10)求导数

$$(\mathrm{e}^z)' = \mathrm{e}^x \cos y + \mathrm{i}\mathrm{e}^x \sin y = \mathrm{e}^x (\cos y + \mathrm{i}\sin y)$$

即

---

① 函数 $f(z)$ 的零点就是方程式 $f(z)=0$ 的根. ——译者注

$$(\mathrm{e}^z)' = \mathrm{e}^z$$

这和具有实变数的指数函数的微分规则一样. 现在容易证明 $\sin z$ 和 $\cos z$ 有在全平面上为连续的导数,并且求导数时的规则也和实变数的情形一样. 实际上,由指数函数和复合函数的微分规则有

$$(\sin z)' = \left(\frac{\mathrm{e}^{\mathrm{i}z} - \mathrm{e}^{-\mathrm{i}z}}{2\mathrm{i}}\right)' = \frac{\mathrm{e}^{\mathrm{i}z} + \mathrm{e}^{-\mathrm{i}z}}{2} = \cos z$$

$$(\cos z)' = \left(\frac{\mathrm{e}^{\mathrm{i}z} + \mathrm{e}^{-\mathrm{i}z}}{2}\right)' = \mathrm{i}\frac{\mathrm{e}^{\mathrm{i}z} - \mathrm{e}^{-\mathrm{i}z}}{2} = -\sin z$$

§3 保角变换

现在我们来说明函数关系和导数这两个概念的几何意义. 设函数 $f(x)$ 在 (x,y) 平面中一区域 B 里面为正则. 对 B 中每一点 z 有一定复数值 $w = f(z)$. 对应于 B 中点的全体,这种数值 $w = u + \mathrm{i}v$ 的全体充满另一区域 B_1,我们把它画在另一复平面 (u,v) 上面(图 1). 这样我们就称函数 $f(z)$ 把区域 B 变成区域 B_1. 严格些说,我们需要更详细地寻求在变换 $w = f(z)$ 之下两种点 z 和 w 间的关联,并证明 w 的全体 B_1 也是平面 (u,v) 上的一个区域. 这在以后,等解析学的知识足够时,我们会详细去研究它. 那时可以证明如果在点 $z, f'(z) \neq 0$,则以 z 为中心的一个相当小的圆就被 $f(z)$ 变换为 w 平面上一个区域,且以 $w = f(z)$ 这点为内点. 现在我们讲些一般的知识,只要使读者能够了解前述概念的几何意义就行了.

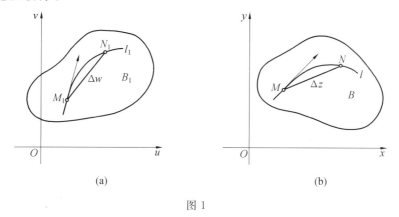

图 1

我们先解释导数的模和辐角的几何意义,但假定在我们所观察的点导数 $f'(z) \neq 0$. 设在 B 中任取两个邻近点 M 和 N,它们的坐标是 z 和 $z + \Delta z$. 又设

在 B_1 中的对应点是 M_1 和 N_1,坐标为 w 和 $w+\Delta w$. 如果将线段 MN 和 M_1N_1 看成向量的话,它们就表示复数 Δz 和 Δw. 这样,两向量长度的比就是

$$\frac{|M_1N_1|}{|MN|}=\left|\frac{\Delta w}{\Delta z}\right|$$

因为商的模等于模的商,所以

$$\frac{|M_1N_1|}{|MN|}=\left|\frac{\Delta w}{\Delta z}\right|$$

当 N 趋向极限位置 M 时,N_1 亦趋向极限位置 M_1,故得

$$\lim\frac{|M_1N_1|}{|MN|}=|f'(z)|$$

这就是说,导数 $f'(z)$ 的模代表在点 z 的线性度量经过变换 $f(z)$ 以后所起的变化. 例如令 $f(z)=z^2+z+3$,则在点 $z=1$ 的线性度量经过变换 $f(z)$ 以后增大了三倍.

现在再看辐角的几何意义. 设 N 沿一曲线 l 趋向 M,在区域 B_1 中对应于 l 的曲线为 l_1(图 2). 复数 Δz 的辐角 $\arg \Delta z$ 就是向量 $\overrightarrow{MN}$ 和实轴所成的角,同样 $\arg \Delta w$ 就是向量 $\overrightarrow{M_1N_1}$ 和实轴所成的角. 两辐角之差

$$\arg \Delta w - \arg \Delta z$$

表示向量 $\overrightarrow{MN}$ 的方向与向量 $\overrightarrow{M_1N_1}$ 的方向所作成的角度,这个角度由向量 $\overrightarrow{MN}$ 逆时针计算. 因为商的辐角等于被除数的辐角减去除数的辐角,故

$$\arg \Delta w - \arg \Delta z = \arg \frac{\Delta w}{\Delta z}$$

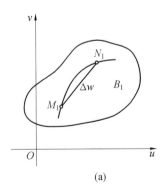
(a)

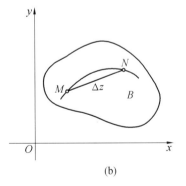
(b)

图 2

当 N 趋向极限 M 时,向量 $\overrightarrow{MN}$ 的方向与曲线 l 在点 M 的切线方向重合,同时向量 $\overrightarrow{M_1N_1}$ 的方向与曲线 l_1 在点 M_1 的切线方向重合.

因此将前式取极限就知道 $\arg f'(z)$ 代表经过变换 $f(z)$ 以后在一点 z 所生

成的回转角.详细些说,如果过点 z 画任意曲线 l, l 在点 z 有一定的切线.设经变换 $f(z)$ 以后,z 的象是 w,l 的象是 l_1,那么 l_1 在点 w 的切线方向可以由 l 在点 z 的切线方向逆时针地转一角度 $\arg f'(z)$ 而得到.如果区域 B 中任意两条曲线在其交点 z 有一定的交角,经变换 $f(z)$ 以后,每一曲线在点 z 的切线方向和它们的象在点 $w=f(z)$ 的切线方向间的交角都等于 $\arg f'(z)$,因此 B 中两曲线在点 z 的交角必等于 B_1 中对应曲线在点 w 的交角.这就是说,在每一不使导数为零之点,正则变换保持角度.这种保持角度的变换我们称作保角变换.

如果我们在 xOy 平面中的区域 B 里面取一个曲线网,那么经过变换以后仍旧得到一个曲线网.这时曲线间的交角当然还是保持不变,只要除了在那种使 $f'(z)$ 为零的点.例如在区域 B 中取一平行于两坐标轴的直线网,则在 B_1 中所得到的虽然一般已是一个曲线网,但必为正交曲线网.进而,假如我们用许多很小的同样的正方形遮盖区域 B,则每一正方形在 B_1 中的象就是一个很小的弯曲矩形,其边长约等于区域 B 中正方形的边长乘以 $|f'(z)|$ 在对应正方形中任意一点的数值.这就是说,不计高阶误差的话,B_1 中的弯曲矩形也是正方形,但因 $|f'(z)|$ 在不同的点的数值可以不同,所以遮盖 B_1 的许多弯曲正方形就可以有各不相同的边长了.

现在再来看一看复合函数 $F(w)$,这里 $w=f(z)$.

假设 $f(z)$ 在某区域 B 中为正则,并且把这个区域变成另一区域 B_1.又设 $F(w)$ 在区域 B_1 中为正则.则易知复合函数 $F(w)$ 在 B 中为正则,而且式(6)的微分规则成立.

§4 积 分

设 l 为 xOy 平面中某一曲线.说到曲线,我们常假设它有如下形式的参数方程

$$x=\varphi_1(t), y=\varphi_2(t)$$

其中 $\varphi_1(t)$ 和 $\varphi_2(t)$ 是具有连续导数的连续函数;或更一般地,曲线可由有限个分段所组成,每一分段从头到尾可用上述形式的两个参数方程来表示.对这种曲线,如我们所知[Ⅱ,66],要求线积分

$$\int X(x,y)\mathrm{d}x+Y(x,y)\mathrm{d}y$$

的数值,实际上,只要计算一个普通的定积分就可以了.因为我们只要用

$$x = \varphi_1(t), y = \varphi_2(t), \mathrm{d}x = \varphi'_1(t)\mathrm{d}t, \mathrm{d}y = \varphi'_2(t)\mathrm{d}t$$

代入上式,再求出对应于曲线 l 的 t 的上下限,就得到一个关于变数 t 的定积分了.

今设在曲线 l 上(图3)已定义了一个连续函数 $f(z)$,我们要定义 $f(z)$ 在曲线(线路)l 上的路积分. 取分点 $M_0, M_1, \cdots, M_n$,把 l 分成许多小弧,这时 l 的起点 A 即 M_0,终点 B 即 M_n. 设分点 M_k 的复坐标为 z_k,这里为对称起见用 z_0 记曲线的起点 A 的坐标, z_n 记曲线的终点 B 的坐标. 又设 ζ_k 为弧 $M_{k-1}M_k$ 上任意一点. 作和

$$\sum_{k=1}^{n} f(\zeta_k)(z_k - z_{k-1})$$

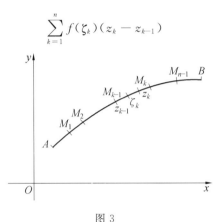

图 3

当分点的数目 n 无限地增大,又每一小弧 $M_{k-1}M_k$ 都无限地缩短时,上式的极限就称为函数 $f(z)$ 沿着路线 l 的路积分

$$\int_l f(z)\mathrm{d}z = \lim \sum_{k=1}^{n} f(\zeta_k)(z_k - z_{k-1}) \tag{15}$$

记作 $z_k = x_k + \mathrm{i}y_k, \zeta_k = \xi_k + \mathrm{i}\eta_k$,又把 $f(z)$ 分开成实数部分和虚数部分,即得

$$\sum_{k=1}^{n} f(\zeta_k)(z_k - z_{k-1}) =$$

$$\sum_{k=1}^{n} [u(\xi_k, \eta_k) + \mathrm{i}v(\xi_k, \eta_k)][(x_k - x_{k-1}) + \mathrm{i}(y_k - y_{k-1})]$$

或

$$\sum_{k=1}^{n} f(\zeta_k)(z_k - z_{k-1}) =$$

$$\sum_{k=1}^{n} [u(\xi_k, \eta_k)(x_k - x_{k-1}) - v(\xi_k, \eta_k)(y_k - y_{k-1})] +$$

$$\mathrm{i}\sum_{k=1}^{n} [v(\xi_k, \eta_k)(x_k - x_{k-1}) + u(\xi_k, \eta_k)(y_k - y_{k-1})]$$

由 $f(z)$ 的连续性及关于 l 所作的假定,可知右边两个和都有极限,即对应

的 l 上的线积分.因此我们就可将式(15)的积分表示为普通实的线积分之和

$$\int_l f(z)\mathrm{d}z = \int_l u(x,y)\mathrm{d}x - v(x,y)\mathrm{d}y + \mathrm{i}\int_l v(x,y)\mathrm{d}x + u(x,y)\mathrm{d}y \quad (16)$$

以上在定义积分时,假设曲线 l 有端点.但显而易见,这样的定义对于闭路也能适用.

路积分(15)的性质和普通实的线积分的性质完全一样[Ⅱ,66].举其要者,如常数因子可以拿出积分符号之外;若干项之和的积分等于各项的积分之和;如果把路积分的方向反转,积分的值只变符号;如果把积分所在的路线分成几部分,则在各部分路线上的积分之和恰等于原来路线上的积分.

现在再证明一个重要的不等式,它给积分(15)一个估计.设在线路 l 上被积函数的模不大于正数 M,即

$$|f(z)| \leqslant M \quad (z \text{ 在 } l \text{ 上}) \tag{17}$$

又设 s 为线路 l 的长.则对积分(15)有如下的估计

$$\left|\int_l f(z)\mathrm{d}z\right| \leqslant Ms \tag{18}$$

要证明这个结论,只需看式(15)右边的和,它的极限就是上式左边的积分.因为若干项之和的模不大于各项的模之和,故有

$$\left|\sum_{k=1}^n f(\zeta_k)(z_k - z_{k-1})\right| \leqslant \sum_{k=1}^n |f(\zeta_k)||z_k - z_{k-1}|$$

或由(17)有

$$\left|\sum_{k=1}^n f(\zeta_k)(z_k - z_{k-1})\right| \leqslant M\sum_{k=1}^n |z_k - z_{k-1}|$$

上式右边的和表示线路 l 的一条内接折线之长.所以上式两边取极限就得到(18)的不等式了.

对积分(15)还可以有更好的估计,即若以 $\mathrm{d}s$ 表示曲线 l 上弧的微分,则有

$$\left|\int_l f(z)\mathrm{d}z\right| \leqslant \int_l |f(z)|\mathrm{d}s \tag{19}$$

这个不等式也很容易得到,只要在积分符号之内把 $f(z)$ 改为 $|f(z)|$,$\mathrm{d}z = \mathrm{d}x + \mathrm{i}\mathrm{d}y$ 改为 $|\mathrm{d}z| = \sqrt{(\mathrm{d}x)^2 + (\mathrm{d}y)^2} = \mathrm{d}s$ 就可以了.

§5 柯西定理

现在有一个重要的问题要问:在什么条件之下路积分(16)的数值和积分路线无关?为此,式(16)右边两线积分的数值和积分路线无关显然是充分而

且必要的. 应用[Ⅱ,71]中已经得到的线积分和路线无关的条件,有
$$\frac{\partial u(x,y)}{\partial y}=-\frac{\partial v(x,y)}{\partial x},\frac{\partial v(x,y)}{\partial y}=\frac{\partial u(x,y)}{\partial x}$$
而这刚好就是柯西 — 黎曼方程. 因此知道路积分(16)和积分路线无关的条件就是函数 $f(z)$ 为正则的条件. 这是复变数函数的积分学中最基本的一件事.

注意在导出线积分和路线无关的条件时,我们曾用过下面的公式[Ⅱ,69]
$$\int_l P(x,y)\mathrm{d}x+Q(x,y)\mathrm{d}y=\iint_B\left(\frac{\partial Q(x,y)}{\partial x}-\frac{\partial P(x,y)}{\partial y}\right)\mathrm{d}x\mathrm{d}y$$
在证明这个公式时,不但需要假设 $P(x,y)$ 和 $Q(x,y)$ 为连续,并且还要假设在等式右边二重积分符号内出现的两个偏导数亦为连续. 这在我们的场合当然不成问题,因为对正则函数 $f(z)$,$u(x,y)$ 和 $v(x,y)$ 都有连续的一阶偏导数. 以后还要用到沿一区域 B 的边界线的积分,这件事当 $f(z)$ 在闭区域 B 中为正则时是可能的. 所谓 $f(z)$ 在闭区域 B 中为正则,我们是这样理解的,即函数 $f(z)$ 在一个较大的区域中是正则的,这个区域不但包含 B,而且也包含 B 的边界线.

要更详细地研究我们的问题,必须要看 $f(z)$ 为正则的区域到底是一个什么样的区域 —— 和研究实的线积分时一样[Ⅱ,72],这依然还是一个主要因素 —— 这就是说,这个区域是单通区还是复通区? 现在列举几个有关的基本定义及一些和实的线积分完全相似的结果.

z 平面上一有界区域的边界线只是一条闭曲线时(换句话说,这个区域中没有孔),称为单通区域. 设 $f(z)$ 是这种区域中的正则函数,z_0 为其中任意一点,则积分
$$F(z)=\int_{z_0}^z f(z')\mathrm{d}z' \tag{20}$$
和积分路线无关,且为上限 z 的单值函数. 上式右边 z' 表示积分变数,它沿着区域中任意曲线从 z_0 变到 z. 这时沿区域内任一闭线路的积分当然等于零. 若 $f(z)$ 在闭区域中也是正则的,那么就可以沿区域的边界线求积分,结果也等于零.

今设区域 B 为复通区,以一条外圈闭曲线和几条内圈闭曲线为边界. 为明了起见,假设 B 只有一条内圈边界线(双通区域(图4)). 在 B 中引一割线 λ 连接内外边界线. 这样所得到的区域 B' 仍为单通区,而式(20)就表示 z 在 B' 中的单值函数. 若 $f(z)$ 在闭区域中仍为正则,则我们可以沿着 B' 的边界作它的积分,由前可知积分数值为零. 这时,如图4所示,沿外边界线的积分是逆时针方向,

沿内边界线的积分是顺时针方向,而沿割线 λ 的积分有两回,方向恰恰相反.因此沿 λ 的积分来回相消,从而

$$\oint_{l_1} f(z)\mathrm{d}z + \oint_{l_2} f(z)\mathrm{d}z = 0 \qquad (21)$$

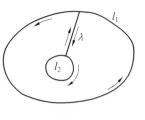

图 4

其中 l_1 是外边界线,l_2 是内边界线,箭头表示积分的方向.由图易知沿两边界线的积分方向可以用同一个条件来表示,即当人在边界线上沿着积分的方向前进时,区域常在它的左边.这种方向称为对于区域 B 的正方向.式(21)告诉我们,对于复通区域,正则函数沿着它的边界线的积分也等于零,只要对于这个区域积分处处是沿着正方向的.

若改变式(21)沿内边界线的积分方向,即得

$$\oint_{l_1} f(z)\mathrm{d}z = \oint_{l_2} f(z)\mathrm{d}z \qquad (22)$$

这就是说,沿外圈边界线的积分等于沿内圈边界线诸积分之和(这里只有一个),如果规定沿任一边界线的积分都是逆时针方向的话.

上面这些就是函数论中最基本的定理,即通常所谓的柯西定理.现在再总括为三个形式略有不同的定理.

柯西定理 1　闭单通区域中的正则函数沿着区域的边界线的积分等于零.

柯西定理 2　闭复通区域中的正则函数沿着区域的边界线的积分也等于零,只要积分的方向对于这个区域处处是正方向.

柯西定理 3　若规定沿任一闭线路的积分必为逆时针方向,则在闭复通区域中为正则的函数沿着区域的外边界线的积分等于它沿内边界线诸积分之和.

柯西定理有一个在实用上很重要的推论.设两不同路线 l' 和 l'' 有相同的端点 A 及 B,又在函数 $f(z)$ 为正则的区域中,l' 可不动端点连续变形为 l''.则由柯西定理易知 $f(z)$ 沿 l' 的积分等于它沿 l'' 的积分.换言之,当一线路在 $f(z)$ 为正则的区域中不动端点地连续变形时,$f(z)$ 沿这条线路的积分数值并不改变.这个事实对闭线路的变形也成立,只要在变形过程中线路常为闭.

最后还有一点重要的注意:就是在证明柯西定理时,我们不但用到导数 $f'(z)$ 的存在性,并且还用到它的连续性.后者包含在 $f(z)$ 为正则这一假设中.我们也可以用另外一种方法证明柯西定理,只用到 $f'(z)$ 的存在性,而不必用到它的连续性.但以后可以看到利用柯西定理可证 $f(z)$ 有任何阶的导数,因此 $f'(z)$ 的连续性也可以得到了.

因此柯西定理的第二种证明在理论上具有很重要的意义：它不利用 $f'(z)$ 的连续性，但是作为这个定理的推论，由 $f'(z)$ 的存在性却可以推出其为连续. 我们在这里不讲这个证明.

以后如无特别声明，我们常假设沿一闭线路积分时，总是按逆时针方向的.

§6 积分学的基本公式

设 $f(z)$ 在某一区域中为正则，现在来看式(20)所定义的函数 $F(z)$. 当区域为复通区时，只要在其中画几条割线以后，$F(z)$ 仍可视为单值. 和实变数函数的积分学里面一样[Ⅰ,96]，我们可以证明 $F(z)$ 是 $f(z)$ 的原函数，即 $F'(z) = f(z)$.

要证明这个事实，首先注意由积分是和的极限这个定义可知

$$\int_l \mathrm{d}z = \beta - \alpha$$

其中 α 和 β 是线路 l 的起点和终点的复坐标. 又易见

$$F(z + \Delta z) - F(z) = \int_z^{z+\Delta z} f(z')\mathrm{d}z'$$

这里积分路线可以取联结 z 和 $z + \Delta z$ 的直线段. 我们可写

$$F(z + \Delta z) - F(z) = \int_z^{z+\Delta z}[f(z') - f(z) + f(z)]\mathrm{d}z' =$$
$$f(z)\int_z^{z+\Delta z}\mathrm{d}z' + \int_z^{z+\Delta z}[f(z') - f(z)]\mathrm{d}z'$$

上式右边第一项 $f(z)$ 被拿出积分符号之外，因为它里面并不含积分变数 z'. 上式又可改写为

$$\frac{F(z + \Delta z) - F(z)}{\Delta z} = f(z) + \frac{1}{\Delta z}\int_z^{z+\Delta z}[f(z') - f(z)]\mathrm{d}z' \tag{23}$$

剩下只要证明当 $\Delta z \to 0$ 时，式(23)右边第二项也趋向零. 应用[4]式(18)关于积分的估计，并且记着我们这里积分路线的长是 $|\Delta z|$，可知

$$\left|\frac{1}{\Delta z}\int_z^{z+\Delta z}[f(z') - f(z)]\mathrm{d}z'\right| \leq \frac{1}{|\Delta z|} \cdot \max|f(z') - f(z)| \cdot |\Delta z| =$$
$$\max|f(z') - f(z)|$$

当 z' 在联结 z 和 $z + \Delta z$ 的闭直线段上变动时，我们要取 $|f(z') - f(z)|$ 的极大值. 因为 $|f(z') - f(z)|$ 是 z' 的连续非负函数，所以必定在闭直线段上某点 $z' = z'_0$ 取最大值，即

$$\max \mid f(z') - f(z) \mid = \mid f(z'_0) - f(z) \mid$$

但当 $\Delta z \to 0$ 时,闭直线段上的点 z'_0 当然也趋向 z,故由 $f(z)$ 的连续性知

$$f(z'_0) - f(z) \to 0$$

因此式(23)右边第二项也趋向零,即

$$F'(z) = f(z)$$

现在再证明若 $f(z)$ 有两个原函数 $F_1(z)$ 和 $F_2(z)$,则它们只相差一个常数项. 由假设有

$$F'_1(z) = f(z), F'_2(z) = f(z)$$

即

$$[F_1(z) - F_2(z)]' = 0$$

因此我们只要证明:若在区域 B 中一函数的导数恒等于零,这个函数在 B 中就是常数. 为此,设

$$f_1(z) = u_1(x,y) + iv_1(x,y), f'_1(z) \equiv 0$$

由[2]知 $f'_1(z)$ 的两种表示为

$$f'_1(z) = \frac{\partial u_1}{\partial x} + i\frac{\partial v_1}{\partial x} = \frac{\partial v_1}{\partial y} - i\frac{\partial u_1}{\partial y} \equiv 0$$

因此

$$\frac{\partial u_1}{\partial x} \equiv 0, \frac{\partial u_1}{\partial y} \equiv 0, \frac{\partial v_1}{\partial x} \equiv 0, \frac{\partial v_1}{\partial y} \equiv 0$$

所以 u_1, v_1 都和 x, y 无关,即它们都是常数,自然 $f_1(z)$ 也是常数了.

今设已知 $f(z)$ 的一个原函数是 $F_1(z)$,它和原函数(20)只差一常数项,即

$$\int_{z_0}^{z} f(z')dz' = F_1(z) + C$$

要决定常数项 C,可设积分路线的终点 z 与起点 z_0 重合,这样就有

$$0 = F_1(z_0) + C \text{ 或 } C = -F_1(z_0)$$

而前式就可改写为

$$\int_{z_0}^{z} f(z')dz' = F_1(z) - F_1(z_0) \tag{24}$$

即路积分的数值等于原函数沿着积分路线的改变量. 这时当然需要假设原函数 $F(z)$ 为单值,并且在某一包含积分路线的区域中为正则.

例 试看积分

$$\int_l (z-a)^n dz \tag{25}$$

其中 n 是一个整数, l 是闭线路. 若 $n \neq -1$,则原函数为

$$\frac{1}{n+1}(z-a)^{n+1} \tag{26}$$

当 $n \geqslant 0$ 时,它是一个全平面的单值正则函数;当 $n < -1$ 时,它是全平面除点 $z=a$ 以外的单值正则函数.假设线路 l 不经过点 $z=a$.单值函数(26)沿闭线路 l 走一周所得的改变量显然等于零,因此当 $n \neq -1$ 时,积分(25)沿任一闭线路的数值都等于零.这一事实当 $n \geqslant 0$ 时由柯西定理立刻可得到;当 $n < -1$ 时,若点 $z=a$ 不在 l 所包围的区域之内,也可由柯西定理立刻得到.而前面的论断告诉我们,当 $n < -1$ 时,即使点 $z=a$ 在 l 所包围的区域内,积分(25)的数值还是等于零.这时积分符号内的函数在点 $z=a$ 并非正则,因为在这一点它的数值变为无穷大.

现在再看 $n=-1$ 的情形,即

$$\int \frac{\mathrm{d}z}{z-a} \tag{27}$$

若点 a 在闭线路 l 之外,由柯西定理知道积分之值为零.今设点 a 在 l 之内(图5).以 a 为中心画一个半径为 ρ 的小圆 C,使它全部在 l 之内.则被积函数 $(z-a)^{-1}$ 在 l 和 C 所包围的闭环域中为正则.由柯西定理,可以沿圆周 C 来求积分(27)的数值.在 C 上

$$z-a=\rho \mathrm{e}^{\mathrm{i}\varphi}$$

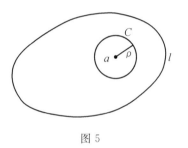

图 5

φ 在区间 $(0,2\pi)$ 中变动.因此

$$\mathrm{d}z = \mathrm{i}\rho \mathrm{e}^{\mathrm{i}\varphi}\mathrm{d}\varphi$$

代入积分(27),有

$$\int_C \frac{\mathrm{d}z}{z-a} = \int_0^{2\pi} \frac{\mathrm{i}\rho\mathrm{e}^{\mathrm{i}\varphi}\mathrm{d}\varphi}{\rho \mathrm{e}^{\mathrm{i}\varphi}} = 2\pi\mathrm{i}$$

由[5]式(22)即得

$$\int_l \frac{\mathrm{d}z}{z-a} = 2\pi\mathrm{i} \tag{28}$$

§7 柯 西 公 式

设函数 $f(z)$ 在闭区域 B 中为正则.为简单起见,设 B 为单通区域,又设 B 的边界线为 l,a 为 B 中一点.

现在作一个新的函数
$$\frac{f(z)}{z-a} \tag{29}$$

这个函数在 B 中也是处处正则的,可能除点 $z=a$ 以外,因为在这点(29)中的分母等于零.用一个以 a 为中心,半径等于 ε 的小圆把这点除外,设这个圆的圆周为 C_ε.函数(29)在 l 和 C_ε 所包围的闭环域中为正则,故由柯西定理有
$$\int_l \frac{f(z)}{z-a}\mathrm{d}z = \int_{C_\varepsilon} \frac{f(z)}{z-a}\mathrm{d}z$$

在上式右边积分中令 $f(z)=f(a)+f(z)-f(a)$,则
$$\int_l \frac{f(z)}{z-a}\mathrm{d}z = f(a)\int_{C_\varepsilon} \frac{\mathrm{d}z}{z-a} + \int_{C_\varepsilon} \frac{f(z)-f(a)}{z-a}\mathrm{d}z$$

或由(28)有
$$\int_l \frac{f(z)}{z-a}\mathrm{d}z = f(a)\cdot 2\pi\mathrm{i} + \int_{C_\varepsilon} \frac{f(z)-f(a)}{z-a}\mathrm{d}z \tag{30}$$

现在注意下面的事实:式(30)左边的积分以及右边第一项都和 ε 无关,因此右边第二项的积分也应该和 ε 无关.但我们后面又可以证明当 $\varepsilon\to 0$ 时,这个积分也趋向零,所以它必定恒等于零无疑.

应用[4]式(18)的估计,并且注意当 z 在 C_ε 上变动时,$|z-a|=\varepsilon$,即得
$$\left|\int_{C_\varepsilon} \frac{f(z)-f(a)}{z-a}\mathrm{d}z\right| \leqslant \frac{\max\limits_{z\text{在}C_\varepsilon\text{上}}|f(z)-f(a)|}{\varepsilon}\cdot 2\pi\varepsilon = \max\limits_{z\text{在}C_\varepsilon\text{上}}|f(z)-f(a)|\cdot 2\pi$$

当 $\varepsilon\to 0$ 时,C_ε 上的点 z 趋向 a,所以 $\max|f(z)-f(a)|$ 也趋向零.因此式(30)的第二项和 ε 一齐趋向零,故必恒等于零.于是式(30)就可以改写为
$$f(a) = \frac{1}{2\pi\mathrm{i}}\int_l \frac{f(z)}{z-a}\mathrm{d}z$$

将上式中 z 改写为 z',a 改写为 z,得
$$f(z) = \frac{1}{2\pi\mathrm{i}}\int_l \frac{f(z')}{z'-z}\mathrm{d}z' \tag{31}$$

这就是柯西公式.它用正则函数在区域的边界线上的数值来表示这个函数在区域中任意一点 z 的数值.值得注意的是:z 在柯西公式的积分符号内以参变数的形式出现,而同时又是在这样异常简单的形式之下.

因为 z 是区域的内点,而积分变数 z' 则在区域的边界线上变动,所以 $z'-z\neq 0$,柯西公式中的被积函数是一个连续函数,故可关于参变数 z 在积分符号之内微分任何多次.易证

$$f'(z) = \frac{1}{2\pi i}\int_l \frac{f(z')}{(z'-z)^2}dz',\quad f''(z) = \frac{2!}{2\pi i}\int_l \frac{f(z')}{(z'-z)^3}dz'$$

一般地,对任一正整数 n 有

$$f^{(n)}(z) = \frac{n!}{2\pi i}\int_l \frac{f(z')}{(z'-z)^{n+1}}dz' \tag{32}$$

因此知道正则函数有任何阶的导数,并且它们的数值都可借式(32)用这个函数在区域边界上的数值来表示.

为了确定 $f'(z)$,在积分符号内关于 z 求微分的可能性可严格证明如下. 由柯西公式有

$$f(z+\Delta z) - f(z) = \frac{1}{2\pi i}\int_l \frac{f(z')}{z'-z-\Delta z}dz' - \frac{1}{2\pi i}\int_l \frac{f(z')}{z'-z}dz' =$$

$$\frac{\Delta z}{2\pi i}\int_l \frac{f(z')}{(z'-z)(z'-z-\Delta z)}dz'$$

或

$$\frac{f(z+\Delta z)-f(z)}{\Delta z} = \frac{1}{2\pi i}\int_l \frac{f(z')}{(z'-z)(z'-z-\Delta z)}dz'$$

如果在上式右边当 $\Delta z \to 0$ 时可以把极限取到积分符号里面去,则有

$$f'(z) = \frac{1}{2\pi i}\int_l \frac{f(z')}{(z'-z)^2}dz' \tag{32'}$$

即我们所需要的结果. 因此现在只要证明当 $\Delta z \to 0$ 时

$$\delta = \frac{1}{2\pi i}\int_l \frac{f(z')}{(z'-z)^2}dz' - \frac{1}{2\pi i}\int_l \frac{f(z')}{(z'-z)(z'-z-\Delta z)}dz'$$

也趋向零.

由简单的计算可知

$$\delta = -\frac{\Delta z}{2\pi i}\int_l \frac{f(z')}{(z'-z)^2[z'-(z+\Delta z)]}dz'$$

函数 $f(z')$ 在 l 上为连续,所以它的模在 l 上为有界,即

$$|f(z')| \leqslant M$$

记 z 和 l 的最短距离为 $2d$,则有

$$|z'-z| \geqslant 2d$$

当 $\Delta z \to 0$ 时,$z+\Delta z \to z$,故可使

$$|z'-(z+\Delta z)| > d$$

仿前面常作的估计有

$$|\delta| < \frac{|\Delta z|}{2\pi}\cdot \frac{Ms}{4d^3}$$

其中 s 表示 l 的长. 由这个估计易见当 $\Delta z \to 0$ 时, $\delta \to 0$. 从 (32′) 出发, 用完全一样的方法可证 $f'(z)$ 也有导数

$$f''(z) = \frac{2!}{2\pi i} \int_l \frac{f(z')}{(z'-z)^3} dz'$$

于是证毕.

和柯西定理一样, 公式 (31) 和 (32) 对复通区域也成立, 只要积分路线包括区域 B 的全部边界线, 并且处处对于 B 为正方向, 这就是说, 区域总在左边.

现在再看区域为无界时柯西公式是怎样的. 设 $f(z)$ 在闭线路 l 的外域 B 中为正则, 并且满足一个附加条件, 即当 z 无限远移时 $f(z)$ 趋向零

$$f(z) \to 0 \quad (\text{当 } z \to \infty) \tag{33}$$

这时可证柯西公式仍成立

$$f(z) = \frac{1}{2\pi i} \oint_l \frac{f(z')}{z'-z} dz' \tag{34}$$

上式积分需要对区域 B 为正方向. 要证明式 (34), 可以原点为中心, 画半径为 R 的很大的圆, 使 l 全部包含在这个圆之内. 函数 $f(z)$ 在 l 和圆周 C_R 间的环域中为正则 (图 6), 故对环域中任意一点 z 有

$$f(z) = \frac{1}{2\pi i} \oint_l \frac{f(z')}{z'-z} dz' + \frac{1}{2\pi i} \oint_{C_R} \frac{f(z')}{z'-z} dz' \tag{35}$$

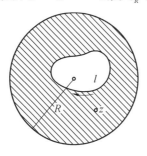

图 6

和证明柯西公式一样, 我们可以肯定上式右边第二项和 R 无关. 因此如果能证明当 R 无限增大时它的数值趋向零, 则必恒等于零, 而式 (35) 也就变成式 (34) 了. 现在就来估计式 (35) 右边的第二项. 对被积函数的分母的模 $|z'-z|$, 我们用较小的数值 $|z'|-|z|=R-|z|$ 来替代, 即得

$$\left| \int_{C_R} \frac{f(z')}{z'-z} dz' \right| \leqslant \max_{z' \text{在} C_R \text{上}} |f(z')| \frac{2\pi R}{R-|z|}$$

或

$$\left|\int_{C_R}\frac{f(z')}{z'-z}\mathrm{d}z'\right|\leqslant\max_{z'\text{在}C_R\text{上}}|f(z')|\frac{2\pi}{1-\dfrac{|z|}{R}}$$

当 R 无限增大时上式右边的分数趋向 2π，而由条件 (33)，$\max\limits_{z'\text{在}C_R\text{上}}|f(z')|$ 趋向零. 这样，对于无界区域的柯西公式也就得以证明了. 注意：在证明中我们可以看出，对 z 来讲，条件 (33) 必须一致地满足才行，即对任一 $\varepsilon>0$，存在 R_ε，使当 $|z|>R_\varepsilon$ 时，$|f(z)|<\varepsilon$.

有时我们会遇到一种函数，它在一区域中为正则，而当变数趋近于边界线时它也有一定的极限值，使之成为闭区域中的连续函数，但它却不一定在闭区域中为正则，就是说它不一定在一个比原区域更大些的区域中为正则. 要注意，对于这种在区域中为正则，而在闭区域中为连续的函数，柯西定理和柯西公式都一样成立. 实际上，如果把区域的边界线略略缩小一些，函数就在这个缩小的闭区域中为正则. 这时，如柯西定理，当然可以应用，因此函数沿边界线的积分就等于零. 我们再把这个缩小的边界线连续地渐渐扩大，直至和原区域的边界线重合为止. 函数沿原区域的边界线的积分，作为它在缩小的边界线上的积分的极限，也必等于零. 我们可以这样取极限是因为函数在闭区域中为一致连续的.

可以说从此以后，这一章里面的结果几乎全部都是柯西公式的推论，这个公式我们还有许多次要提到它. 在这一节里先举两个应用的例子.

当 $f(z)$ 在以原点为中心，半径等于 R 的圆 $|z|<R$ 中为正则，而在闭圆 $|z|\leqslant R$ 中为连续时柯西定理也成立的事实，可以详细证明如下：设 R_1 是小于 R 的正数，则 $f(z)$ 在闭圆 $|z|\leqslant R_1$ 中为正则，应用柯西定理有

$$\int_{|z|=R_1}f(z)\mathrm{d}z=0$$

在这个圆周上，$z=R_1\mathrm{e}^{\mathrm{i}\varphi}$，$\mathrm{d}z=R_1\mathrm{i}\mathrm{e}^{\mathrm{i}\varphi}\mathrm{d}\varphi$，代入上式得

$$\mathrm{i}R_1\int_0^{2\pi}f(R_1\mathrm{e}^{\mathrm{i}\varphi})\mathrm{e}^{\mathrm{i}\varphi}\mathrm{d}\varphi=0$$

因为 $f(z)$ 在闭圆 $|z|\leqslant R$ 中为一致连续[1]，可证当 $R_1\to R$ 时，上式的极限可以取到积分符号里面去 [Ⅰ,84]，因此

$$\mathrm{i}R\int_0^{2\pi}f(R\mathrm{e}^{\mathrm{i}\varphi})\mathrm{e}^{\mathrm{i}\varphi}\mathrm{d}\varphi=0$$

或将变数仍改为 z，即得

$$\int_{|z|=R}f(z)\mathrm{d}z=0$$

当边界线的形状比较复杂时，证明也比较困难些. 对于上述这种在区域中为正

则而在闭区域中为连续的函数,如前一样可由柯西定理导出柯西公式.

例 1 取指数函数 $f(z)=\mathrm{e}^z$,l 为任一闭线路,z 为 l 之内任意一点. 因 e^z 在全平面上为正则,所以可用(32)而得

$$\mathrm{e}^z = \frac{n!}{2\pi\mathrm{i}}\int_l \frac{\mathrm{e}^{z'}}{(z'-z)^{n+1}}\mathrm{d}z'$$

如果取 l 为一圆,以 z 为中心,半径固定为 ρ,则有

$$z'-z=\rho\mathrm{e}^{\mathrm{i}\varphi},\mathrm{e}^{z'}=\mathrm{e}^z\mathrm{e}^{\rho\cos\varphi+\mathrm{i}\rho\sin\varphi},\mathrm{d}z'=\mathrm{i}\rho\mathrm{e}^{\mathrm{i}\varphi}\mathrm{d}\varphi$$

代入上式,得

$$1 = \frac{n!}{2\pi\rho^n}\int_0^{2\pi} \mathrm{e}^{\rho\cos\varphi+\mathrm{i}\rho\sin\varphi-\mathrm{i}n\varphi}\mathrm{d}\varphi$$

因此

$$2\pi\frac{\rho^n}{n!} = \int_0^{2\pi} \mathrm{e}^{\rho\cos\varphi+\mathrm{i}(\rho\sin\varphi-n\varphi)}\mathrm{d}\varphi$$

取实数部分,就得到一个相当复杂的定积分公式

$$\int_0^{2\pi} \mathrm{e}^{\rho\cos\varphi}\cos(\rho\sin\varphi-n\varphi)\mathrm{d}\varphi = 2\pi\frac{\rho^n}{n!} \tag{36}$$

例 2 取有理分式

$$f(z) = \frac{\varphi(z)}{\psi(z)} \tag{37}$$

这里多项式 $\psi(z)$ 的次数高于多项式 $\varphi(z)$ 的次数. 显然 $f(z)$ 满足(33). 又设 l 为闭曲线,所有 $\psi(z)$ 的零点都含在 l 的内域中. 则 $f(z)$ 在 l 的外域 B 中为正则,故可应用柯西公式. 这时沿 l 积分的方向需要是顺时针才是对于 B 为正方向. 若将积分方向变为逆时针,积分的值要变更符号. 故有

$$-\frac{\varphi(z)}{\psi(z)} = \frac{1}{2\pi\mathrm{i}}\int_l \frac{\varphi(z')}{\psi(z')(z'-z)}\mathrm{d}z' \tag{38}$$

上式右边被积函数在 l 的内部不再是正则的,因为凡是使 $\psi(z')$ 为零的点都是它在这里面的奇异点. 点 z 在 l 的外部(在无界区域 B 内),故不是它的奇异点. 由于上述奇异点的存在,即 $\psi(z')$ 的零点存在,所以式(38)的积分才不等于零.

§8 柯西型积分

在柯西公式(31)中,被积函数的分子表示正则函数 $f(z)$ 在边界线 l 上的数值,而由此公式可知积分的值恰巧表示 $f(z)$ 在区域中某点的数值. 现在我们

把这个积分当作一种运算工具,而假定被积函数的分子是一个完全任意的在闭线路 l 上为连续的函数,又假定 z 是 l 内部一点,看由这个积分可以得到些什么. 以 $\omega(z')$ 记这个连续函数,关于它,除了在 l 上为连续以外,其余我们一无所知,这时积分的值显然是 z 的函数

$$F(z) = \frac{1}{2\pi i} \int_l \frac{\omega(z')}{z'-z} dz' \tag{39}$$

当 $\omega(z')$ 在前面的假设之下时,上式右边的积分称为柯西型积分. 和上节一样,我们可以在积分符号之内关于 z 微分任意次,而得和(32)相类似的公式

$$F^{(n)}(z) = \frac{n!}{2\pi i} \int_l \frac{\omega(z')}{(z'-z)^{n+1}} dz' \tag{40}$$

所以不论 $\omega(z')$ 怎样,$F(z)$ 总是闭线路 l 的内域 B 中的正则函数. 当然,我们也可以假设 z 是 l 的外部的点,这时由(39)依旧可以得到(40),故对 l 外部的点 z,式(39)也定义一个 z 的正则函数. 唯当 z 在 l 之上时,式(39)的积分却失去了意义,因这时被积函数在 l 上有不连续点. 由上所述,可得以下结论:柯西型积分定义两个正则函数,一在 l 的外部,另一在 l 的内部.

注意:一般这两个正则函数并不相同. 要说明这点,只要看最简单的情形,就是当积分的"密度" $\omega(z')$ 和在 l 所包围的闭区域 B 中的正则函数 $f(z)$ 在 l 上的值全同时. 这时可设 $\omega(z') = f(z')$ 是在整个闭区域 B 之中的正则函数. 若 z 在 l 的内部,则由(31)可知柯西型积分

$$\frac{1}{2\pi i} \int_l \frac{f(z')}{z'-z} dz' \tag{41}$$

在 l 的内部给出函数 $f(z)$. 但如果 z 在 l 的外部,则因上式中被积函数的分子 $f(z')$ 在闭区域 B 中为正则,分母 $z'-z$ 在 B 中也不等于零,由柯西定理可知,若 z 在 l 之外,则积分(41)等于零. 所以式(41)在 l 的内部定义的函数等于 $f(z)$,而在其外部定义零函数.

再回到柯西公式(31). 在这个公式中,积分的"密度" $f(z')$ 与函数 $f(z)$ 在 l 上的值全同. 但对一般的柯西型积分,只知 $\omega(z')$ 在 l 上为连续,它在 l 的内部所定义的正则函数在 l 上的性质就不得而知了. 换言之,假定式(39)在 l 内部定义函数 $f_1(z)$,在其外部定义函数 $f_2(z)$,且设 z 从 l 内部趋向 l 上一点 z',要问 $f_1(z)$ 是否趋向一定的极限值? 如果有极限值,它和 $\omega(z')$ 的关系又是怎样? 当 z 从 l 的外部趋向极限点 z' 时,对 $f_2(z)$ 当然也产生同样的问题. 这些问题我们现在不想去研究它,但是要知道只需加上若干条件以后,极限值 $f_1(z')$ 和 $f_2(z')$ 就会存在,唯其与 $\omega(z')$ 的关系却是相当复杂的. 当 z 沿着 l 的法线趋向

z' 时，$f_1(z)$ 的极限值和 $f_2(z)$ 的极限值之差恰好等于 $\omega(z')$. 这一点可由前段所举的例子看出来. 这时 $f_1(z) \equiv f(z)$ 在 l 之内，$f_2(z) \equiv 0$ 在 l 之外，故对 l 上任一点 z'，内极限值是 $f(z')$，而外极限值是零.

在研究函数的解析表示时，常要用到柯西型积分. 但要注意，这种表示并不是唯一的，即同一函数可以用不同的柯西型积分表示. 举一个例子来看. 设 l 为闭线路，原点 $z=0$ 含在 l 的内域中. 在这个内域中定义一个恒等于零的正则函数，即零函数. 这个函数显然可以用"密度"$\omega(z') \equiv 0$ 的柯西型积分来表示. 现在我们证明它也可以用"密度"$\omega(z') = \dfrac{1}{z'}$ 的柯西型积分表示. 为此，只需证明积分

$$F(z) = \frac{1}{2\pi i} \int_l \frac{1}{z'(z'-z)} dz' \tag{42}$$

在 l 内部任一点 z 的数值都等于零就好了. 这里要记住，依照条件，原点也在 l 内部. 上式被积函数可分解为最简部分分式

$$\frac{1}{z'(z'-z)} = -\frac{1}{zz'} + \frac{1}{z(z'-z)}$$

因此

$$F(z) = -\frac{1}{2\pi i z} \int_l \frac{dz'}{z'} + \frac{1}{2\pi i z} \int_l \frac{dz'}{z'-z}$$

由 [6] 式 (28)，及假设原点也在 l 的内部，有

$$F(z) = -\frac{1}{z} + \frac{1}{z} \equiv 0$$

所以柯西型积分 (42) 在 l 内部也定义零函数. 把这个积分与一般的柯西型积分 (39) 加在一起，得到另一柯西型积分，它和式 (39) 的积分在 l 的内域中定义同一函数 $F(z)$. 因此可知若两柯西型积分相等

$$\frac{1}{2\pi i} \int_l \frac{\omega_1(z')}{z'-z} dz' = \frac{1}{2\pi i} \int_l \frac{\omega_2(z')}{z'-z} dz' \tag{43}$$

对于 l 内部所有的点 z，它们的"密度"$\omega_1(z')$ 和 $\omega_2(z')$ 却不一定相等. 但如果对"密度"加上其他的条件以后，这事就可能了. 例如下面的哈纳克定理就是其一：若 $\omega_1(z')$ 和 $\omega_2(z')$ 是连续实函数，l 为圆周，则式 (43) 和 $\omega_1(z') \equiv \omega_2(z')$ 相抵.

§9 柯西公式的推论

设函数 $f(z)$ 在闭区域 B 中为正则,或在闭区域 B 中为连续,而在 B 的内部为正则,又设 B 的边界线为 l. 现在看正则函数 $[f(z)]^n$,这里 n 是任一正整数. 由柯西公式有

$$[f(z)]^n = \frac{1}{2\pi i}\int_l \frac{[f(z')]^n}{z'-z}dz'$$

设 M 是模 $|f(z')|$ 在 l 上的极大值,δ 是模 $|z'-z|$ 的极小值,即 z 到边界线 l 的最短距离.

由常用的估计,有

$$|f(z)|^n \leqslant \frac{M^n S}{2\pi\delta}$$

其中 S 是 l 的长. 上面的不等式可改写为

$$|f(z)| \leqslant M\left(\frac{S}{2\pi\delta}\right)^{\frac{1}{n}}$$

当 n 无限增大时将这个不等式取极限,得

$$|f(z)| \leqslant M \tag{44}$$

故知:若函数 $f(z)$ 在一区域中为正则,在闭区域中为连续,则模 $|f(z)|$ 必在边界线上取极大值,即 $|f(z)|$ 在区域内部任一点的值决不大于它在边界线上的极大值.

可以证明只当 $f(z)$ 为常数时式(44)中的等号成立. 上述性质通常称为模数原理.

再看柯西公式的另一推论. 函数 e^z 或 z 的多项式是全平面正则函数的例子. 现在证明这种全平面正则函数的模绝非有界,除了常数以外. 换句话说,下面的定理成立,这个定理通常称为刘维尔定理:若 $f(z)$ 为全平面正则的有界函数,即存在正数 N,使对所有的 z,有

$$|f(z)| \leqslant N \tag{45}$$

则 $f(z)$ 必为常数.

对 $f'(z)$ 使用柯西公式

$$f'(z) = \frac{1}{2\pi i}\int_l \frac{f(z')}{(z'-z)^2}dz'$$

因为 $f(z)$ 为全平面正则,l 可为任意包含 z 在其内域的闭曲线. 取 l 为以 z

为中心,R 为半径的圆周,R 以后要无限增大.易见
$$|z'-z|=R$$
所以
$$|f'(z)|\leqslant \frac{1}{2\pi}\cdot\frac{\max\limits_{z'在l上}|f(z')|}{R^2}\cdot 2\pi R$$
由式(45)有
$$|f'(z)|\leqslant \frac{N}{R}$$
这个不等式左边和 R 无关,而右边当 R 无限增大时极限为零,故必有 $f'(z)\equiv 0$,由[6]知 $f(z)$ 是常数.

以 $\cos z$ 为例.由[1]式(1)可知当 z 沿虚轴趋向无穷大时,$|\cos z|$ 也无限增大.实际上,设 $z=\mathrm{i}y$,则有
$$\cos z=\cos \mathrm{i}y=\frac{\mathrm{e}^{-y}+\mathrm{e}^y}{2}$$

§10 孤立奇异点

最后,我们再看柯西公式的第三个推论,即正则函数的奇异点的研究.设 $f(z)$ 在 $z=a$ 的邻域中为单值正则函数,但在 $z=a$ 这点却不然.这种奇异点通常称为孤立奇异点.例如 $z=0$ 就是函数
$$f(z)=\frac{1}{z}$$
的孤立奇异点.现在来研究孤立奇异点的可能类型.

我们可以想到下面三种可能性:

(1) 对所有点 a 邻近的 z,$|f(z)|$ 为有界;

(2) 当 $z\to a$ 时,$|f(z)|\to \infty$;

(3) 对点 a 邻近的 z,$|f(z)|$ 非有界,但当 $z\to a$ 时,$|f(z)|\not\to \infty$,而为振动.

先证明在第一种情形 $z=a$ 不是 $f(z)$ 的奇异点.换句话说,若 $f(z)$ 在 $z=a$ 的邻域中为单值正则,并且在这个邻域中 $|f(z)|$ 为有界,则 $f(z)$ 在 $z=a$ 也是正则的.实际上,以 a 为中心,画两个半径分别为 ρ 及 R 的圆 C_ρ 和 C_R,其中 $\rho<R$.若 z 处于这两圆之间的环域中,则由柯西公式有

$$f(z) = \frac{1}{2\pi i} \oint_{C_R} \frac{f(z')}{z'-z} dz + \frac{1}{2\pi i} \oint_{C_\rho} \frac{f(z')}{z'-z} dz'$$

今证等式右边第二项当 $\rho \to 0$ 时也趋向零. 因此, 和证明柯西公式一样, 可知此项必恒等于零. 由假设 $f(z)$ 的模在 $z=a$ 的邻域中为有界, 所以 $|f(z)| \leqslant N$, 这里 N 是一个正数.

在圆周 C_ρ 上 $|z'-a|=\rho$, 于是有
$$|z'-z|=|(z'-a)-(z-a)| \geqslant |z-a|-|z'-a|=|z-a|-\rho$$
所以对第二个积分可作如下的估计
$$\left| \frac{1}{2\pi i} \int_{C_\rho} \frac{f(z')}{z'-z} dz' \right| \leqslant \frac{1}{2\pi} \cdot \frac{N}{|z-a|-\rho} \cdot 2\pi\rho = \frac{N\rho}{|z-a|-\rho}$$
由此易见上面不等式的右边和 ρ 一起趋向零, 因此左边亦然. 这样就有
$$f(z) = \frac{1}{2\pi i} \int_{C_R} \frac{f(z')}{z'-z} dz'$$
即对所有和 a 邻近的点 z, $f(z)$ 常可用柯西型积分表示, 因此 $f(z)$ 本身也就表示一个处处正则的函数, 连 $z=a$ 也在内. 更准确些说, 若 $f(z)$ 在 $z=a$ 的邻近为单值正则, 又 $|f(z)|$ 有界, 则当 $z \to a$ 时 $f(z)$ 趋向一定的有限值为极限. 若取这个有限值为 $f(a)$, 则 $f(z)$ 在点 a 就是正则的了.

再看第二种和第三种可能性. 函数 $\dfrac{1}{z-a}$ 是第二种可能性的一个例子, 这种奇异点通常称为极点. 这就是说, 若 $f(z)$ 在 $z=a$ 的邻近为单值正则, 又当 $z \to a$ 时 $|f(z)| \to \infty$, 则 a 称为 $f(z)$ 的极点.

属于第三类型的奇异点, 如 $z=0$ 这点对于函数
$$f(z) = e^{\frac{1}{z}} \tag{46}$$
即是一例.

实际上, 当 z 沿正实轴趋向零时, 函数(46)趋向 $+\infty$, 而当 z 沿负实轴趋向零时它却趋向零. 这类奇异点称为**本性奇异点**, 即若函数 $f(z)$ 在 $z=a$ 的某一邻域中为单值正则, 但 $|f(z)|$ 非有界, 又当 $z \to a$ 时, $|f(z)| \not\to \infty$, 则 $z=a$ 称为 $f(z)$ 的本性奇异点.

现在证明一个关于函数在本性奇异点邻近的性质的定理.

定理 若 $z=a$ 为 $f(z)$ 的本性奇异点, 则在以 a 为中心的任意小的圆中, 函数值可任意接近于一已知复数.

我们要证明的就是下面这件事: 设 γ 为任一已给复数, ε 为任一已给正数, 则在以 a 为中心的任意小的圆中, 必存在一点 z, 使 $|f(z)-\gamma|<\varepsilon$. 现在用反证法. 假设定理不真, 则存在复数 β, 使某一以 a 为中心的圆 C 中所有的点 z 都满足不等式 $|f(z)-\beta| \geqslant m$, 这里 m 是一个正数. 今作函数

$$\varphi(z) = \frac{1}{f(z) - \beta}$$

$\varphi(z)$ 在 C 中为正则,又 $|\varphi(z)|$ 有界

$$|\varphi(z)| = \frac{1}{|f(z) - \beta|} \leqslant \frac{1}{m}$$

由前面已证明过的事实知 $\varphi(z)$ 在 $z=a$ 也是正则,并且当 $z \to a$ 时 $\varphi(z)$ 趋向有限极限值.因此对于函数

$$f(z) = \beta + \frac{1}{\varphi(z)}$$

当 $z \to a$ 时,如果 $\varphi(z)$ 的极限值不等于零,$f(z)$ 就应该也趋向一个有限极限值;假如 $\varphi(z)$ 的极限值为零,则 $f(z)$ 应趋向无穷大.但由本性奇异点的定义,这两种情形都不可能,定理也就得以证明.

我们还可以证明更准确的定理,即:

皮卡定理 若 $z=a$ 为 $f(z)$ 的本性奇异点,则在以 a 为中心的任意小的圆中,$f(z)$ 取任何复数值无数次之多,可能除了一个复数以外.

这个定理的证明比上一定理的证明复杂些,现在不准备讲它.我们只验证对于以 $z=0$ 为本性奇异点的函数(46)这一定理成立.

取任一不等于零的复数 α,作方程

$$e^{\frac{1}{z}} = \alpha \tag{46'}$$

由复数的对数的性质,易知方程(46′)的根是

$$z = \frac{1}{\ln|\alpha| + i(\varphi + 2k\pi)}$$

其中 φ 是 α 的辐角,含于 $(0, 2\pi)$ 区间内,k 为任何整数.当 k 的绝对值无限增大时所得(46′)的根就可任意接近于零.因此,函数(46)在以原点为中心的任意小的圆中取任何复数值无数次之多,除了零值以外.易证函数 $\sin\frac{1}{z}$ 在以原点为中心的任意小的圆中取任何复数值无数次之多而没有例外.

极点和本性奇异点都是孤立奇异点,即在这种点的某一邻域中函数为正则.以后在研究多值函数的时候,我们还要讲到一种孤立奇异点,即支点.

§11 具复数项的无穷级数

已经说明了有关积分概念的主要各点,我们现在转移视线于无穷级数.设有一具复数项的无穷级数

$$(a_1 + \mathrm{i}b_1) + (a_2 + \mathrm{i}b_2) + \cdots + (a_n + \mathrm{i}b_n) + \cdots \tag{47}$$

这个级数称为收敛级数,假如前 n 项之和

$$S_n = (a_1 + a_2 + \cdots + a_n) + \mathrm{i}(b_1 + b_2 + \cdots + b_n) \tag{48}$$

当 n 无限增大时趋向有限极限值. 由这个定义立刻可以知道当且仅当由(47)的实数部分和虚数部分所组成的具有实数项的级数

$$a_1 + a_2 + \cdots \text{ 和 } b_1 + b_2 + \cdots \tag{49}$$

同时为收敛时,级数(47)始为收敛. 若 A 和 B 分别为(49)两级数的和,则易知部分和(48)趋向极限值 $A + \mathrm{i}B$,而这也就是级数(47)的和.

现在再解释级数(47)为绝对收敛的意义. 对级数(47)的每一项用它的模来替代,结果得到一个正项级数

$$\sqrt{a_1^2 + b_1^2} + \sqrt{a_2^2 + b_2^2} + \cdots \tag{50}$$

易证当上一级数收敛时原级数(47)也收敛. 事实上,由不等式

$$\sqrt{a_n^2 + b_n^2} \geqslant |a_n| \text{ 或 } |b_n|$$

立刻可知[Ⅰ,120 和 124],当级数(50)收敛时,级数(49)就收敛(并且是绝对收敛),因此级数(47)也收敛.

级数(50)收敛时收敛级数(47)称为绝对收敛. 这种绝对收敛级数与具有实数项的绝对收敛级数有相类似的性质.

如我们刚才所见,级数(47)绝对收敛时级数(49)也绝对收敛,并且它们的和与项的次序无关[Ⅰ,137]. 因此级数(47)的和也与项的次序无关.

应用和[Ⅰ,137]相类似的论断,一样可以证明绝对收敛级数的乘法定理,即若有两个具有复数项的绝对收敛级数

$$S = \alpha_1 + \alpha_2 + \cdots \text{ 和 } T = \beta_1 + \beta_2 + \cdots$$

则级数

$$\alpha_1\beta_1 + (\alpha_1\beta_2 + \alpha_2\beta_1) + (\alpha_1\beta_3 + \alpha_2\beta_2 + \alpha_3\beta_1) + \cdots$$

也是绝对收敛,其和为 ST. 详细证明我们不再说了. 因为对复变数柯西判别极限存在的准则也成立,故与实变数的情形一样[Ⅰ,125],由这一准则可以得到具有复数项的无穷级数收敛的充要条件,即级数(47)收敛的充要条件是:对任一已给正数 ε,存在正整数 N,使当 $n > N$ 时

$$\left| \sum_{k=n+1}^{n+p} (a_k + \mathrm{i}b_k) \right| < \varepsilon$$

其中 p 是任意正整数.

现在再看变项级数,即项中包含变数 z 的级数

$$u_1(z) + u_2(z) + \cdots \tag{51}$$

如果对区域 B 中(或曲线 l 上)所有的点 z 这一级数都收敛的话,则称它在区域 B 中(或曲线 l 上)为收敛.

和实变数的情形一样[Ⅰ,143],我们又可以导入一致收敛的概念.级数(51)称为在区域 B 中(或曲线 l 上)一致收敛,若对任一已给正数 ε,存在一个正数 N,使对区域 B 中(或 l 上)所有的点 z,有

$$\left|\sum_{k=n+1}^{n+p} u_k(z)\right| < \varepsilon \tag{52}$$

只要 $n > N$,p 是任意正整数.

具有复变数的一致收敛级数与具有实变数的一致收敛级数有相同的性质[Ⅰ,146].现在举两个最重要的性质,证明和实变数的情形完全一样.

若级数(51)的每项都是 z 在区域 B 中(或曲线 l 上)的连续函数,并且级数在 B 中(l 上)一致收敛,则级数的和也是连续函数.

若以连续函数为项所构成的级数(51)在曲线 l 上一致收敛,则级数可以沿这个曲线逐项积分.

最后,给出一个级数(51)为绝对且一致收敛的充分条件,这和在实变数的情形完全相似[Ⅰ,147]:若对区域 B 中(或曲线 l 上)所有的点 z,级数(51)满足条件

$$|u_k(z)| \leqslant m_k \quad (k=1,2,\cdots)$$

其中 m_k 为正数,并且以 m_k 为一般项的级数收敛,则级数(51)在区域 B 中(曲线 l 上)绝对且一致收敛.

还有一件事可由此立刻推出来,即若级数(51)在曲线 l 上一致收敛,$|v(z)|$ 在曲线 l 上为有界(如连续函数),以 $v(z)$ 乘级数的每一项,则所得到的级数仍旧一致收敛.事实上,我们得到的是

$$u_1(z)v(z) + u_2(z)v(z) + \cdots$$

其中 $|v(z)| < N$.由不等式(52)有

$$\left|\sum_{k=n+1}^{n+p} u_k(z)v(z)\right| = |v(z)| \left|\sum_{k=n+1}^{n+p} u_k(z)\right| < N\varepsilon$$

其中 N 是个固定正数,而当 n 甚大时 ε 可任意小,所以这个级数也是一致收敛的.

已经说明了有关复无穷级数的许多基本概念以后,我们现在证明一个关于以正则函数为项的级数的基本定理.

§12 魏尔斯特拉斯定理

设级数(51)中每一项都是以 l 为边界线的闭区域 B 中的正则函数,又级数在 l 上一致收敛,则在整个闭区域 B 中级数也是一致收敛的,其和在 B 的内部为正则函数,又级数可以逐项微分任意多次.

以 z' 表示边界线 l 上的变动点. 由假设,级数
$$u_1(z') + u_2(z') + \cdots \tag{53}$$
为一致收敛,故得不等式
$$\left|\sum_{k=n}^{n+p} u_k(z')\right| < \varepsilon \quad (\text{当 } n > N, p > 0 \text{ 为任意正整数})$$

上式左边是有限个正则函数的和,所以仍旧是闭区域 B 中的正则函数. 由模数原理,从这个不等式可以得到下面的不等式,对 B 中任意一点 z 都成立
$$\left|\sum_{k=n}^{n+p} u_k(z)\right| < \varepsilon \quad (\text{当 } n > N, p > 0 \text{ 为任意正整数})$$

因此级数(51)在整个闭区域中为一致收敛.

记级数(53)的和为 $\varphi(z')$ (l 上的连续函数). 以
$$\frac{1}{2\pi i} \cdot \frac{1}{z' - z} \quad (z \text{ 是 } B \text{ 的内点})$$
乘级数的每一项,得
$$\frac{1}{2\pi i} \cdot \frac{\varphi(z')}{z' - z} = \frac{1}{2\pi i} \cdot \frac{u_1(z')}{z' - z} + \frac{1}{2\pi i} \cdot \frac{u_2(z')}{z' - z} + \cdots$$

这个级数在 l 上仍为一致收敛,所以可沿 l 逐项积分得
$$\frac{1}{2\pi i}\int_l \frac{\varphi(z')}{z' - z}\mathrm{d}z' = \frac{1}{2\pi i}\int_l \frac{u_1(z')}{z' - z}\mathrm{d}z' + \frac{1}{2\pi i}\int_l \frac{u_2(z')}{z' - z}\mathrm{d}z' + \cdots$$

但 $u_k(z)$ 都是正则函数,由柯西公式,上式可改写为
$$\frac{1}{2\pi i}\int_l \frac{\varphi(z')}{z' - z}\mathrm{d}z' = u_1(z) + u_2(z) + \cdots$$

因此,级数(51)的和在 B 的内部可以用柯西型积分表示,故为正则函数. 记和为 $\varphi(z)$,有
$$\sum_{k=1}^{\infty} u_k(z) = \varphi(z) = \frac{1}{2\pi i}\int_l \frac{\varphi(z')}{z' - z}\mathrm{d}z' \tag{54}$$

注意:由前面已证级数(51)在闭区域 B 中为一致收敛,可知 $\varphi(z)$ 在 B 中连续,而式(54)本身就表示对于函数 $\varphi(z)$ 的柯西公式.

剩下来只要证明级数(51)可以逐项微分任意多次. 为此, 以

$$\frac{m!}{2\pi i} \cdot \frac{1}{(z'-z)^{m+1}} \quad (m \text{ 是正整数})$$

乘级数(53)的每一项, 再沿 l 积分, 得

$$\frac{m!}{2\pi i}\int_l \frac{\varphi(z')}{(z'-z)^{m+1}}\mathrm{d}z' = \frac{m!}{2\pi i}\int_l \frac{u_1(z')}{(z'-z)^{m+1}}\mathrm{d}z' + \frac{m!}{2\pi i}\int_l \frac{u_2(z')}{(z'-z)^{m+1}}\mathrm{d}z' + \cdots$$

由柯西公式及式(54), 上式可改写为

$$\varphi^{(m)}(z) = u_1^{(m)}(z) + u_2^{(m)}(z) + \cdots \tag{55}$$

这就证明了在 B 的内部逐项微分 m 次的可能性. 在下一节里我们要把这个定理应用到一种具有特殊形式的级数上去, 这种级数几乎是我们以后唯一要用到的, 即幂级数.

注意 1: 借常用的估计积分方法易证: 由导数所构成的级数(55)在任何区域 B_1 中为一致收敛, 只要 B_1 和它的边界线都包含在区域 B 的内部. 对级数 (55) 作和

$$\sum_{k=n}^{n+p} u_k^{(m)}(z)$$

应用柯西公式中导数的表示, 有

$$\sum_{k=n}^{n+p} u_k^{(m)}(z) = \frac{m!}{2\pi i}\int_l \frac{1}{(z'-z)^{m+1}}\sum_{k=n}^{n+p} u_k(z')\mathrm{d}z'$$

设 δ 为区域 B_1 的边界线 l_1 和 l 间的最短距离(图 7). 借通常的估计积分方法可得

$$\left|\sum_{k=n}^{n+p} u_k^{(m)}(z)\right| \leqslant \frac{m!\,s}{2\pi\delta^{m+1}} \cdot \max_{z'\text{在}l\text{上}}\left|\sum_{k=n}^{n+p} u_k(z')\right|$$

这里 s 是 l 的长. 因为级数(53)一致收敛, 上式右边第二个因子当 n 很大时可以任意小, 而第一个因子是一个固定的正数, 所以级数(55)也是一致收敛. 同样易证若 B 为单通区域, 则将 $\varphi(z)$ 逐项积分而得的级数

$$\int_a^z u_1(z')\mathrm{d}z' + \int_a^z u_2(z')\mathrm{d}z' + \cdots \quad (a \text{ 是 } B \text{ 中任意一点})$$

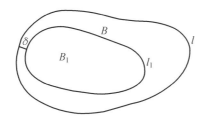

图 7

也在 B 中一致收敛[比较Ⅰ,146],且级数中每项都是 z 在 B 中的单值正则函数[4].

注意 2：我们也可以不用级数而用函数列来叙述魏尔斯特拉斯定理[Ⅰ,144]：设有函数列 $s_k(z)(k=1,2,\cdots)$ 在以 l 为边界线的闭区域 B 中为正则,又这个序列在 l 上一致收敛,则序列在闭区域 B 中亦一致收敛,其极限函数 $s(z)$ 在 B 的内部为正则,并且对任一正整数 m,下式在 B 之内成立

$$\lim_{k\to\infty} s_k^{(m)}(z) = s^{(m)}(z)$$

§13 幂 级 数

具有形式

$$a_0 + a_1(z-b) + a_2(z-b)^2 + \cdots \quad (a_k \text{ 和 } b \text{ 均为常数}) \tag{56}$$

的级数称为幂级数. 最先我们研究级数(56)的收敛区域. 这由下面的定理可知：

阿贝尔定理 若级数(56)在 $z=z_0$ 收敛,则在所有和点 b 相距比 z_0 和点 b 相距更近的点 z,即满足不等式

$$|z-b| < |z_0-b|$$

的点,级数绝对收敛,并且在任一以 b 为中心,半径为 ρ,$\rho < |z_0-b|$ 的圆中一致收敛(图 8).

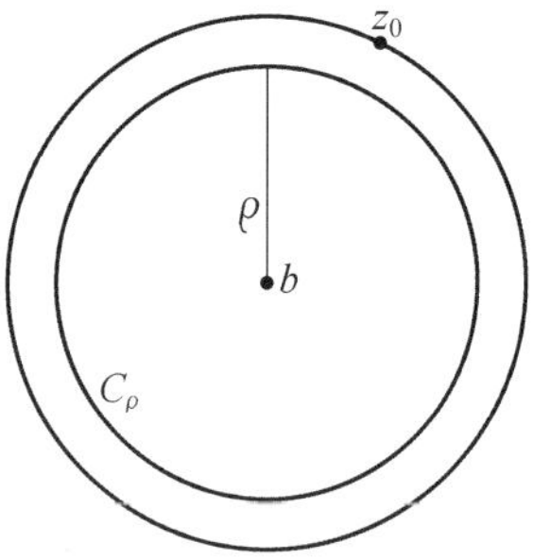

由假设知级数

$$a_0 + a_1(z_0-b) + a_2(z_0-b)^2 + \cdots$$

收敛,所以当 $n\to\infty$ 时它的一般项 $a_n(z-b)^n \to 0$.

图 8

因此存在一正数 N,使得对于所有的正整数 k,下式成立

$$|a_k(z_0-b)^k| < N \tag{57}$$

设圆 C_ρ 的中心为 b,半径为 ρ,而 $\rho < |z_0-b|$,则可记 $\rho = \theta|z_0-b|$,$0 < \theta < 1$. 对 C_ρ 中一点 z,有

$$|z-b| \leqslant \theta|z_0-b| \tag{58}$$

由(57)和(58),在圆 C_ρ 中可以对级数(56)的一般项作下面的估计

$$|a_k(z-b)^k| = |a_k(z_0-b)^k| \left|\frac{z-b}{z_0-b}\right|^k \leqslant N\theta^k$$

这个式子表示级数(56)的一般项的模小于一个递减正项几何级数的一般项,

因此它在圆 C_ρ 中必绝对且一致收敛. 显然, 如果任一点 z 和 b 相距比 z_0 和 b 相距更近, z 必在某一圆 C_ρ 之中, 所以级数(56)在这点必为绝对收敛. 阿贝尔定理已证毕. 下面是这个定理的几个推论.

推论 1 若级数(56)在点 $z=z_1$ 发散, 则在与 b 相距比 z_1 与 b 相距更远的点级数亦为发散. 事实上, 如果级数在这种点收敛的话, 由阿贝尔定理它在 z_1 也必收敛, 和假设冲突. 因此对于级数(56)我们就可以这样说: 若级数在点 z_0 收敛, 则在以 b 为中心, $|z_0-b|$ 为半径的圆之内任一点级数绝对收敛; 若级数在点 z_1 发散, 则在以 b 为中心, $|z_1-b|$ 为半径的圆之外任一点级数亦为发散. 由此立刻可知对任一幂级数(56), 存在一正数 R, 使当 $|z-b|<R$ 时级数绝对收敛; 当 $|z-b|>R$ 时级数发散; 同时在任一以 b 为中心, 半径小于 R 的闭圆中, 级数一致收敛. R 称为级数(56)的收敛半径, 圆 $|z-b|<R$ 称为它的收敛圆(比较实变数时的类似结果[Ⅰ, 148]).

注意: 在这一推论中我们没法证明级数(56)在整个收敛圆 $|z-b|\leqslant R$ 中一致收敛, 而只知它在任一和收敛圆同心而半径较小的闭圆中一致收敛. 为简单起见, 以后就称级数(56)在收敛圆内部一致收敛. 一般地, 我们称一级数在某区域内部一致收敛, 如果它在任一包含于这个区域之内的闭区域中都是一致收敛.

关于上面的结果还有一件重要的事要注意, 就是有时收敛半径 R 可以等于无穷大, 这时级数就在平面上任一点绝对收敛, 并且在任一半径有限的闭圆中为一致收敛. 另外一种极端情形就是 $R=0$, 这时级数在任一点 $z\neq b$ 为发散, 在点 $z=b$ 级数简化只剩下第一项. 以后对这种 $R=0$ 的幂级数我们不再去讨论它.

推论 2 级数(56)既然在收敛圆内部一致收敛, 应用魏尔斯特拉斯定理就知道它的和在收敛圆内部是 z 的正则函数, 因此级数就可逐项微分任意多次. 因它是一致收敛级数, 所以也可以逐项积分. 此外, 由于绝对收敛性, 而幂级数可以像多项式一般地逐项相乘.

由上面的结果可知逐项积分或逐项微分并不破坏级数在收敛圆内的收敛性, 这就是说, 两级数

$$a_1+2a_2(z-b)+3a_3(z-b)^2+\cdots \tag{59}$$

$$a_0(z-b)+\frac{a_1}{2}(z-b)^2+\cdots \tag{59'}$$

的收敛圆都不小于级数(56)的收敛圆. 易证这两个级数的收敛半径也不能大于级数(56)的收敛半径 R. 事实上, 例如设级数(59′)的收敛半径为 $\rho, \rho>R$. 将这个级数逐项微分, 仍得级数(56). 由前知必 $\rho\leqslant R$, 这和 $\rho>R$ 冲突. 因此我们

知道,逐项积分和逐项微分都不改变级数(59)的收敛半径.

最后,注意在所有前面已经说过的里面,一点没有提到,即级数(56)在它的收敛圆圆周 $|z-b|=R$ 上的收敛性.关于这个问题我们稍迟一些再讨论它.

§14 泰勒级数

上面我们看到,级数(56)的和在收敛圆内部为正则函数.现在证明其逆:任一函数 $f(z)$ 若在以 b 为中心的圆 $|z-b|<R$ 之内为正则,则在此圆内部函数必定可以展开为形式如(56)的幂级数,并且这种展开式是唯一的.

在圆 $|z-b|<R$ 内任取一固定点 z.以 b 为中心,R_1(小于 R)为半径画一圆 C_{R_1},包含点 z 在其内(图9).借柯西公式我们可以把 $f(z)$ 表示为沿 C_{R_1} 的积分

$$f(z)=\frac{1}{2\pi\mathrm{i}}\int_{C_{R_1}}\frac{f(z')}{z'-z}\mathrm{d}z' \qquad (60)$$

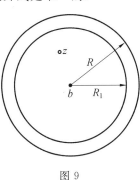

图9

在 C_{R_1} 上有 $|z'-b|=R_1$.另一方面,因为 z 在 C_{R_1} 之内,有 $|z-b|<R_1$.应用递减几何级数求和公式,可记

$$\frac{1}{z'-z}=\frac{1}{z'-b}\cdot\frac{1}{1-\dfrac{z-b}{z'-b}}=\sum_{k=0}^{\infty}\frac{(z-b)^k}{(z'-b)^{k+1}} \qquad (61)$$

上式右边的级数的一般项的模是

$$\left|\frac{(z-b)^k}{(z'-b)^{k+1}}\right|=\frac{1}{R_1}q^k \quad \left(q=\left|\frac{z-b}{z'-b}\right|\right)$$

由前知 $0\leqslant q<1$.因此,无穷级数(61)关于 C_{R_1} 上的变数 z' 为一致收敛.以

$$\frac{1}{2\pi\mathrm{i}}f(z')$$

乘式(61)的两边,然后沿 C_{R_1} 逐项积分,由式(60)有

$$f(z)=\sum_{k=0}^{\infty}(z-b)^k\cdot\frac{1}{2\pi\mathrm{i}}\int_{C_{R_1}}\frac{f(z')}{(z'-b)^{k+1}}\mathrm{d}z'$$

或

$$f(z)=\sum_{k=0}^{\infty}a_k(z-b)^k \qquad (62)$$

这里由柯西公式[7]

$$a_k = \frac{1}{2\pi i}\int_{C_{R_1}} \frac{f(z')}{(z'-b)^{k+1}}dz' = \frac{f^{(k)}(b)}{k!} \qquad (62')$$

即圆 $|z-b|<R$ 内部的正则函数 $f(z)$ 在这个圆中任一点 z 的数值可以展开为泰勒级数

$$f(z) = f(b) + \frac{f'(b)}{1!}(z-b) + \frac{f''(b)}{2!}(z-b)^2 + \cdots \qquad (63)$$

现在再证明 $f(z)$ 的幂级数展开式是唯一的。设 $f(z)$ 在某一以 b 为中心的圆内可以展开为形式如(62)的级数。我们证明系数 a_k 必定可用唯一的方法来决定,就是它们必须是 $f(z)$ 的泰勒系数。实际上,在(62)中令 $z=b$,即得 $a_0=f(b)$。微分幂级数(62),得

$$f'(z) = \sum_{k=1}^{\infty} ka_k(z-b)^{k-1}$$

令 $z=b$,得 $a_1=f'(b)$。用同样的办法,一般可得

$$a_k = \frac{f^{(k)}(b)}{k!}$$

而这个级数就与泰勒级数(63)全同。因此,假如我们可以用两种办法把同一个函数展开为 $z-b$ 的指数为正整数的幂级数,则在两级数中含 $z-b$ 的幂次相同的两项的系数也必相等。

上面的讨论告诉我们,如果函数 $f(z)$ 在一个以 b 为中心的圆内为正则, $f(z)$ 的泰勒级数(63)在这个圆之内就收敛,并且级数之和等于 $f(z)$。

借泰勒级数中系数的表达式(62′)可以估计这些系数的大小。设 R 为级数(62)的收敛半径。在(62′)中取 C_{R_1} 的中心为 b, $R_1=R-\varepsilon$, ε 是固定的小正数。在圆周 C_{R_1} 上 $f(z)$ 为正则, $|f(z)|$ 不大于一定正数 M,并且 $|z'-b|=R-\varepsilon$。用通常估计积分的办法可得

$$|a_k| \leqslant \frac{M}{(R-\varepsilon)^k} \qquad (64)$$

ε 可任意接近于零,但显然 M 的大小也和 ε 的选择有关。

现在应用[12]中证明了的魏尔斯特拉斯定理于幂级数。设在以 b 为中心的圆 C_R 内部有一正则函数列

$$u_k(z) = a_0^{(k)} + a_1^{(k)}(z-b) + a_2^{(k)}(z-b)^2 + \cdots \quad (k=1,2,\cdots)$$

又设级数

$$\sum_{k=1}^{\infty} u_k(z)$$

在这个圆内部一致收敛.由魏尔斯特拉斯定理,这个级数的和也是圆内的正则函数,因此可以展开为幂级数

$$\sum_{k=1}^{\infty}[a_0^{(k)}+a_1^{(k)}(z-b)+a_2^{(k)}(z-b)^2+\cdots]=a_0+a_1(z-b)+a_2(z-b)^2+\cdots$$

并且还可以逐项微分任意多次.每微分一次以后就令 $z=b$,我们可以得到上式右边诸系数的级数表达式

$$a_0=\sum_{k=1}^{\infty}a_0^{(k)},a_1=\sum_{k=1}^{\infty}a_1^{(k)},a_2=\sum_{k=1}^{\infty}a_2^{(k)},\cdots$$

这就是说,由已给的假设,前面那些无穷级数可以像多项式相加一般地加在一起.

§15 洛 朗 级 数

对于具有更一般形式的幂级数

$$\cdots+a_{-2}(z-b)^{-2}+a_{-1}(z-b)^{-1}+a_0+a_1(z-b)+a_2(z-b)^2+\cdots \tag{65}$$

它不但含有 $z-b$ 的正整数幂,而且也含有 $z-b$ 的负整数幂,我们不难得到和前节类似的结果.像这种形式的幂级数通常称为洛朗级数.最先,我们看应该如何来决定它的收敛区域.级数(65)是由两个级数

$$a_0+a_1(z-b)+a_2(z-b)^2+\cdots \tag{66}$$

和

$$\frac{a_{-1}}{z-b}+\frac{a_{-2}}{(z-b)^2}+\cdots \tag{66'}$$

所合成,如果我们能决定一个区域,使上面两个级数在其中同时为收敛,那么这就是级数(65)的收敛区域了.级数(66)即上节所研究的寻常幂级数,所以它的收敛区域是以 b 为中心的一个圆.设这个圆是 $|z-b|<R_1$.要研究级数(66'),可以引进另一变数 $z'=(z-b)^{-1}$ 以代替 z.经过这个变换之后级数(66')变成通常的幂级数

$$a_{-1}z'+a_{-2}z'^2+\cdots$$

它在 z' 平面上的收敛区域是一个以原点为中心的圆(这时 b 等于零).这个圆的半径记为 $\frac{1}{R_2}$,则上述幂级数的收敛区域就是 $|z'|<\frac{1}{R_2}$ 或 $\frac{1}{|z'|}>R_2$.回到原来的变数 z,得到收敛区域为 $|z-b|>R_2$.这样,级数(65)的收敛区域就由两

个不等式
$$|z-b|<R_1, \quad |z-b|>R_2 \tag{67}$$
来决定.

第一个不等式所定义的区域是以 b 为中心，R_1 为半径的圆的内部，就是级数(66)的收敛区域. 第二个不等式所定义的区域是以 b 为中心，R_2 为半径的圆的外部，即级数(66′)的收敛区域. 若 $R_1 \leqslant R_2$，则(67)中两个不等式不定义任何区域. 若 $R_1 > R_2$，这两个不等式就定义一圆环
$$R_2 < |z-b| < R_1 \tag{68}$$
由两个以 b 为中心，半径为 R_2 及 R_1 的同心圆所围成. 因此知道形式如(65)的级数的收敛区域是一个圆环(68).

上面我们把级数(65)分成两个幂级数，所以由前节关于幂级数的定理立刻可知：级数(65)在其收敛环的内部绝对且一致收敛，级数的和是正则函数，并且级数可以逐项微分. 注意，在环的定义方程(68)中，内半径 R_2 有时可以等于零，这时级数(65)在所有和 b 相当邻近的点 z 必为收敛. 同样，外半径 R_1 有时可以等于无穷大，这时级数在所有满足条件 $|z-b|>R_2$ 的点 z 为收敛. 若这个环由不等式 $0<|z-b|<\infty$ 所定义，则级数(65)在全平面除了点 $z=b$ 以外为收敛.

我们还要注意，洛朗级数(65)中含 $z-b$ 的正整数幂各项所构成的部分级数不但在环(68)中为收敛，并且也在环的外周以内，即 $|z-b|<R_1$ 中，为处处收敛；而含 $z-b$ 的负整数幂各项所构成的部分级数则在环的内周以外，即 $|z-b|>R_2$ 中，为处处收敛. 例如，若级数只含有限个幂次为负的项，当然就有 $R_2=0$；若级数只含有限个幂次为正的项，那么就有 $R_1=\infty$. 再提醒一次，就是我们现在只研究那种 $R_2<R_1$ 的洛朗级数，因为在别的情形级数没有收敛区域.

和幂级数的情形一样，我们现在可以证明上述事实之逆，即若 $f(z)$ 在环(68)的内部为正则，它就可以在其中用洛朗级数展开，并且这种展开式是唯一的.

把环的外周稍稍缩小，内周稍稍扩大，我们就可以假设 $f(z)$ 在环的两边界线上也是正则的. 记这两条边界线为 C_{R_2} 和 C_{R_1}. 对环的内部任一点 z，由柯西公式有(图 10)
$$f(z) = \frac{1}{2\pi i}\int_{C_{R_1}} \frac{f(z')}{z'-z}dz' + \frac{1}{2\pi i}\int_{C_{R_2}} \frac{f(z')}{z'-z}dz' \tag{69}$$

对沿 C_{R_1} 的积分有
$$\left|\frac{z-b}{z'-b}\right|<1$$

因此，和证明泰勒公式一样，我们可以用一个在圆周 C_{R_1} 上为一致收敛的级数展开积分符号之内的分数

$$\frac{1}{z'-z} = \sum_{k=0}^{\infty} \frac{(z-b)^k}{(z'-b)^{k+1}}$$

两边乘以

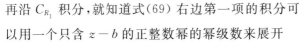

图 10

$$\frac{1}{2\pi i} f(z') \qquad (70)$$

再沿 C_{R_1} 积分，就知道式(69)右边第一项的积分可以用一个只含 $z-b$ 的正整数幂的幂级数来展开

$$\frac{1}{2\pi i} \oint_{C_{R_1}} \frac{f(z')}{z'-z} dz' = a_0 + a_1(z-b) + a_2(z-b)^2 + \cdots$$

其中

$$a_k = \frac{1}{2\pi i} \oint_{C_{R_1}} \frac{f(z')}{(z'-b)^{k+1}} dz'$$

相反地，对沿 C_{R_2} 的积分有

$$\left| \frac{z'-b}{z-b} \right| < 1$$

而对于前述的分数，我们必须用另外的办法把它展开为一个在圆周 C_{R_2} 上一致收敛的级数

$$\frac{1}{z'-z} = -\frac{1}{z-b} \cdot \frac{1}{1-\frac{z'-b}{z-b}} = -\sum_{k=0}^{\infty} \frac{(z'-b)^k}{(z-b)^{k+1}}$$

由此，再用(70)中的乘数乘等式两边，然后沿 C_{R_2} 积分，得到式(69)右边第二项的幂级数展开式，其中 $z-b$ 的幂都是负整数

$$\frac{1}{2\pi i} \oint_{C_{R_2}} \frac{f(z')}{z'-z} dz' = a_{-1}(z-b)^{-1} + a_{-2}(z-b)^{-2} + \cdots$$

其中

$$a_{-k} = -\frac{1}{2\pi i} \oint_{C_{R_2}} (z'-b)^{k-1} f(z') dz'$$

把两项加在一起，就得到函数 $f(z)$ 在环的内部的洛朗级数展开式

$$f(z) = \sum_{k=-\infty}^{+\infty} a_k (z-b)^k \qquad (71)$$

剩下来要证明这种展开式是唯一的．和泰勒级数的情形一样，只要证明如果 $f(z)$ 可以依(71)的形式展开，则系数 a_k 就有完全一定的表达式．设 l 为包含

点 b 在其内部而在环(68)中的闭线路. 在这条线路上级数(71)一致收敛. 对任一整数 m, 以 $(z-b)^{-m-1}$ 乘式(71)的两边, 再沿 l 作逆时针方向的积分, 即得

$$\int_l (z-b)^{-m-1} f(z) \mathrm{d}z = \sum_{k=-\infty}^{+\infty} a_k \int_l (z-b)^{k-m-1} \mathrm{d}z$$

由[6]我们知道等式右边所有的积分都等于零, 除了被积函数是 $(z-b)^{-1}$ 的那一项之外. 这个不等于零的积分对应于 $k=m$, 并且易知它的数值为 $2\pi\mathrm{i}$. 这样上式就变为

$$\int_l (z-b)^{-m-1} f(z) \mathrm{d}z = 2\pi\mathrm{i} a_m$$

由此即得系数的一定的表达式

$$a_m = \frac{1}{2\pi\mathrm{i}} \int_l (z-b)^{-m-1} f(z) \mathrm{d}z \quad (m=0, \pm 1, \pm 2, \cdots) \tag{72}$$

§16 例 题

应用泰勒展开式于初等超越函数, 可以得到在微分学中早已知道的它们的幂级数展开式, 但现在对于自变数取复数值的函数也适用了.

例 1 对函数 $f(z) = \mathrm{e}^z$ 显然有 $f^{(n)}(z) = \mathrm{e}^z$, 因此有 $f^{(n)}(0) = 1$. 代入公式(63), 并设 $b=0$ (麦克劳林级数), 得

$$\mathrm{e}^z = 1 + \frac{z}{1!} + \frac{z^2}{2!} + \cdots \tag{73}$$

函数 e^z 在全平面为正则, 因此(73)的展开式在全平面有效.

同样可得在全平面上有效的三角函数的展开式

$$\sin z = \frac{z}{1!} - \frac{z^3}{3!} + \frac{z^5}{5!} - \cdots \tag{74}$$

$$\cos z = 1 - \frac{z^2}{2!} + \frac{z^4}{4!} - \cdots \tag{75}$$

例 2 几何级数

$$\frac{1}{1-z} = 1 + z + z^2 + \cdots$$

给我们一个以 $|z|<1$ 为收敛圆的级数的例子.

在这一级数中以 $-z$ 代 z, 再从零积分到 z

$$\varphi(z) = \int_0^z \frac{\mathrm{d}z}{1+z} = \frac{z}{1} - \frac{z^2}{2} + \frac{z^3}{3} - \cdots \tag{76}$$

这样我们就得到另一幂级数,它的收敛圆也是 $|z|<1$. 当 z 取实数值时这个级数的和已知为 $\ln(1+z)$ [Ⅰ,132]. 现在证明对单位圆 $|z|<1$ 中的复数 z, 上面的事实一样成立. 准确些说,就是要证明上述级数的和

$$\varphi(z)=\int_0^z\frac{\mathrm{d}z}{1+z} \tag{77}$$

满足方程式

$$\mathrm{e}^{\varphi(z)}=1+z \tag{78}$$

取在圆 $|z|<1$ 之内为正则的函数 $\mathrm{e}^{\varphi(z)}=f(z)$,再求它的麦克劳林展开式. 为此,先要求这个函数的导数. 记住 $\varphi'(z)=\dfrac{1}{1+z}$,因此有

$$f'(z)=\mathrm{e}^{\varphi(z)}\cdot\frac{1}{1+z} \tag{79}$$

又

$$f''(z)=\mathrm{e}^{\varphi(z)}\cdot\frac{1}{(1+z)^2}-\mathrm{e}^{\varphi(z)}\cdot\frac{1}{(1+z)^2}\equiv 0$$

所以当 $n\geqslant 2$ 时,$f^{(n)}(z)\equiv 0$. 此外,由(77)和(79)两式易知 $f(0)=\mathrm{e}^0=1$ 及 $f'(0)=1$. 因此 $f(z)$ 的麦克劳林展开式是

$$f(z)=\mathrm{e}^{\varphi(z)}=1+z$$

因此我们知道级数(76)的和是 $\ln(1+z)$ 的一个可能值. 后者是个多值函数,而级数(76)分得它的一个在圆 $|z|<1$ 之内为正则的单值支叶

$$\ln(1+z)=\frac{z}{1}-\frac{z^2}{2}+\frac{z^3}{3}-\cdots \tag{80}$$

由这个公式所决定的对数值有时称为对数的主值. 在收敛圆圆周 $|z|=1$ 上函数 $\ln(1+z)$ 有一奇异点 $z=-1$. 这种奇异点的特征将于以后说明之.

例 3 现在看函数 $(1+z)^m$. 当 m 为正整数时函数依照 z 的正整数幂的展开式就是通常的牛顿二项式公式;当 m 为负整数时函数以 $z=-1$ 为极点. 逐次求其导数,再作麦克劳林级数,即得函数在圆 $|z|<1$ 内的展开式[Ⅰ,131]

$$(1+z)^m=1+\frac{m}{1!}z+\frac{m(m-1)}{2!}z^2+\frac{m(m-1)(m-2)}{3!}z^3+\cdots \tag{81}$$

如果 m 不是整数,$(1+z)^m$ 就是多值函数. 例如当 $m=\dfrac{1}{2}$ 时有 $\sqrt{1+z}$. 一般地,对常数 m 的任一值,函数可改写为如下之形式[Ⅰ,176]

$$(1+z)^m=\mathrm{e}^{m\ln(1+z)} \tag{82}$$

它的多值性是由 $\ln(1+z)$ 的多值性而来. 若取式(80)所决定的数值为 $\ln(1+z)$ 的值,则函数(82)亦为圆 $|z|<1$ 中的单值正则函数. 借式(77)逐次求其导

数,可得
$$[(1+z)^m]' = e^{m\ln(1+z)} \cdot \frac{m}{1+z} = me^{(m-1)\ln(1+z)} = m(1+z)^{m-1}$$
$$[(1+z)^m]'' = m(m-1)e^{(m-2)\ln(1+z)} = m(m-1)(1+z)^{m-2}$$
一般地
$$[(1+z)^m]^{(k)} = m(m-1)\cdots(m-k+1)e^{(m-k)\ln(1+z)} =$$
$$m(m-1)\cdots(m-k+1)(1+z)^{m-k}$$

其中 $\ln(1+z)$ 由级数(80)所决定. 现在注意:由级数(80)所决定的 $\ln(1+z)$ 当 $z=0$ 时其值为零. 因此,由式(82)及其后各式可得
$$(1+z)^m \Big|_{z=0} = 1, [(1+z)^m]' \Big|_{z=0} = m$$
一般地
$$[(1+z)^m]^{(k)} \Big|_{z=0} = m(m-1)\cdots(m-k+1)$$

由此可见函数(82)的麦克劳林级数与级数(81)全同,即对任一指数 m,公式(81)在圆 $|z|<1$ 中决定函数(82)的一个正则的单值支叶. 式(81)以后仍称为牛顿二项式公式.

例 4 在例 2 的几何级数中以 $-z^2$ 代 z,即得在圆 $|z|<1$ 中为有效的展开式
$$\frac{1}{1+z^2} = 1 - z^2 + z^4 - \cdots$$
将上式两边从零到 z 积分,得到另一展开式,也在圆 $|z|<1$ 中有效
$$\int_0^z \frac{\mathrm{d}z}{1+z^2} = \frac{z}{1} - \frac{z^3}{3} + \frac{z^5}{5} - \cdots \tag{83}$$

以后可以看到这个级数的和是 $\arctan z$ 的一个可能值. 因此式(83)就在圆 $|z|<1$ 中定义多值函数 $\arctan z$ 的一个支叶,这个支叶在该圆中为单值正则函数.

用类似的办法可以得到多值函数 $\arcsin z$ 的一个支叶在同一圆中的展开式
$$\int_0^z \frac{\mathrm{d}z}{\sqrt{1-z^2}} = \frac{z}{1} + \frac{1}{2} \cdot \frac{z^3}{3} + \frac{1}{2} \cdot \frac{3}{4} \cdot \frac{z^5}{5} + \cdots \tag{84}$$

例 5 再看函数
$$f(z) = \frac{1}{z(z-1)(z-2)}$$
$z=0, z=1, z=2$ 是这个函数的极点,除这三点外,它是全平面上的单值正则函

数. 现在看下面三个圆环, 都以原点为中心

$$(K_1) 0 < |z| < 1, (K_2) 1 < |z| < 2, (K_3) 2 < |z| < +\infty$$

在每一环中函数可以展开为含 z 的整数幂的洛朗级数. 例如在环 K_2 中, 先把 $f(z)$ 分解为最简部分分式

$$f(z) = \frac{1}{2} \cdot \frac{1}{z} - \frac{1}{z-1} + \frac{1}{2} \cdot \frac{1}{z-2}$$

因这时 $1 < |z| < 2$, 所以在 K_2 的内部有

$$\frac{1}{z-1} = \frac{1}{z} \cdot \frac{1}{1-\frac{1}{z}} = \sum_{k=0}^{\infty} \frac{1}{z^{k+1}}$$

$$\frac{1}{z-2} = -\frac{1}{2} \cdot \frac{1}{1-\frac{z}{2}} = -\frac{1}{2} \sum_{k=0}^{\infty} \frac{z^k}{2^k}$$

代入前式得

$$f(z) = -\frac{1}{2} \cdot \frac{1}{z} - \sum_{k=2}^{\infty} \frac{1}{z^k} - \frac{1}{4} \sum_{k=0}^{\infty} \frac{z^k}{2^k}$$

在 K_3 中 $|z| > 2$, 用类似的办法可以得到函数的展开式, 只含 z 的负整数幂

$$\frac{1}{z-1} = \sum_{k=0}^{\infty} \frac{1}{z^{k+1}}, \frac{1}{z-2} = \frac{1}{z} \cdot \frac{1}{1-\frac{2}{z}} = \sum_{k=0}^{\infty} \frac{2^k}{z^{k+1}}$$

或

$$f(z) = \sum_{k=2}^{\infty} (2^{k-1} - 1) \frac{1}{z^{k+1}}$$

这个函数也在别的环中为正则, 例如在以 $z=1$ 为中心, 内半径 $R_2 = 0$, 外半径 $R_1 = 1$ 的环中就是. 易证在这个环中函数可展开为洛朗级数, 只含 $z-1$ 的整数幂.

例 6 现在看两幂级数的商

$$\frac{b_0 + b_1 z + b_2 z^2 + \cdots}{a_0 + a_1 z + a_2 z^2 + \cdots} \tag{85}$$

设这两个级数的收敛半径都不小于一正数 ρ, 又设分母中的级数的常数项 a_0 不等于零. 则分母中的级数不但在原点不等于零, 并且在某一以原点为中心的圆内也不等于零. 假设它在圆 $|z| < \rho_1$ 中为正则, 且不等于零. 那么我们可以断定整个分式 (85) 在以原点为中心, 半径为 $\min\{\rho, \rho_1\}$ 的圆中 (或可能在更大的圆中) 亦为正则. 因此在这个圆中它就可以展开为幂级数

$$\frac{b_0 + b_1 z + b_2 z^2 + \cdots}{a_0 + a_1 z + a_2 z^2 + \cdots} = c_0 + c_1 z + c_2 z^2 + \cdots$$

要计算系数 c_k,可以将上式右边的商式用除式来乘,其积可以改写成幂级数的形式,并且应该等于被除式

$$a_0 c_0 + (a_1 c_0 + a_0 c_1) z + (a_2 c_0 + a_1 c_1 + a_0 c_2) z^2 + \cdots = b_0 + b_1 z + b_2 z^2 + \cdots$$

由幂级数展开式的唯一性,可知要使上式成立,必须对应项的系数都相等.因此就得到一列的等式,借此可以决定商式的未知系数 c_k

$$\begin{cases} a_0 c_0 = b_0 \\ a_1 c_0 + a_0 c_1 = b_1 \\ a_2 c_0 + a_1 c_1 + a_0 c_2 = b_2 \\ \vdots \end{cases} \tag{86}$$

由这些式子我们可以逐步来计算系数 c_k. 例如(86)中最初 $n+1$ 个方程式可以看作一组含未知数 $c_0, c_1, \cdots, c_n$ 的联立方程,依克莱姆公式解之,可明白地将系数 c_n 表示为两行列式的商

$$c_n = \frac{\begin{vmatrix} a_0 & 0 & 0 & \cdots & 0 & b_0 \\ a_1 & a_0 & 0 & \cdots & 0 & b_1 \\ a_2 & a_1 & a_0 & \cdots & 0 & b_2 \\ \vdots & \vdots & \vdots & & \vdots & \vdots \\ a_{n-1} & a_{n-2} & a_{n-3} & \cdots & a_0 & b_{n-1} \\ a_n & a_{n-1} & a_{n-2} & \cdots & a_1 & b_n \end{vmatrix}}{\begin{vmatrix} a_0 & 0 & 0 & \cdots & 0 & 0 \\ a_1 & a_0 & 0 & \cdots & 0 & 0 \\ a_2 & a_1 & a_0 & \cdots & 0 & 0 \\ \vdots & \vdots & \vdots & & \vdots & \vdots \\ a_{n-1} & a_{n-2} & a_{n-3} & \cdots & a_0 & 0 \\ a_n & a_{n-1} & a_{n-2} & \cdots & a_1 & a_0 \end{vmatrix}} \tag{87}$$

应用这个理论于

$$\tan z = \frac{\sin z}{\cos z} = \frac{\dfrac{z}{1!} - \dfrac{z^3}{3!} + \cdots}{1 - \dfrac{z^2}{2!} + \cdots}$$

可将 $\tan z$ 在圆 $|z| < \dfrac{\pi}{2}$ 内展开为幂级数,因为我们早已知道 $\cos z$ 只有实零点,并且它们的位置也早在三角学中被确定了.

§17 孤立奇异点,无限远点

设函数 $f(z)$ 在 $z=b$ 的邻域中为单值正则,但在点 b 则否.那么它就在以点 b 为中心,内半径为零的某一环域中为正则的,因此在环的内部,即在点 b 的邻域中,可以依 $z-b$ 的整数幂展开为洛朗级数.这时可以想到有三种可能性:

(1) 级数中没有含 $z-b$ 的负整数幂的项;

(2) 级数中只有有限个含 $z-b$ 的负数幂的项;

(3) 级数中有无限个含 $z-b$ 的负数幂的项.

在第一种情形,级数中既然没有含 $z-b$ 的负数幂的项,根本就是泰勒级数,所以函数在 $z=b$ 也是正则的.再看第二种情形,这时级数的形式如下

$$f(z) = \sum_{k=-m}^{\infty} a_k(z-b)^k \tag{88}$$

其中系数 a_{-m} 可以假定已经不等于零.我们可将式(88)改写为

$$f(z) = \frac{1}{(z-b)^m}[a_{-m} + a_{-m+1}(z-b) + a_{-m+2}(z-b)^2 + \cdots]$$

当 z 趋向 b 时,上式右边括号外面的因子趋向无穷大,而括号里面的级数趋向一个有限而不等于零的极限值 a_{-m}(幂级数的和是连续函数),因此二者的积就趋向无穷大.这样,依照[10]中已规定了的术语,在第二种情形,b 就是函数 $f(z)$ 的极点.现在再引进几个常用的术语,即当 $f(z)$ 的展开式是(88)的形式时,b 称为它的 m 阶极点;含负数幂各项之和

$$\frac{a_{-m}}{(z-b)^m} + \frac{a_{-m+1}}{(z-b)^{m-1}} + \cdots + \frac{a_{-1}}{z-b} \quad (a_{-m} \neq 0)$$

称为对应于这个极点的无限部分.$(z-b)^{-1}$ 的系数 a_{-1} 有个特别名称,即函数 $f(z)$ 在极点 b 的留数.

现在证明若 b 是极点,则函数必有如(88)的展开式.为此,设 $f(z)$ 在 b 的邻域中为单值正则,又当 $z \to b$ 时 $f(z)$ 趋向无穷大.要证明 $f(z)$ 有如(88)的展开式.先看函数

$$\varphi(z) = \frac{1}{f(z)}$$

它在点 b 的邻域中为正则,又当 $z \to b$ 时它的极限是零.因此 $\varphi(z)$ 在点 b 也是正则的[10],而在这点的数值也就等于零.写出 $\varphi(z)$ 在这点的泰勒展开式,其中 $z-b$ 的零次项当然为零.假设最先不等于零的项含 $z-b$ 的幂次为 m,即

$$\varphi(z) = b_m(z-b)^m + b_{m+1}(z-b)^{m+1} + \cdots \quad (b_m \neq 0)$$

对函数 $f(z)$ 于是就有下式

$$f(z) = \frac{1}{\varphi(z)} = \frac{1}{(z-b)^m} \cdot \frac{1}{b_m + b_{m+1}(z-b) + \cdots}$$

上式右边第二个分数的分母当 $z=b$ 时不等于零,所以这个分数可依 $z-b$ 的正幂展开为泰勒级数.以 $(z-b)^m$ 除这个级数,即得如(88)的展开式.把这个结果和以前比较,可以知道在[10]中所引进的极点的概念和现在所说的这种奇异点的概念相当,在这种奇异点的邻近函数可展开为洛朗级数,其中只有有限个项含 $z-b$ 的负幂.从而可知在本性奇异点的邻近函数 $f(z)$ 的洛朗展开式中必有无限个项含 $z-b$ 的负幂.这时,和在极点的情形一样,我们称 $(z-b)^{-1}$ 的系数为 $f(z)$ 在本性奇异点 b 的留数.

注意:在 $\varphi(z)$ 的展开式中不为零的系数 b_m 必定存在,因若不然,则 $\varphi(z)$ 将在以 b 为中心的某一圆中恒等于零,这是和 $\varphi(z) = \frac{1}{f(z)}$ 冲突的,因为由假设 $f(z)$ 在 $z=b$ 的邻域中为正则.

现在引进平面上的无限远点这个概念.我们将假定平面上只有一个无限远点.平面上任一以原点为中心的圆的外部都称为无限远点的邻域,这个邻域可由不等式 $|z|>R$ 来定义.当然,我们也可以不取原点作为这种圆的中心,即无限远点的邻域亦可以改用不等式 $|z-a|>R$ 来定义,这和前面的定义并无本质上的不同.我们以后还是用第一个条件 $|z|>R$ 来定义这种邻域.

设 $f(z)$ 在无限远点的邻域中为单值正则,我们可以把这个邻域看作一个圆环,其内半径等于 R,而外半径等于无穷大.在这种环中 $f(z)$ 应该可以依 z 的整数幂展开为洛朗级数.和前面一样,我们可以想象到三种情形.

第一种情形,假设洛朗级数中没有含 z 的正整数幂的项,即展开式的形式为

$$f(z) = a_0 + \frac{a_1}{z} + \frac{a_2}{z^2} + \cdots \tag{89}$$

在这种情形下,当 $z \to \infty$ 时 $f(z)$ 趋向有限极限值 a_0,称 $f(z)$ 在无限远点为正则,且 $f(\infty) = a_0$.

第二种情形,假设洛朗展开式中只有有限个项含 z 的正幂

$$f(z) = a_{-m}z^m + a_{-m+1}z^{m-1} + \cdots + a_{-1}z + a_0 + \frac{a_1}{z} + \frac{a_2}{z^2} + \cdots \quad (a_{-m} \neq 0) \tag{90}$$

和从前一样,把等式右边括出一个因子 z^m,我们可以证明当 $z \to \infty$ 时 $f(z)$

趋向无穷大,并且 $\dfrac{f(z)}{z^m}$ 趋向有限而不为零的极限值 a_{-m}. 在这种情形下,无限远点称为 $f(z)$ 的 m 阶极点,而 m 项之和 $a_{-m}z^m + \cdots + a_{-1}z$ 称为在这个极点的无限部分.

最后,若展开式中有无限个项含 z 的正幂
$$f(z) = \cdots + a_{-2}z^2 + a_{-1}z + a_0 + \frac{a_1}{z} + \frac{a_2}{z^2} + \cdots \tag{91}$$
则无限远点称为函数 $f(z)$ 的本性奇异点. 若借公式
$$z = \frac{1}{t}, t = \frac{1}{z}$$
以另一自变数 t 代替 z,则 z 平面上无限远点的邻域变为 t 平面上原点的邻域,而展开式(91)中就有无限个项含 t 的负幂. 因此知道,若 $z = \infty$ 是 $f(z)$ 的本性奇异点,则当 z 在一个以原点为中心任意大的圆的外部变动时,$f(z)$ 的值可以随意接近于任一已给的复数值,并且 $f(z)$ 可以取任一复数值无限多次,可能除了一个复数以外[10]. 在所有上述三种情形中,z^{-1} 的系数 a_1 的相反数,即 $-a_1$,称为函数在无限远点的留数. 为什么要这样定义的理由,将来再说.

注意:若 $z = a$ 是函数 $f(z)$ 的极点,则记 $f(a) = \infty$,并且称 $w = f(z)$ 将点 $z = a$ 变为无限远点. 若 $z = \infty$ 是 $f(z)$ 的极点,则记 $f(\infty) = \infty$,且称 $w = f(z)$ 将无限远点变为它自己,就是使无限远点不动.

回到[7],我们看到对于包含无限远点的区域,柯西公式可适用的条件是:当 $z \to \infty$ 时,$f(z)$ 一致趋向零. 其含义就是:$f(z)$ 在无限远点为正则,且在展开式(89)中 $a_0 = 0$,即 $f(\infty) = 0$.

例 1 我们早已说过函数 e^z 在全平面为正则,那时当然没有把无限远点计算在内. 函数 e^z 的展开式为处处有效,特别地,在无限远点的邻域中亦然. 这个展开式中有无限个项含 z 的正幂,因此,无限远点就是 e^z 的本性奇异点. 对于 $\sin z$ 和 $\cos z$ 也可以说同样的话.

例 2 任一多项式必为全平面的正则函数,显然,它以无限远点为极点,其阶数等于多项式的次数.

再看有理函数,即两多项式的商
$$\frac{\varphi(z)}{\psi(z)} = f(z)$$
这里假定分式为不可约,即分子和分母没有相同的零点. 多项式 $\psi(z)$ 的零点是 $f(z)$ 的有限远奇异点,这些奇异点当然都是极点. 至于函数在无限远点的行为,则系于两多项式 $\varphi(z)$ 和 $\psi(z)$ 的次数. 若 $\varphi(z)$ 的次数较 $\psi(z)$ 高过 m 次,则

当 $z\to\infty$ 时 $f(z)$ 趋向无穷大,但比率 $\dfrac{f(z)}{z^m}$ 则趋向一个有限而不等于零的极限值,即函数以无限远点为 m 阶极点. 若 $\varphi(z)$ 的次数不高于 $\psi(z)$ 的次数,则函数 $f(z)$ 在无限远点为正则.

§18 解 析 延 拓

若函数 $f(z)$ 在区域 B 中为正则,自然就会产生下面的问题——函数的定义域能扩大吗? 这就是说,能不能作一个更大的区域 C,包含 B 在其内,并且在这个较大的区域中定义一个正则函数 $F(z)$,它在原区域 B 中和 $f(z)$ 全同. 这种正则函数定义域的扩大,或者可以说是正则函数的外推,称为函数的解析延拓. 可证若这种解析延拓为可能时,它是完全唯一确定的. 就在这一点,复变数的正则函数和实变数的连续函数间有着本质上的区别. 事实上,若在区间 $a\leqslant x\leqslant b$ 中已给一个实变数 x 的连续函数 $\omega(x)$,我们显然可用无限多种办法将这个函数的图形延长到区间之外而不破坏其连续性. 但是对复变数的正则函数 $f(z)$,它在原区域 B 中的数值却完全决定了它在这个区域以外的数值. 只要区域的扩大,即解析延拓一般是可能的话. 还可以注意的,即在完成了解析延拓以后,我们也就可以谈多值函数了. 这一节的目的就是要说明在研究解析延拓时可能遇到的一切事情,特别是延拓的唯一性的证明.

下面先说明正则函数的几个性质.

设 $z=b$ 是正则函数 $f(z)$ 的零点,则在以 b 为中心的泰勒级数中, $z-b$ 的零次项必不存在,而且可能其后接连几项都不存在. 假设最先不等于零的项含 $(z-b)^m$,即

$$f(z)=a_m(z-b)^m+a_{m+1}(z-b)^{m+1}+\cdots \quad (a_m\neq 0) \tag{92}$$

或

$$f(z)=(z-b)^m[a_m+a_{m+1}(z-b)+\cdots] \tag{93}$$

这时 $z=b$ 称为 $f(z)$ 的 m 重零点. 回到式(93). 设 z 取一和 b 邻近而不等于 b 的值,则 $(z-b)^m$ 不等于零,而方括号中级数的和的数值与不等于零的数 a_m 很接近,因此也不等于零. 所以在所有和正则函数的零点相当接近的点,这个函数的数值都不等于零. 换句话说,正则函数的零点是孤立点. 以上我们当然已假设泰勒展开式中至少有一项不等于零. 在相反的情形下,在我们求泰勒展开式的那个圆中这个函数应恒等于零. 根据上面的论断,现在证明一个定理,它是研究解

析延拓的唯一性这个问题的基础.

定理 若 $f(z)$ 在区域 B 内为正则,又在 B 的子区域 β 中其值为零,则 $f(z)$ 在整个区域 B 中恒等于零.

我们用反证法.假设 $f(z)$ 在 B 中某点 c 不等于零.在 β 中取一点 b,以区域 B 中一曲线 l 联结 b 和 c.在这条曲线上和点 b 相连的某一部分,函数之值为零,而在曲线上和点 c 相连的某一部分,函数之值不等于零,因此曲线 l 上必定存在一点 d,使在整个曲线段 bd 上函数之值为零,而在曲线段 dc 上存在任意接近于 d 的点,使函数在这点的数值不等于零一事冲突.因此上述定理就得以证明.

注意:若将上述定理中的条件减轻为:$f(z)$ 在区域 B 中某一曲线上之值为零,定理依然成立.因为这时函数显然应该在一个以这条曲线上某点为中心的圆中恒等于零.

还可以再少一些,只需假设 $f(z)$ 的零点在 B 中有聚点就够了,即在 B 中存在这种点 b,使以 b 为中心的任意小的圆中都包含 $f(z)$ 的无数个零点.这时,由前面的理论,以 b 为中心的 $f(z)$ 的泰勒级数应该恒等于零,从而 $f(z)$ 就应在某一以 b 为中心的圆中恒等于零,即 $f(z)$ 应在 B 中处处为零.

推论 设两函数 $f_1(z)$ 和 $f_2(z)$ 在 B 中为正则,且在 B 的子区域 β 中(或 B 中某曲线 l 上)全同.则二者之差应该在 β 中(或 l 上)等于零,故由上定理应在 B 中恒等于零.这就是说,若某区域中两正则函数在一子区域内(或一曲线上)全同,则必在全区域中全同.

设有两个函数在区域 B 中一点 b 的数值相等,并且在这点两函数的所有各阶导数都相等.这时,以 b 为中心的两个泰勒展开式也相同,即两函数需要在以 b 为中心的某一圆中全同,从而在整个区域 B 中也应全同.这就是说,一区域中两正则函数的数值和各阶导数的数值在某一点的全同带来在全区域中两函数的完全全同.

现在回到解析延拓的问题.设 $f_1(z)$ 在区域 B_1 中为正则,又设我们已经作成另一区域 B_2,它和 B_1 有一公共部分 $B_{1,2}$(也是一个区域;图 11),并且在 B_2 中定义了一个正则函数 $f_2(z)$,它在 $B_{1,2}$ 中和 $f_1(z)$ 全同.$f_2(z)$ 可称为从 B_1 经过 $B_{1,2}$ 到 B_2 的 $f_1(z)$ 的直接解析延拓.在 B_1 中定义为 $f_1(z)$,在 B_2 中定义为 $f_2(z)$ 的函数是在这个扩大的区域中的一个正则函数.现在我们证明不能存在两个不同的解析延拓.事实上,设 $f_1(z)$ 有两个不同的解析延拓从 B_1 经过 $B_{1,2}$ 到 B_2,这两个在 B_2 中的正则函数 $f_2^{(1)}(z)$ 和 $f_2^{(2)}(z)$ 在 $B_{1,2}$ 中应该和 $f_1(z)$ 全同,因而也就彼此全同.由前面已证的,知道它们在整个区域 B_2 中全同,即 $f_1(z)$ 的解析延拓只有一个.

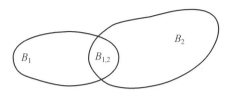

图 11

现在假设有一串的区域 $B_1, B_2, B_3, \cdots$，这里 B_1 和 B_2 有公共部分 $B_{1,2}$，B_2 和 B_3 有公共部分 $B_{2,3}$，等等。B_2 中有一正则函数 $f_2(z)$，它在 $B_{1,2}$ 中和 $f_1(z)$ 全同，B_3 中有一正则函数 $f_3(z)$，它在 $B_{2,3}$ 中和 $f_2(z)$ 全同，等等。这样，借助于这一串的区域，我们就得到 $f_1(z)$ 的一个解析延拓。注意：一般来说，诸区域 B_s 除了上面已说过的公共部分 $B_{k,k+1}$ 之外，还可以互相重叠。例如，看一个由三个区域 B_1, B_2 和 B_3 所构成的串，假设 B_3 和 B_1 重叠（图 12）。

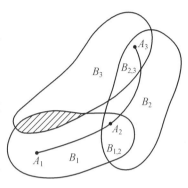

图 12

在这个图上画有斜行黑线的重叠部分，B_1 中所定义的 $f_1(z)$ 的数值和 B_3 中所定义的 $f_3(z)$ 的数值可能不同，而这时由解析延拓我们就可以得到多值函数。但是这种多值性我们是可以几何地避免它的，即若 $f_1(z)$ 和 $f_3(z)$ 在黑线区域不全同时，就可把这个区域看作由两叶所合成，一叶属于 B_1，而另一叶属于 B_3。

这种多值性的事实有时在解析延拓的第一步就可以遇到。例如，设有 $f_1(z)$ 的一个解析延拓从 B_1 经过 $B_{1,2}$ 到 B_2（图 13）。但 B_2 和 B_1 还有另一公共部分 β。在 β 中 $f_2(z)$ 可以不和 $f_1(z)$ 全同。由函数 $f_1(z)$ 出发，借助于所有可能的解析延拓而得到的函数值全体，决定唯一的函数，称为解析函数，以 $f(z)$ 记之。如我们已经说过的，$f(z)$ 可以是多值函数。

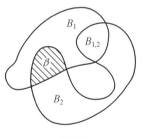

图 13

有时，代替借助于一串区域的解析延拓，我们也讲沿某一曲线的解析延拓。设有一曲线 l，被分为依次相续的小段：$P_1Q_1, P_2Q_2, \cdots, P_nQ_n$，使 P_kQ_k 和 $P_{k+1}Q_{k+1}$ 常有一公共部分 $P_{k+1}Q_k$（图 14）。设这条曲线 l 被一串区域 $B_1, B_2, \cdots, B_k, \cdots$ 所遮盖，使 P_kQ_k 处于 B_k 之内。B_k 和 B_{k+1} 的公共部分且包含 l 上 $P_{k+1}Q_k$ 段在其内的，记之为 $B_{k,k+1}$（B_k 和 B_{k+1} 的公共部分可能分为几个甚至无数个区域，但现在我们只取包含 $P_{k+1}Q_k$ 的那一个区域）。

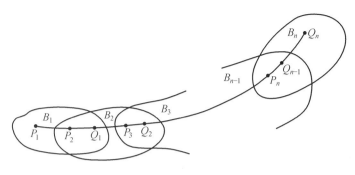

图 14

设在 B_1 中有正则函数 $f_1(z)$，并且它可以借助于这串区域 $B_1, B_2, \cdots,$ $B_k, \cdots, B_n$ 经过 $B_{1,2}, B_{2,3}, \cdots, B_{n-1,n}$ 而被延拓，那么我们也称 $f_1(z)$ 可以沿曲线 l 被延拓. 函数在线段 P_1Q_1 上（以及在这条线段的邻域中）的数值是已给的，因此由本节的基本定理，和前面一样，我们可以证明沿 l 的解析延拓若为可能时，必定是唯一的. 它和 l 上的分段法以及具有前述那些性质的区域的取法都没有关系.

回顾借助于一串已定区域 B_k 的沿 l 的解析延拓. 在 l 上每点的邻域中，解析函数 $f(z)$ 有一定的泰勒级数展开式. 这个级数称为函数在曲线 l 上对应点的元素. 若固定两端点 P_1 和 Q_n，将曲线 l 稍稍变形，它不会跑到诸区域 B_k 之外去，而函数 $f(z)$ 在点 Q_n 的元素也如前未动. 由此不难知道，一般地，若固定端点 P_1 和 Q_n 可以将曲线连续变形，并且在点 P_1 的始元素沿变形过程中任一中间路线的解析延拓常为可能，则最后所得在点 Q_n 的终元素常为一定，不论解析延拓所沿的路线为何.

设由点 P_1 沿曲线 l 作解析延拓时我们只能到某点 C 为止，而从这点沿曲线再作进一步的解析延拓便不可能，则点 C 称为函数的奇异点. 只是有一件重要的事情要注意，即有时解析延拓不能从点 P_1 沿曲线 l 作到点 C，但沿另一曲线 l_1 却可以作到点 C，则点 C 可能并不是奇异点. 这就是说，一般而论，奇异点不但要由它自己在平面上的位置，并且还要看作解析延拓时到达这点所经过的路线如何来决定（参看 [19] 之例）. 以后我们所要遇到的往往是比较简单的情形，即奇异点的位置可以预先固定，而和解析延拓所经的线路无关.

和上面这些事实有直接关系的是解析延拓理论中的一个重要的定理，称为单值定理：若函数的某一始元素沿单通区域 B 中任一路线的解析延拓皆为可能，则沿 B 中诸路线的解析延拓全体在 B 中决定一个单值函数.

事实上，设函数的始元素是在一点 P_1 的邻域中所定义的. 取从 P_1 到 Q_n 的两条不同解析延拓的路线 l_1 和 l_2. 由区域的单通性,可借连续变形将路线 l_1 变为 l_2 而不越出区域 B 之外. 由假设, 沿这个变形过程中任一中间路线的解析延拓常为可能. 因此, 如我们前面已知, 最后在点 Q_n 所得的终元素常相同, 即由不同的解析延拓道路得到相同的结果. 因此我们就得到一个单值函数 $f(z)$.

在以上的论断中,我们有时只做简单的指示,而没有深入到详细的证明,因为那会需要很多的篇幅才行. 不过我们仍希望读者自己能对解析延拓的基本概念多多体会. 要注意, 以上所说的都只是些空洞的理论, 并没有对解析延拓的实际可能性做任何指示.

函数论中还有一个和解析延拓有密切关系的原理, 我们在这里要提到的, 即通常所谓的不变原理. 设解析函数 $f_1(z)$ 的始元素满足一个方程, 例如, 二阶微分方程

$$p_0(z)\frac{\mathrm{d}^2 f(z)}{\mathrm{d}z^2} + p_1(z)\frac{\mathrm{d}f(z)}{\mathrm{d}z} + p_2(z)f(z) = 0 \tag{94}$$

其中系数 $p_k(z)$ 为 z 的已知多项式. 当 $f_1(z)$ 被解析延拓时, 导数 $f'_1(z)$ 和 $f''_1(z)$, 因而上式左边全部也经历着一个解析延拓. 因此, 假如上式左边在始区域中等于零, 则经过解析延拓以后必仍等于零. 换句话说, 若解析函数的始元素满足方程(94), 则由始元素经过解析延拓以后所得的任一解析函数也必定满足这个方程.

现在来看一个具体的解析延拓的方法, 即只用到圆形区域和在这种区域中的泰勒展开式的解析延拓(图 15). 设函数的始元素是一个以 b_1 为中心的泰勒级数

$$f_1(z) = \sum_{k=0}^{\infty} a_k^{(1)} (z-b_1)^k \tag{95}$$

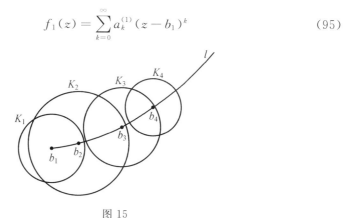

图 15

从点 b_1 引一线路 l, 现在要把这个函数沿 l 解析延拓出去. 为此目的, 可以按照下法去做: 在曲线 l 上取一点 b_2, 使弧 $b_1 b_2$ 全部在级数(95)的收敛圆 K_1 之

内. 我们可以应用这个级数计算诸导数 $f_1^{(n)}(b_2)$, 然后写出函数以 b_2 为中心的展开式

$$f_2(z) = \sum_{k=0}^{\infty} a_k^{(2)}(z-b_2)^k = \sum_{k=0}^{\infty} \frac{f_2^{(k)}(b_2)}{k!}(z-b_2)^k \tag{96}$$

这个新得到的函数可在以 b_2 为中心的某一圆 K_2 中有定义. 若这个圆越出圆 K_1 之外, 则由函数 (96) 就可得到 $f_1(z)$ 的解析延拓. 在 b_2 这点函数 $f_1(z)$ 和 $f_2(z)$ 以及它们的各阶导数都互相全同, 因此 $f_1(z)$ 和 $f_2(z)$ 就在两圆相叠的月形区域中全同. 注意: 我们也可以用下面的方法从级数 (95) 得出级数 (96). 将级数 (95) 改写为

$$\sum_{k=0}^{\infty} a_k^{(1)}[(z-b_2)+(b_2-b_1)]^k \tag{97}$$

用牛顿二项式公式展开 $[(z-b_2)+(b_2-b_1)]^k$, 然后在级数 (97) 中将含 $z-b_2$ 幂次相同的项加在一起, 就可得到级数 (96).

完成第一次解析延拓以后, 再来作第二次. 为此, 在曲线 l 上另取一点 b_3, 使弧 $b_2 b_3$ 全部在圆 K_2 之内. 如前可将级数 (96) 改成依 $z-b_3$ 的幂写成级数, 即得函数的另一元素

$$f_3(z) = \sum_{k=0}^{\infty} a_k^{(3)}(z-b_3)^k$$

在某一以 b_3 为中心的圆中有定义, 等等. 举一个简单的例子, 看级数

$$\frac{1}{1-z} = 1 + z + z^2 + \cdots \tag{98}$$

它只在圆 $|z|<1$ 中收敛且定义一正则函数. 但它的和 $\frac{1}{1-z}$ 显然是全平面上的正则函数, 除了在 $z=1$ 以外, 因此我们一定可以把级数 (98) 延拓到全平面上去. 设在圆 $|z|<1$ 内取一点 b_2, 同时将级数 (98) 改成依 $z-b_2$ 的幂写成级数, 即得

$$\sum_{k=0}^{\infty} \frac{1}{(1-b_2)^{k+1}}(z-b_2)^k$$

这个级数收敛于一个圆中, 这个圆以 b_2 为中心, 半径等于 b_2 到点 $z=1$ 的距离. 如果 b_2 不在实轴上的线段 $(0,1)$ 之上, 这个圆必定越出 $|z|<1$ 之外, 而我们就可得到解析延拓, 由此出发我们以后又可以作第二次的延拓. 就实用上来说, 像现在的情形, 当然不必由级数 (98) 去作解析延拓, 只需运用函数的最后表示 $\frac{1}{1-z}$ 就可以了. 但若所给的函数只是一个幂级数, 而其他的表示法却一无所知, 那么我们就非靠解析延拓不可了. 在这方面有许多工作都是致力于如何

才能比较简单地实际去履行解析延拓的问题的. 以后我们要在一个特殊情形讲一讲这种实用的方法. 现在我们且以初等多值函数为例来说明解析延拓.

§19 多值函数的例子

试看函数
$$z = w^2 \tag{99}$$
并设变数 w 只变动于上半平面之中, 即平面上虚数部分为正的点的全体(实轴以上的部分), 则辐角 $\arg w$ 就在 0 和 π 之间变动. 将 w 平方, 则模 $|w|$ 也得平方, 而辐角便增大一倍, 因此 z 的数值就充满了全平面. 这时 w 平面上的正实轴和负实轴都变为 z 平面上的正实轴. 这样, 我们见到变换 (99) 的结果是把 w 平面的上半部变为 z 平面的全部, 除了一条从原点 O 沿实轴到 $+\infty$ 的割线以外. 这种带有割线的平面记为 T_1. 反过来我们可以将 w 看作平面 T_1 上的 z 的单值函数
$$w = \sqrt{z} \tag{100}$$
这里应该取虚数部分为正的那个平方根 $\sqrt{z}$ 作 w 的数值. z 的正实数值可在割线的上岸找到, 同时也可在割线的下岸找到. 但在上岸 $\sqrt{z}$ 应该取正值, 而在下岸 $\sqrt{z}$ 则应取负值. 比率 $\frac{\Delta w}{\Delta z}$ 的极限显然等于比率 $\frac{\Delta z}{\Delta w}$ 的极限的倒数, 即通常反函数的微分规则也成立, 又函数 (100) 在平面 T_1 中为正则
$$\frac{dz}{dw} = 2w, \frac{dw}{dz} = \frac{1}{2\sqrt{z}} \tag{101}$$

回到式 (99), 假设现在 w 变动于下半平面之中. 平方以后易见所得 z 的全体还是前面那个 T_1 的另一模型, 设以 T_2 记之. 函数 (100) 在 T_2 中仍为单值, 但这时应取虚数部分为负的 $\sqrt{z}$ 的值作 w 的值.

由以上的论断立刻可知函数 (100) 在平面 T_1 中割线上岸的数值和它在平面 T_2 中割线下岸的数值符合, 反过来也是一样.

故知函数 (100) 在从 0 到 $+\infty$ 画了割线以后的平面上为单值. 但如欲得到函数值的全部, 就必须把它看成两个不同的函数, 分别在平面 T_1 和 T_2 上依照前面所说的办法定义起来. 将函数 (100) 如此分裂为两个独立的单值函数不过是一种技巧, 现在我们再把这两个函数结合起来使之成为一个在一双叶平面上

为正则单值的解析函数. 要作这个双叶平面 T, 可以将 T_1 放在 T_2 之上, 再想象把这两个平面沿着割线的两岸交叉地相接起来, 就是 T_1 中割线的上岸和 T_2 中割线的下岸相接, T_1 中割线的下岸和 T_2 中割线的上岸相接. 两平面上的 $z=0$ 假定合而为一点. 这种双叶区域 T 显然是由 w 平面借变换 (99) 而得, 函数 (100) 在整个区域 T 中为单值正则, 除了 $z=0$ 这点以外. 注意 $z=0$ 的奇异性质是: 若从任一点 z_0 出发绕着 $z=0$ 走一闭线路, 则回到 z_0 时我们发现终点 z_0 所在的一叶已经不是起点 z_0 所在的那一叶了. 这时, 前面所定义的函数 $\sqrt{z}$ 在闭线路上的数值显然给了这个函数沿着闭线路的一个解析延拓, 并且函数在 z_0 的终值和始值只差一个符号. 故知函数 $\sqrt{z}$ 在 $z=0$ 的邻域中为连续且有导数, 但当沿着环绕这点的闭线路作解析延拓后, 函数值常变其号. 这种点通常称为函数的支点. 在我们的情形下, 如果绕着 $z=0$ 再走一周的话, 函数就回到原值. 这种支点称为一阶支点. 区域 T 显然已代表函数 (100) 的值的全部. 我们现在之所以能够很容易地得到区域 T 乃是因为函数 (100) 是很简单的函数 (99) 的反函数. 图 16 中所示是双叶平面在其一阶支点邻近的图形.

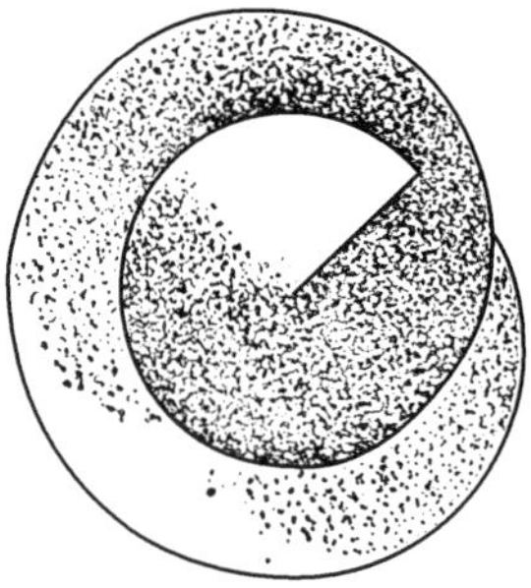

一般地, 若函数

$$z = \varphi(w) \qquad (102)$$

图 16

在全 w 平面上为正则单值, 它可能将 w 平面变为一多叶 z 平面, 而其反函数

$$w = f(z) \qquad (103)$$

则在这个多叶平面上为正则, 并且有导数

$$f'(z) = \frac{1}{\varphi'(w)}$$

只在对应于 $\varphi'(w)$ 的零点的诸点 z, $f'(z)$ 丧失其正则性. 在以后有一节里面我们要详细证明这些点 z 刚好都是反函数 (103) 的支点. 前面所说的多叶平面通常称为黎曼曲面 (黎曼是 19 世纪中叶德国数学家). 再考察下面的例子

$$f(z) = \frac{1}{\sqrt{z}+2} \qquad (104)$$

这个函数的多值性只是由其中的 $\sqrt{z}$ 而来, 所以知道它在我们以前为函数 (100) 而作的双叶平面 T 上是单值的. 它以 $z=0$ 为奇异点 (支点), 有一个 $z=4$ 的点也是它的奇异点. 这种 $z=4$ 的点有两个 (在两叶 T_1 和 T_2 之上), 在其中一叶上 $\sqrt{4}=+2$, 而在另一叶上 $\sqrt{4}=-2$. 后面这个 $z=4$ 才是函数 (104) 的极点.

假如我们不用双叶平面 T,则当作(104)的解析延拓时就可以在同一点得到这个函数的不同的值,特别地,对于那些解析延拓的道路使得当 $z=4$ 时 $\sqrt{z}=-2$,$z=4$ 就是函数的奇异点.

函数(104)可以看作下一函数的逆函数
$$z=\frac{(2w-1)^2}{w^2} \tag{104$'$}$$

它在全平面上为正则,除了在 $w=0$ 以外. $w=0$ 这点是它的二阶极点,且可证明这个函数将 w 平面变为前面讲过的双叶平面 T. 在现在的情形,$w=\frac{1}{2}$ 的象是支点 $z=0$;$w=0$ 的象是 $z=\infty$. $w=\infty$ 的象是 T 中一叶上的点 $z=4$. 另一叶上的 $z=4$ 是 $w=\frac{1}{4}$ 的象. 注意:在上述的双叶平面中我们不但假设两个 $z=0$ 合而为一,并且两个 $z=\infty$ 也要合而为一,即 $z=\infty$ 和 $z=0$ 都是一阶支点. 在式(99)中只有当 $w=0$ 时可以得到 $z=0$,而在式(104$'$)中只有当 $w=\frac{1}{2}$ 时 $z=0$. 同样,$z=\infty$ 这点只有在式(99)中令 $w=\infty$,或在式(104$'$)中令 $w=0$ 才能得到.

再看函数
$$w=f(z)=\sqrt{(z-a)(z-b)} \tag{105}$$

这个函数的支点是 a 和 b. 沿着环绕 a 或 b 中任一点的闭线路走一圈时,函数(105)的值变一符号,但若同时绕着两点走一圈,则函数(105)的值不变. 事实上,设
$$z-a=\rho_1 e^{i\varphi_1}, z-b=\rho_2 e^{i\varphi_2}$$
则
$$f(z)=\sqrt{\rho_1 \rho_2}\, e^{i\frac{\varphi_1+\varphi_2}{2}}$$

如果 l 是环绕 a 和 b 两点的闭线路,则沿 l 逆时针方向走一周时,辐角 φ_1 和 φ_2 各增加 2π,其和 $\varphi_1+\varphi_2$ 的增量就是 4π,因而式(105)中函数的辐角就得到增量 2π,即函数的值不变. 要使函数(105)成为单值,只需从 a 到 b 画一条割线. 这种割线可以避免形成任何将 a 和 b 隔开的环路. 函数(105)在 z 平面上任一点,除 $z=a$ 和 $z=b$ 以外,都有两个数值,要得到函数值的全部,我们必须取具有上述割线的平面的两个模型. 在每一个上面(105)是个单值函数,且对不同模型上的同一点 z,这个函数的两个数值只相差一符号. 若将一模型放在另一之上,并想象它们沿着割线的两岸交叉地相接起来,那么就得到一个双叶黎曼曲面,以 a 和 b 为一阶支点,函数(105)在其上为单值正则(除支点外). 无限远点并非

支点,且每一叶有它自己的无限远点. 在这个无限远点的邻近,函数(105)可改写为

$$f(z) = \pm z \left(1 - \frac{a}{z}\right)^{\frac{1}{2}} \left(1 - \frac{b}{z}\right)^{\frac{1}{2}}$$

上式右边后面两因子可用牛顿二项式公式展开,因为在无限远点的邻域中 $\left|\frac{a}{z}\right|$ 和 $\left|\frac{b}{z}\right|$ 都可小于1,这样我们就得到函数在无限远点邻域中的展开式

$$f(z) = \pm z \left(1 - \frac{1}{2}\frac{a}{z} - \frac{1}{2\times 4}\frac{a^2}{z^2} - \frac{1\times 3}{2\times 4\times 6}\frac{a^3}{z^3} - \cdots\right) \times$$

$$\left(1 - \frac{1}{2}\frac{b}{z} - \frac{1}{2\times 4}\frac{b^2}{z^2} - \frac{1\times 3}{2\times 4\times 6}\frac{b^3}{z^3} - \cdots\right)$$

将两级数乘开可知每一叶上的无限远点都是函数的一阶极点.

注意:由方程(105)解 z,我们就得到 w 的一个多值函数,所以函数(105)并非全平面上的单值函数的反函数. 它在其上为单值的黎曼曲面有两个一阶支点 $z=a$ 和 $z=b$. 这个黎曼曲面也可由 w 平面借变换

$$z = \frac{bw^2 - a}{w^2 - 1}$$

而得,因这个函数的反函数

$$w = \sqrt{\frac{z-a}{z-b}}$$

有和函数(105)一样的黎曼曲面.

再看函数

$$f(z) = \sqrt[n]{z-a} \tag{106}$$

其中 n 是个正整数. 对这个函数,任一绕 $z=a$ 的环路必定变更它的数值,只有绕着 $z=a$ 沿同一方向走 n 圈以后,函数才能回到它在出发点的数值,即点 a 是函数(106)的 $n-1$ 阶支点. 实际上,以 ρ 和 φ 记 $z-a$ 的模和辐角,即得

$$\sqrt[n]{z-a} = \sqrt[n]{\rho}\, \mathrm{e}^{\mathrm{i}\frac{\varphi}{n}}$$

绕着 $z=a$ 沿正方向走 n 圈以后,辐角 φ 增加了 $2n\pi$,因此 $\sqrt[n]{z-a}$ 的辐角所得到的增量为 2π,故函数值不变.

现在再看函数论中另一重要的多值函数,即对数函数. 这个函数是由指数函数

$$z = \mathrm{e}^w \tag{107}$$

反演而得.

首先要说明指数函数的几点性质. 不难知道这个函数有一纯虚数周期 $2\pi\mathrm{i}$.

事实上
$$e^{w+2\pi i} = e^w e^{2\pi i} = e^w(\cos 2\pi + i\sin 2\pi) = e^w$$

将整个 $w = u + iv$ 平面分为许多平行于实轴,宽度为 2π 的带域(图17(a)). 第一条带域可以取 w 平面上在 $v = 0$ 和 $v = 2\pi$ 两直线间的部分,记之为 U. 要把这个基本带域 U 移到任一其他带域的位置时,只需在 w 上加一项 $2n\pi i$ 就行了,这里 n 是一个适当的整数. 由前述的周期性可知函数(107)的值并不因此而变,即函数在每一带域中的数值都和它在 U 中的数值一样. 现在试看函数(107)把基本带域 U 变成什么. 在 U 中画一直线段 λ_{u_0} 平行于虚轴而横坐标 $u = u_0$. 沿这条直线段有
$$u = u_0 \quad (0 \leqslant v \leqslant 2\pi)$$

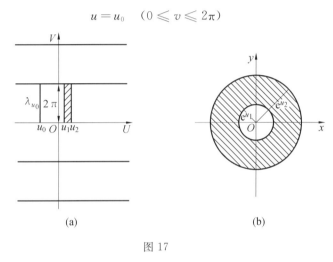

图 17

因此
$$e^w = e^{u_0} e^{iv} \quad (0 \leqslant v \leqslant 2\pi)$$

即这条直线段的象是一个以原点为中心,半径等于 e^{u_0} 的圆周,并且 λ_{u_0} 的两个端点的象合于圆周上同一点. 对 U 中两条平行于 $u = 0$,横坐标为 $u = u_1$ 和 u_2 的直线段之间的部分,我们借变换(107)就在 z 平面上得到一个圆环,以原点为中心,半径分别为 e^{u_1} 和 e^{u_2}(图17(b)). 因此整个带域 U 经过(107)的变换后就成为整个 z 平面除了原点. 带域的上边界线和下边界线都变成 z 平面上的正实轴. 若从原点沿正实轴到 ∞ 画一条割线,那么我们可以知道,这条割线的上岸对应于带域的下边界线,而它的下岸就对应于带域的上边界线. 以 T_1 表示除去原点和这条割线以后的 z 平面,则函数(107)的反函数
$$w = \ln z \tag{108}$$
就在区域 T_1 中为单值正则,并且它的导数可由通常反函数的微分规则求出为

$$\frac{\mathrm{d}w}{\mathrm{d}z} = \frac{1}{(\mathrm{e}^w)'} = \frac{1}{\mathrm{e}^w} = \frac{1}{z} \tag{109}$$

我们已知

$$\ln z = \ln|z| + \mathrm{i}\arg z$$

当这个函数沿一条闭线路作解析延拓时,我们应该注意的是辐角 $\arg z$ 的连续变化.

在前述区域 T_1 中,辐角的变化受到 $0 \leqslant \arg z \leqslant 2\pi$ 的限制,所以(108)才会是单值函数. 这里 $z=0$ 显然是函数(108)的支点,即沿着任一环绕原点的闭线路逆时针方向地走 n 圈以后的解析延拓使函数值增加 $2n\pi\mathrm{i}$,走的圈数不同时,所得之函数值当然也就不同. 因此,现在 $z=0$ 是个无限阶支点了.

回过来看 w 平面经过变换(107)后成为什么. w 平面上每一带域经变换(107)后即得 z 平面上区域 T_1 的一个新的模型,这种模型当然有无数个之多. 把它们一个个叠起来,然后排成次序. 和基本带域 U 对应的那个模型记为 T_1,和紧接在 U 之上的带域对应的模型记为 T_2,依此类推. 又和在 U 之下的那些带域对应的模型依次记为 $T_0, T_{-1}, T_{-2}, \cdots$. 现在再想象把它们沿着割线的两岸依下法相接起来:T_1 的割线的上岸和 T_0 中的下岸相接,T_1 的割线的下岸和 T_2 中的上岸相接;然后将 T_0 的割线的上岸和 T_{-1} 中的下岸相接,T_2 的割线的下岸和 T_3 中的上岸相接,依此类推. 这样我们就得到一个无数多叶的黎曼曲面,以 $z=0$ 和 $z=\infty$ 为无限阶支点. 在这个黎曼曲面 T 上函数(103)为单值正则. 这个曲面 T 就是 w 平面经过变换(107)所得到的.

函数 $w=\ln(z-a)$ 显然以 $z=a$ 和 $z=\infty$ 为无限阶支点. 再看函数

$$w = \ln\frac{z-a}{z-b} = \ln(z-a) - \ln(z-b) \tag{110}$$

它以 $z=a$ 和 $z=b$ 为支点. 若环绕 a 和 b 两点沿正方向走一闭线路,则上式右边增减各为 $2\pi\mathrm{i}$,彼此相消,而 w 的值不变. 因此无限远点不是函数(110)的支点.

我们可以把这个函数改写为

$$w = \ln\left(1 - \frac{a}{z}\right) - \ln\left(1 - \frac{b}{z}\right)$$

并且对所有使 $|z|$ 大于 $|a|$ 和 $|b|$ 的 z,上式右边两项可依式(80)展开. 这样我们就得到函数在无限远点邻近的展开式

$$w = \sum_{k=1}^{\infty} \frac{\alpha_k}{z^k} \tag{111}$$

其中

$$\alpha_k = \frac{b^k - a^k}{k}$$

式(111)定义多值函数(110)在无限远点邻域中的一个支叶. 如果要得到其他的支叶, 只需在上面的展开式中再加一项 $2n\pi i$ 即可. 对任一固定的整数 n, 我们都可以得到函数的一个新的支叶.

再看函数

$$w = \arctan z = \frac{1}{2i} \ln \frac{i-z}{i+z}$$

它以 $z=i$ 和 $z=-i$ 为无限阶支点. 要求这个函数的导数, 可按照实变数的情形一样去做, 即得

$$\frac{dw}{dz} = \frac{1}{1+z^2}$$

或

$$\frac{dw}{dz} = -\frac{1}{(i+z)(i-z)}$$

§20 解析函数的奇异点和黎曼曲面

在上一节里面, 我们看过一些多值函数的例子, 并且作出它们对应的黎曼曲面, 在这种曲面上函数变为单值. 现在转过来研究这个问题的一般情形. 由于篇幅关系, 我们只在这里讲些一般的指示, 而不准备深入详论了. 首先来说明解析延拓的孤立奇异点这个概念.

设在点 $z=a$ 已给解析函数 $f(z)$ 的一个始元素, 并且把它沿曲线 l 延拓出去. 假设解析延拓作到点 $z=b$ 便不能再向前进, 则对于沿曲线 l 的解析延拓, 点 b 就是一个奇异点[18]. 如果存在一个以 b 为中心的圆 K, 曲线 l 在 K 之内的部分为 cb (图18),

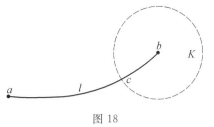

图18

使对应于 cb 上任一点, 函数 $f(z)$ 的元素必可沿任一 K 内的曲线作解析延拓, 只要这个曲线不经过点 $z=b$. 这时, 点 $z=b$ 就称为 $f(z)$ 的孤立奇异点(对应于线路 l). 上述在 K 之内所有可能的解析延拓的结果决定 K 中一个函数, 可为单值, 亦可为多值. 在第一种情形, 这个单值函数在 K 内处处为正则, 除了在点 b 外. 因此可以依 $z-b$ 的整幂展开为洛朗级数, 而点 $z=b$ 或者是解析函数 $f(z)$

的极点,或者是它的本性奇异点(对于沿 l 的解析延拓). 在第二种情形,因为所得 K 内的函数的多值性,点 b 称为函数的支点. 若经 K 内所有可能的解析延拓以后,在 K 中一点 $z=\alpha$ 我们得到函数的有限个不同元素,设为 m 个. 则易知在 K 中任一旁的点 $z=\beta$,我们同样也得到 m 个不同元素,这是因为从 α 到 β 或从 β 到 α 沿同一线路作解析延拓时,若始元素不同,所得到的终元素也不同. 这时点 b 称为 $m-1$ 阶支点. 若经过 K 内的解析延拓以后得到无数个不同的元素,则点 b 称为无限阶支点.

再详细观察一下 $m-1$ 阶支点的情形. 由假设,K 内的解析延拓除在点 b 外处处可行. 这种除了一点 b 以外的圆 K 是个双通区域. 取这种圆 K 的 m 个模型,在每一模型中从点 b 沿同一半径画一条割线. 画了割线以后的圆 K_1 是个单通区域. 在每一 K_1 的模型中取出同一点 $z=\alpha$,解析函数在这点有 m 个元素. 在每一模型中的点 α 取这个函数的一个固定元素,再作它在 K_1 中的解析延拓. 由单值定理[18],我们在每一模型中得到一定的单值函数. 现在对每一模型中的割线,可以设法固定其两岸的名称. 例如,若从割线的一岸可以在 K_1 中逆时针方向绕着点 b 移动而到达割线的另一岸,则前者称为右岸,后者称为左岸. 取任一 K_1 的模型为第一个模型,而在它上面定义的单值函数记为 $f_1(z)$. $f_1(z)$ 在割线左岸的数值必定和 K_1 的另一模型中的单值函数在割线右岸的数值全同. 取这为第二个模型,而记其上的单值函数为 $f_2(z)$. 想象把第一个模型中割线的左岸和第二个模型中割线的右岸相接起来. $f_2(z)$ 在第二个模型中割线左岸上的数值又和另一 K_1 的模型中的单值函数在割线右岸上的数值全同. 取这为第三个模型,而记其上的单值函数为 $f_3(z)$. 想象把第二个模型中割线的左岸和第三个模型中割线的右岸相接起来,照这样做下去,最后到了第 m 个模型. 不难知道 $f_m(z)$ 在第 m 个模型中割线左岸的数值应该和 $f_1(z)$ 在第一个模型中割线右岸的数值全同. 想象把这两岸相接起来,这样我们就得到一个 m 叶的圆 L,以 $z=b$ 作为 $m-1$ 阶支点. 这里所有 m 个模型上的点 b 假定都合而为一. 在这 m 叶圆上,函数 $f(z)$ 是处处单值正则的,除了 $z=b$ 以外. 现在用一个新的自变数 z' 代替 z

$$z' = \sqrt[m]{z-b} = \sqrt[m]{\rho}\, e^{i\frac{\varphi}{m}} \tag{112}$$

其中 $\rho=|z-b|$,$\varphi=\arg(z-b)$,对 L 中任一点 φ 可借一定的方法固定之. $z=b$ 的象是 $z'=0$,在 L 中绕点 $z=b$ 走一圈以后,辐角的变化是 $2m\pi$,而绕 $z'=0$ 走一圈后辐角的变化是 2π. 圆 L 有 m 叶,而它在 z' 平面上的象只是一个以 $z'=0$ 为中心的单叶圆 C,其半径为 $\sqrt[m]{R}$,这里 R 是 L 的半径. 在这个单叶圆 C 中函数

为单值正则,可能除 $z'=0$ 这点以外.因此它在 C 内可展开为洛朗级数
$$f(z) = \sum_{n=-\infty}^{+\infty} a_n z'^n$$
或回到从前的变数 z
$$f(z) = \sum_{n=-\infty}^{+\infty} a_n (\sqrt[m]{z-b})^n = \sum_{n=-\infty}^{+\infty} a_n (z-b)^{\frac{n}{m}} \tag{113}$$
即在 $m-1$ 阶支点的邻域中函数可依(112)中变数 z' 的整幂展开.对于 b 的邻域中任一点 z, z' 的数值可任意,但借一定的方法固定之.展开式(113)可以呈现许多不同的情形.有时展开式中可以不含 $z-b$ 的负幂的项
$$f(z) = a_0 + a_1 \sqrt[m]{z-b} + a_2 (\sqrt[m]{z-b})^2 + \cdots$$
而且显然当 $z \to b$ 时,$f(z) \to a_0$.但 z 可用任何方式趋向 b,只要不越出 L 之外.这时置 $f(b) = a_0$,且称 $z=b$ 为正则型支点.若展开式(113)中只有有限个含负幂的项,则当 $z \to b$ 时,$f(z) \to \infty$.这时置 $f(b) = \infty$,且称 $z=b$ 为极型支点.若展开式(113)中有无限个含负幂的项,则称 $z=b$ 为本性奇异型支点.

所有以上的定义都可以转用于无限远点.设沿线路 l 作 $f(z)$ 的解析延拓后,存在一个无限远点的邻域 $K(|z|>R)$(图19),使得凡是对应于 K 内 l 上的点的 $f(z)$ 的元素都可以沿 K 内任一线路解析延拓开去.如果解析延拓的结果得到一个单值函数,则 $z=\infty$ 是 $f(z)$ 的正则点、极点或本性奇异点[10].如果得到的是多值函数,则 $z=\infty$ 是 $f(z)$ 的支点.假设这个支点的阶数是个有限数 $m-1$,则在其邻域有如下之展开式成立
$$f(z) = \sum_{n=-\infty}^{+\infty} a_n \left(\frac{1}{\sqrt[m]{z}}\right)^n = \sum_{n=-\infty}^{+\infty} a_n z^{-\frac{n}{m}}$$
而以前对展开式(113)所说过的那些话现在又可以照样重说一遍.当然,$z=\infty$ 的性质和到达其邻域中的解析延拓的道路 l 有关.

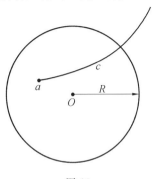

图 19

现在再说明"多值解析函数 $f(z)$ 的黎曼曲面"的基本意义. 假设由某一始元素出发的解析延拓已到达一点 $z=\alpha$. 函数在这点的元素即其依 $z-\alpha$ 的正整数幂展开的幂级数. 若 β 为 α 的邻域中任意一点, 这个级数也可以改成依 $z-\beta$ 的正整数幂写成的幂级数, 即由函数在点 α 的元素可以得到它在所有和 α 相当接近之点的元素. 我们把每一个这样的元素对照一个点 z, 这个点就是这个幂级数(元素)的对应的收敛圆的中心. 上述的以 $z=\alpha$ 为中心的元素就对照着点 α. 由这个元素得到的在邻近的点 $z=\beta$ 的那些元素就对照着属于 $z=\alpha$ 的邻域的那些点 $z=\beta$, 就是与 $z=\alpha$ 位于同一叶上的点. 这样, 完成解析延拓, 我们得到了函数的所有的一批一批的新元素以及黎曼曲面上所有的一批一批的点. 当解析延拓回到 $z=\alpha$ 时, 如果所得到的元素和以前的一样, 则认为这个点 α 和以前的点 α 不同(认为它处在另一叶上面). 这就是说, 如果两点的复坐标同为 z, 但是解析函数在这两点的元素不相同, 我们就应当把它们看作不同的点, 认为它们处于不同的两叶上. 如此, 用解析延拓就可构造出对应于所给的解析函数的黎曼曲面. 在这个曲面上 $f(z)$ 为单值正则. 对黎曼曲面我们通常都要把 $f(z)$ 的极点、正则型和极型的有限阶支点算进在内. 注意: 一般来说, 黎曼曲面并不能从 w 平面借变换 $z=\varphi(w)$ 而得, 这里 $\varphi(w)$ 是 w 平面上的单值正则函数(可能有极点), 好像[19]中那些最简单的例子一样.

以上所说的只是孤立奇异点的情形. 有时这种解析延拓的奇异点可以充满了某一曲线的全部. 例如有时一个由幂级数决定的始元素不能沿任何道路延拓开去, 即这个幂级数的收敛圆的圆周上每一点都是奇异点. 下面就是一个这种级数的例子

$$\sum_{n=1}^{\infty} z^{n!} = z + z^{1 \times 2} + z^{1 \times 2 \times 3} + z^{1 \times 2 \times 3 \times 4} + \cdots = z + z^2 + z^6 + z^{24} + \cdots$$

§21 留 数 定 理

再回头来看函数在奇异点(极点或本性奇异点)邻近的洛朗展开式. 在这种展开式中我们特别提出 $(z-b)^{-1}$ 的系数来, 并且给它一个特别名称, 叫作函数在这个奇异点的留数. 现在要说明这个系数的重要性. 设在点 b 的邻域中函数的展开式为

$$f(z) = \sum_{k=-\infty}^{+\infty} a_k (z-b)^k$$

设 l_0 为任一环绕点 b 的很小的闭线路, 这个展开式在 l_0 上一致收敛. 将上式两边沿 l_0 积分, 得

$$\int_{l_0} f(z)\mathrm{d}z = \sum_{k=-\infty}^{+\infty} a_k \int_{l_0} (z-b)^k \mathrm{d}z$$

在[6]中已知上式右边只有对应于 $k=-1$ 的积分等于 $2\pi\mathrm{i}$, 而其他的积分都等于零, 故

$$\int_{l_0} f(z)\mathrm{d}z = a_{-1} \cdot 2\pi\mathrm{i}$$

现在看更一般的情形. 设 $f(z)$ 在一以 l 为边界线的闭区域 B 中为正则, 除了有限个 B 的内点 $b_1,\cdots,b_m$ 以外, 这些点是函数的极点或本性奇异点. 函数在这些奇异点的留数记为 $a_{-1}^{(s)}(s=1,2,\cdots,m)$. 对每一奇异点用一个很小的闭线路 l_s 把它从 B 中除外. 由柯西定理有

$$\int_l f(z)\mathrm{d}z = \sum_{s=1}^m \int_{l_s} f(z)\mathrm{d}z$$

但我们前面已经知道, 沿每一线路 l_s 的积分数值等于 $a_{-1}^{(s)} \cdot 2\pi\mathrm{i}$, 因此由上式可知函数沿区域边界线的积分数值可以用它在区域内部诸奇异点的留数来表示

$$\int_l f(z)\mathrm{d}z = 2\pi\mathrm{i} \sum_{s=1}^m a_{-1}^{(s)} \tag{114}$$

留数定理 若函数在闭区域中为正则, 除了有限个区域的内点以外 (极点或本性奇异点), 则函数沿这个区域边界线的积分等于以 $2\pi\mathrm{i}$ 乘函数在这些奇异点的留数之和.

这个定理在以后有许多应用. 现在我们只讲一些它在理论上的推论, 因为后面需要用到它们. 首先给几个实用的计算留数的方法, 不必用到函数的洛朗展开式.

例 1 设函数的形式为

$$f(z) = \frac{\varphi(z)}{\psi(z)} \tag{115}$$

其中 $\varphi(z)$ 和 $\psi(z)$ 在点 b 为正则, 而 $\psi(b)=0$. 因此, 一般而论, 函数 (115) 以 b 为极点. 再设 $z=b$ 为 $\psi(z)$ 的单零点, 即 $\psi(z)$ 的泰勒展开式始于 $z-b$ 的一次项

$$\psi(z) = c_1(z-b) + c_2(z-b)^2 + \cdots \quad (c_1 \neq 0)$$

这时函数 (115) 就以 b 为单极点 (一阶极点), 在 $z=b$ 的邻近有

$$f(z) = \frac{\varphi(b) + \dfrac{\varphi'(b)}{1!}(z-b) + \cdots}{(z-b)[c_1 + c_2(z-b) + \cdots]}$$

由上式可知, 对留数 a_{-1} 有

$$a_{-1}=f(z)(z-b)\bigg|_{z=b}=\frac{\varphi(b)}{c_1}$$

或由 $c_1=\psi'(b)$

$$a_{-1}=\frac{\varphi(b)}{\psi'(b)} \tag{116}$$

例 2 设函数 $f(z)$ 以 b 为 m 阶极点

$$f(z)=\sum_{k=-m}^{\infty}a_k(z-b)^k$$

则乘积 $f(z)(z-b)^m$ 在点 b 为正则,且在其中 a_{-1} 是 $(z-b)^{m-1}$ 的系数.由泰勒级数中系数的表示法知道 $f(z)$ 的留数可表示如下

$$a_{-1}=\frac{1}{(m-1)!}\frac{d^{m-1}}{dz^{m-1}}\big[f(z)(z-b)^m\big]\bigg|_{z=b} \tag{117}$$

例 3 设 $f(z)$ 以 b 为 m 重零点,即以 b 为中心的函数的泰勒级数始于 $z-b$ 的 m 次项.这时函数在点 b 的邻近可表示为

$$f(z)=(z-b)^m\varphi(z) \quad (\varphi(b)\neq 0) \tag{118}$$

其中 $\varphi(z)$ 在点 b 为正则且不等于零.作函数的对数导数

$$\frac{f'(z)}{f(z)}=\frac{m}{z-b}+\frac{\varphi'(z)}{\varphi(z)} \tag{119}$$

由此立刻可知对数导数以点 b 为单极点,其留数等于函数 $f(z)$ 以 b 为零点的重数.若 b 不是 $f(z)$ 的零点,而是它的 m 阶极点,同样可得式(118),但 m 改为 $-m$.所有以后的计算一律不变.故若函数以某点为 n 阶极点,则其对数导数以该点为单极点,留数为 $-n$.

§22 关于零点个数的定理

设 $f(z)$ 在以 l 为边界线的闭区域 B 中为正则,且在 l 上不等于零.设 B 的内点 $b_1,\cdots,b_m$ 是函数的 $k_1,\cdots,k_m$ 重零点,那么它的对数导数就以诸点 b_s 为单极点,且有留数 k_s,由留数定理有

$$\frac{1}{2\pi i}\int_l \frac{f'(z)}{f(z)}dz=k_1+k_2+\cdots+k_m \tag{120}$$

若每一 m 重零点算作 m 个零点,上式右边就表示函数 $f(z)$ 在区域内部的零点的个数,即由已给关于函数 $f(z)$ 的假设,上式左边的积分表示 $f(z)$ 在闭曲线 l 之内的零点的个数.

式(120)左边被积函数的原函数显为 $\ln f(z)$,因此当 z 沿 l 走一周以后,这个原函数所得的改变量即积分的数值.这时我们应该取原函数的一个单值支叶来看,而由

$$\ln f(z) = \ln |f(z)| + i\arg f(z)$$

只要看当 z 沿 l 走一周后 $f(z)$ 的辐角的连续变化就好了,因为 $\ln|f(z)|$ 总是回到原值的.所以原函数的改变量就等于 i 乘以 $\arg f(z)$ 的改变量.由式(120)还应该以 $2\pi i$ 去除原函数的改变量,而后可以得到下面的结果:

柯西定理 若 $f(z)$ 在闭区域 B 中为正则,在边界线 l 上不等于零,则函数在区域内部的零点的个数等于 z 沿 l 走一周后函数的辐角所得的改变量用 2π 来除,或者换句话说,用 2π 作单位时辐角的改变量的数值.

对于多项式可知这个定理显然是对的.例如取一三次多项式,并且把它分解成三个一次项的积

$$a_0 + a_1 z + a_2 z^2 + a_3 z^3 = a_3 (z-b_1)(z-b_2)(z-b_3)$$

设 b_1 和 b_2 两个零点在闭曲线 l 之内,而另一零点 b_3 在 l 之外.每一差数 $z-b_k$ 对应于一个从 b_k 到 z 的向量.当 z 沿 l 走一周以后,$z-b_1$ 和 $z-b_2$ 对应向量的辐角显然都得到改变量 2π,而 $z-b_3$ 对应向量的辐角不变.因此函数的辐角得到改变量 4π(乘积的辐角等于诸因子的辐角之和),或以 2π 为单位,这个改变量就等于 2,即函数在 l 之内的零点的个数.

再证明一个关于正则函数的零点的个数的定理,它是柯西定理的直接推论.如前设 $f(z)$ 在闭区域中为正则,而在边界线 l 上不等于零.又设函数 $\varphi(z)$ 在这个闭区域中亦为正则,在 l 上 $\varphi(z)$ 的模小于 $f(z)$ 的模,即

$$|\varphi(z)| < |f(z)| \quad (在 l 上) \tag{121}$$

注意:当这个条件存在时,$f(z)$ 在 l 上显然不能等于零.现在看两个函数

$$f(z) \text{ 和 } f(z) + \varphi(z) \tag{122}$$

它们都满足柯西定理的条件.$f(z)$ 由假设知道它满足,而 $f(z)+\varphi(z)$ 由条件(121)知道它在 l 上也不等于零.现在证明这两个函数在 l 之内的零点的个数相同.为此,可以看第二个函数在 l 上的辐角

$$\arg[f(z)+\varphi(z)] = \arg f(z) + \arg\left[1 + \frac{\varphi(z)}{f(z)}\right]$$

因为在 l 上 $f(z) \neq 0$.要证明的话,只需证明当 z 沿 l 走一周后,辐角

$$\arg\left[1 + \frac{\varphi(z)}{f(z)}\right] \tag{123}$$

的变化等于零即可.由条件(121),在 l 上 $\dfrac{\varphi(z)}{f(z)}$ 的模常小于 1,因此当 z 沿 l 走一

周时,变动点
$$z' = 1 + \frac{\varphi(z)}{f(z)}$$
常在以 $z'=1$ 为中心,半径为 1 的圆 C 之内,它的轨迹是 C 内一条闭曲线,显然不包含原点在其内.这样,(123)中辐角的变化自然就等于零了.故得:

儒歇定理 若 $f(z)$ 和 $\varphi(z)$ 在以 l 为边界线的闭区域中为正则,并且在 l 上满足条件(121),则函数 $f(z)$ 和 $f(z)+\varphi(z)$ 在这个区域内部零点的个数相同.

注意:由儒歇定理立刻可导出代数学的基本定理,即任一 n 次多项式
$$a_0 + a_1 z + \cdots + a_n z^n \quad (a_n \neq 0) \tag{124}$$
在 z 平面上有 n 个零点.事实上,设
$$f(z) = a_n z^n, \varphi(z) = a_0 + a_1 z + \cdots + a_{n-1} z^{n-1}$$
在任一以原点为中心,半径相当大的圆周上,显然有 $|\varphi(z)|<|f(z)|$,因为多项式 $\varphi(z)$ 的次数低于多项式 $f(z)$ 的次数.由儒歇定理,多项式(124)与 $f(z)=a_n z^n$ 在这种圆内的零点的个数相同,而后者以 $z=0$ 为 n 重零点.证毕.

再讲一个柯西定理的推论,它在保角变换的理论中是非常重要的.设函数
$$w = f(z) \tag{125}$$
在闭区域中为正则,当 z 沿边界线 l 走一周时,w 的轨迹是一条不自交的简单闭曲线 l_1(图 20).可以证明在这个条件之下,函数(125)把 l 的内域 B 变为 l_1 的内域 B_1.在 l_1 之内取一点 w_1,l_1 之外取一点 w_2,我们只要证明在区域 B 内函数
$$F_1(z) = f(z) - w_1$$

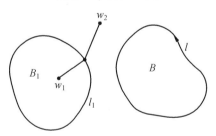

图 20

有一个零点,而函数
$$F_2(z) = f(z) - w_2$$
没有零点即可.当 z 在曲线 l 上时,$f(z)-w_1=w-w_1$ 对应于一个从 w_1 到 l_1 上一变动点 w 的向量.这时可以想到有两种情形,即当 z 逆时针方向沿 l 走一周时 w 沿 l_1 走一周的方向或为逆时针,或为顺时针.在第一种情形下,函数 $F_1(z)$

的辐角的变化显然为 2π，因此这个函数在 l 之内确有一个零点．在第二种情形下，$F_1(z)$ 的辐角的变化为一负数-2π，因而 $F_1(z)$ 在 l 之内应该有-1个零点，这是不合理的，因为零点的个数或为零或为正整数．这样，第二种情形就不可能发生，所以当点 z 逆时针方向沿 l 走一周时，对应的点 w 也应该逆时针方向沿 l_1 走一周．现在再看函数 $F_2(z)$．它对应于一个从 w_2 到 l_1 上一变动点 w 的向量，当 w 沿 l_1 走一周后，$F_2(z)$ 的辐角没有得到改变量，因此它在 l_1 之内没有零点．这样我们就得到下面的定理：若 $f(z)$ 在以 l 为边界线的闭区域 B 中为正则，并且将 l 变为不自交的简单闭曲线 l_1，则沿 l 进行的正方向也对应于沿 l_1 进行的正方向，并且 $f(z)$ 将区域 B 变为 w 平面上 l_1 的内域．

我们得到柯西定理时对于式(120)左边的积分假定了 $f(z)$ 在闭区域中为正则，在边界线 l 上不等于零．现在假定 $f(z)$ 在区域内部有有限个极点，而在其余的部分为正则，又在 l 上为正则且不等于零．这时如我们所知，被积函数在区域内部有单极点，此极点是 $f(z)$ 的零点时，其留数等于该零点的重数，是 $f(z)$ 的极点时，其留数等于该极点的阶数的负值．对这个积分应用留数定理，可知代替式(120)有

$$\frac{1}{2\pi\mathrm{i}}\int_l \frac{f'(z)}{f(z)}\mathrm{d}z = m - n \tag{126}$$

其中 m 是函数在区域内部的零点的个数，n 是极点的个数．设函数的零点是 $b_1,\cdots,b_m$，极点是 $c_1,\cdots,c_n$，这里 k 重零点或 k 阶极点作 k 个零点或极点计算．用留数定理不难证明下面的公式

$$\frac{1}{2\pi\mathrm{i}}\int_l z\frac{f'(z)}{f(z)}\mathrm{d}z = (b_1 + \cdots + b_m) - (c_1 + \cdots + c_n) \tag{127}$$

即左边的积分表示零点的坐标总和减去极点的坐标总和．事实上，例如设 b 为 k 重零点，则在这点附近下面的展开式成立

$$z\frac{f'(z)}{f(z)} = [b + (z-b)]\left[\frac{k}{z-b} + a_0 + a_1(z-b) + \cdots\right]$$

由此立刻可知在一点 b 的留数等于 kb．对于极点也有类似的结论．

最后对前述变区域为区域的保角变换的定理再加一点补充．设已知 $f(z)$ 在区域 B 的内部有一个单极点，即在公式(126)中 $n=1$，又 $f(z)$ 将 l 变为不自交的简单闭曲线 l_1，但沿 l 进行的正方向对应于沿 l_1 进行的负方向．仍旧回到前面的两个函数 $F_1(z)$ 和 $F_2(z)$，它们在区域 B 的内部有和 $f(z)$ 相同的单极点．第一个函数辐角的变化以 2π 为单位时，等于-1．但另一方面，由公式(126)，辐角的变化应该等于零点的个数减去极点的个数，而由假定函数有一个极点．因

此知道函数 $F_1(z)$ 在 B 内没有零点. 相反地, 当 z 沿 l 走一周时, 函数 $F_2(z)$ 的辐角的变化等于零, 即零点的个数等于极点的个数. 但已知 $F_2(z)$ 有一个极点, 所以它也有一个零点. 这样函数 $f(z)$ 就将 l 的内域变为 l_1 的外域, 其中 $f(z)$ 的极点变为 w 平面上的无限远点.

§23 幂级数的反演

我们现在应用儒歇定理来研究幂级数
$$w = a_0 + a_1(z-b) + a_2(z-b)^2 + \cdots = F(z) \tag{128}$$
的反函数. 首先假定系数 $a_1 \neq 0$, 即 $F'(b) \neq 0$. 对点 b 邻近的 z 值, 所以得到的 w 值也在 a_0 的邻近. 现在要证明点 b 的某一邻域经变换 (128) 后变成 a_0 的一个单叶邻域, 包含 a_0 在其内. 由此立刻可知 (128) 的反函数在 a_0 的邻域中为单值正则, 因此可依 $w - a_0$ 的幂展开为泰勒级数.

函数
$$f(z) = a_1(z-b) + a_2(z-b)^2 + \cdots$$
以点 b 为单零点, 且在这点的某一邻域中不等于零[18]. 设 K 是一个以 b 为中心的圆, 而函数 $f(z)$ 在 K 中为正则并有唯一的零点 $z = b$. 在这个圆的圆周 C 上 $|f(z)| \neq 0$, 并且存在正数 m, 使 $|f(z)| > m$. 又设 K_1 是 w 平面上以 a_0 为中心, 半径为 $\rho < m$ 的圆. 在这个圆中取一固定点 w_0.

我们显然有 $|a_0 - w_0| \leqslant \rho < m$. 又因在 C 上 $|f(z)| > m$, 故在 C 上有 $|a_0 - w_0| < |f(z)|$. 由儒歇定理, 函数
$$a_0 - w_0 + f(z) = a_0 + f(z) - w_0 = F(z) - w_0$$
与 $f(z)$ 在圆 K 之内的零点的个数相同, 即有一个零点. 换句话说, 当 z 在点 b 的某一邻域中变动时, $w = F(z)$ 的值遮盖一个单叶圆 K_1, 即一般而论, 单叶圆 K_1 对应于 $z = b$ 的一个非圆形邻域 (包含点 b 在其内), 而这就是我们所要证明的. 再说一遍, 若在级数 (128) 中系数 $a_1 \neq 0$, 则 $z = b$ 的邻域变成 $w = a_0$ 的单叶邻域, 且在 $w = a_0$ 的邻近级数 (128) 可以反演为
$$z = b + \sum_{n=1}^{\infty} c_n(w - a_0)^n \tag{129}$$

现在再看当级数 (128) 中前若干项的系数等于零的情形
$$w - a_0 = a_m(z-b)^m + a_{m+1}(z-b)^{m+1} +$$
$$a_{m+2}(z-b)^{m+2} + \cdots \quad (a_m \neq 0) \tag{130}$$

即
$$w - a_0 = a_m(z-b)^m \left[1 + \frac{a_{m+1}}{a_m}(z-b) + \frac{a_{m+2}}{a_m}(z-b)^2 + \cdots\right]$$

上式可改写为
$$\sqrt[m]{w - a_0} = \sqrt[m]{a_m}(z-b)\left\{1 + \left[\frac{a_{m+1}}{a_m}(z-b) + \frac{a_{m+2}}{a_m}(z-b)^2 + \cdots\right]\right\}^{\frac{1}{m}} \tag{131}$$

这里 $\sqrt[m]{a_m}$ 取一个一定的值. 这个等式和(130)是相抵的, 它的右边方括号之内的级数和当 z 很接近于 b 时接近于零. 因此可以应用牛顿二项式公式[16]而得

$$\{1 + [\ ]\}^{\frac{1}{m}} = 1 + \frac{1}{m}[\ ] + \frac{\frac{1}{m}\left(\frac{1}{m} - 1\right)}{2!}[\ ]^2 + \cdots$$

我们可以找到一个以 b 为中心的很小的圆, 使方括号中的级数在其内为正则, 并且它的模不大于一个小于 1 的正数 q. 在这个圆中上面的级数当然绝对且一致收敛, 它的每一项都是这个圆中的幂级数, 因此由魏尔斯特拉斯定理在幂级数方面的应用, 得到在这个圆中式(131)右边花括号的幂级数展开式

$$\{1 + [\ ]\}^{\frac{1}{m}} = 1 + c_1(z-b) + c_2(z-b)^2 + \cdots$$

而式(131)就可改写为
$$\sqrt[m]{w - a_0} = d_1(z-b) + d_2(z-b)^2 + \cdots \tag{131'}$$

其中 $d_1 = \sqrt[m]{a_m} \neq 0$. 应用牛顿二项式公式, 取定了式(131)右边的根式的一定的值, 式(131$'$)就给出 $\sqrt[m]{w - a_0}$ 的同样的值, 把 $\sqrt[m]{w - a_0}$ 的这个值记作 w'.

$$w' = \sqrt[m]{w - a_0} = d_1(z-b) + d_2(z-b)^2 + \cdots \tag{132}$$

由这一节前面所证($d_1 \neq 0$)知道点 $z = b$ 的单叶邻域变为 $w' = 0$ 的单叶邻域, 而由 $w - a_0 = w'^m$, $w' = 0$ 的单叶邻域变为 $w = a_0$ 的 m 叶邻域[19], 这就是说, 在(130)的情形下, 点 $z = b$ 的单叶邻域变为 $w = a_0$ 的 m 叶邻域.

又函数(132)的导数在点 $z = b$ 不等于零, 因此在这个函数所决定的变换之下, 在点 $z = b$ 的角度不变[3]. 又因 w' 自乘 m 次方以后, 辐角增大 m 倍, 所以变换 $w - a_0 = w'^m$ 把在点 $w' = 0$ 的角度扩大 m 倍, 即函数(130)所决定的变换将在点 $z = b$ 的角度扩大 m 倍. 最后, 如前已证, 幂级数(132)反演为下面的形式

$$z = b + \sum_{n=1}^{\infty} e_n w'^n$$

或者还原成变数 w, 即得幂级数(130)的反演

$$z = b + \sum_{n=1}^{\infty} e_n (\sqrt[m]{w-b})^n \tag{133}$$

注意:公式 $w' = \sqrt[m]{w-b}$ 变 $w=b$ 的 m 叶邻域为 $w'=0$ 的单叶邻域,假如我们把根的 m 个值都取出来的话. 因此在展开式(133)中,只有取等式右边根式的所有的值时,我们才能得到点 $z=b$ 的单叶邻域.

以上我们只考虑了 z 平面上的点 b 和与它对应的 w 平面上的点 a_0 都是有限远点的情形. 当它们之中有一点或两点都是无限远点时,也可以得到完全类似的结果. 例如,设 $b = \infty, a_0$ 为有限. 这时代替式(130),有下之展开式

$$w - a_0 = a_m \frac{1}{z^m} + a_{m+1} \frac{1}{z^{m+1}} + \cdots \quad (m > 0; a_m \neq 0) \tag{134}$$

若 $m=1$,则 $z=\infty$ 的单叶邻域变为 $w=a_0$ 的单叶邻域. 当 $a_0 = \infty$ 而 b 为有限时,函数以 $z=b$ 为极点. 若为单极点,即展开式为

$$w = \frac{a_{-1}}{z-b} + a_0 + a_1(z-b) + \cdots \tag{135}$$

则点 $z=b$ 的单叶邻域变为 $w = \infty$ 的单叶邻域. 最后,若 $b = a_0 = \infty$,函数在无限远点的邻域中有定义,且以这点为极点. 若为单极点,则展开式形式如

$$w = az + a_0 + \frac{a_1}{z} + \frac{a_2}{z^2} + \cdots \tag{136}$$

且 $z=\infty$ 的单叶邻域变为 $w=\infty$ 的单叶邻域. (136)的反函数有同样形式的展开式

$$z = \frac{1}{a} w + b_0 + \frac{b_1}{w} + \frac{b_2}{w^2} + \cdots \tag{137}$$

§24 对 称 原 理

当两区域有重叠部分时,在[18]中我们定义了从区域 B_1 到另一区域 B_2 的解析延拓. 这时,在一般情形之下应该怎样实地去履行这种解析延拓,我们没有给任何合于实用的方法. 现在我们指出在某种特别情形时履行解析延拓的一个可能性,其实新区域和旧区域并不重叠,而只沿一部分边界线彼此相接. 首先要证明一个辅助定理.

黎曼定理 若 $f_1(z)$ 在曲线 L 上和 L 的一边为正则,而 $f_2(z)$ 在 l 上及其另一边为正则,又两函数在 L 上全同,则在一个包含 L 在内的区域中它们共同定义一个正则函数,或者换句话说,$f_2(z)$ 是 $f_1(z)$ 的解析延拓.

在 $f_1(z)$ 为正则的区域及 $f_2(z)$ 为正则的区域中各画一线路 l_1 和 l_2，它们有公共端点，并且都在 L 上，使得 $f_i(z)$ 在 l_i 和 L 所包围的区域中为正则 ($i=1,2$)(图 21). 在 B_1 中取一点 z，它当然在 B_2 之外，因此我们可以写[7]

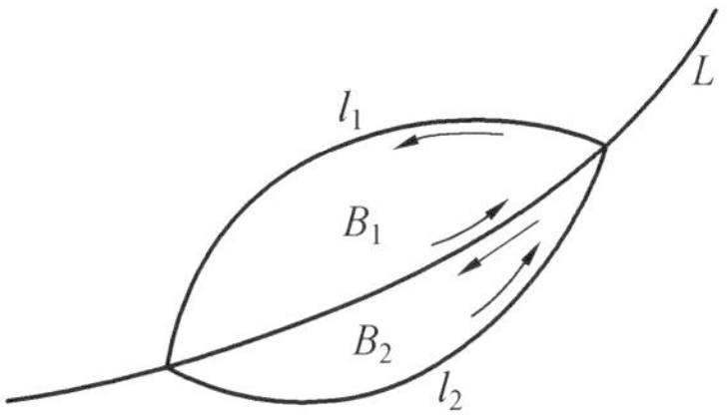

$$f_1(z) = \frac{1}{2\pi i} \int_{l_1+L} \frac{f_1(z')}{z'-z} dz'$$

$$0 = \frac{1}{2\pi i} \int_{l_2+L} \frac{f_2(z')}{z'-z} dz'$$

图 21

若将这两个等式相加，则在右边遇到两个在 L 上方向相反的积分，而两积分中的被积函数也相等，因为假设 $f_1(z')$ 和 $f_2(z')$ 在这个 L 上彼此全同. 这样，L 上的两个积分就彼此相消，剩下来只有在 l_1 和 l_2 上的积分了. 为简单起见，以 $f(z')$ 表示一函数，它在 l_1 上和 $f_1(z')$ 全同，在 l_2 上和 $f_2(z')$ 全同. 前两式相加后即得

$$f_1(z) = \frac{1}{2\pi i} \int_{l_1+l_2} \frac{f(z')}{z'-z} dz'$$

同样若取点 z 在区域 B_2 中，则可得

$$f_2(z) = \frac{1}{2\pi i} \int_{l_1+l_2} \frac{f(z')}{z'-z} dz'$$

即两函数 $f_1(z)$ 和 $f_2(z)$ 可以用同一个沿闭线路 l_1+l_2 的柯西型积分来表示. 因此区域 B_1 中的函数 $f_1(z)$ 就可被解析延拓到区域 B_2 中去，而 B_2 中的 $f_2(z)$ 也可被解析延拓到 B_1 中去，这种解析延拓的结果构造出一个解析函数 $f(z)$，而黎曼定理也就得以证明.

注意：在以上的证明中所用到的柯西公式，它当函数在闭区域中为连续，而只在区域内部为正则时也成立. 因此在黎曼定理中，我们可以把函数 $f_1(z)$ 和 $f_2(z)$ 在曲线 L 上为正则这个条件除去，而只假设它们直到 L 上都是连续就够了. 这时黎曼定理就证实了每一函数被解析延拓到 L 的另一边的可能性，并且由这种解析延拓所得到的恰好就是另一函数.

现在转过来叙述对称原理.

对称原理 若 $f_1(z)$ 在实轴上的线段 (a,b) 的一边为正则，直到这条线段上都是连续，并且在线段上取实值，则这个函数可以被解析延拓到线段的另一边去，且在关于实轴为对称的两点函数取共轭复数值.

为确定起见，设函数 $f_1(z)$ 在一个和线段 (a,b) 相接而位于其上的区域 B_1 中为正则（图 22）. 作一个区域 B_2，它和 B_1 关于实轴为对称. 按照下面的规则在

B_2 中定义一个函数 $f_2(z)$：设对 B_2 中一点 A_2，B_1 中的对称点为 A_1，则定义 $f_2(z)$ 在 A_2 的值是 $f_1(z)$ 在 A_1 的值的共轭复数. 这两个对称点 A_1 和 A_2 的复坐标显然也是共轭的，若记 $\bar{\alpha}$ 为复数 α 的共轭复数，则函数 $f_2(z)$ 在区域 B_2 中的定义可写成

$$f_2(z) = \overline{f_1(\bar{z})}$$

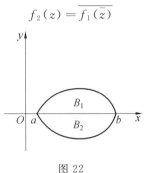

图 22

这个新作的函数在区域 B_2 中为正则. 实际上，这时自变数的改变量 Δz 是 B_1 中在对称点的改变量的共轭值，而函数的改变量 Δw 是 $f_1(z)$ 在对称点的改变量的共轭值. 对两改变量的比率 $\dfrac{\Delta w}{\Delta z}$ 也可以说同样的话. 因此对函数 $f_2(z)$，这个比率必趋向一定值为极限，这个极限值就等于对应于 $f_1(z)$ 的比率的极限值的共轭复数，即 $\overline{f'_1(\bar{z})}$，所以函数 $f_2(z)$ 在区域 B_2 中为正则. 在线段 (a, b) 上，$f_2(z)$ 和 $f_1(z)$ 全同，因为 $f_1(z)$ 在线段上取实值. 这样，由黎曼定理可以知道 $f_2(z)$ 是 $f_1(z)$ 在线段另一边的解析延拓. 对称原理也就得以证明.

我们可以用几何学的话来叙述对称原理，即若 $f_1(z)$ 在实轴上线段 (a, b) 的一边为正则，并且将这条线段变为实轴上的另一线段，则这个函数可以被解析延拓到线段的另一边去，并且关于实轴为对称的任两点经过变换后仍旧关于实轴为对称. 引进"关于圆周为对称的点"这个概念以后，对称原理可以用更一般的方式来叙述. 两点称为关于一圆周为对称，如果它们位于这个圆周的同一半径之上（一点在半径上，一点在半径的延长线上），并且它们和圆心的距离之积等于半径的平方（图 23）.

设 A_1 和 A_2 是关于圆周 C 为对称的两点. 过这两点任意画一圆 C'，并设 M 是 C' 和 C 的交点之一. 则 C' 的割线 $\overline{OA_2}$ 和它在圆外的部分 $\overline{OA_1}$ 之积应该等于从点 O 所引 C' 的切线的平方. 另一方面，由定义，$\overline{OA_2}$ 和 $\overline{OA_1}$ 之积应该等于 $\overline{OM}^2$，即 C 的半径的平方. 因此知道半径 $\overline{OM}$ 就是过点 O 的 C' 的切线，即 C' 和 C 是正交的. 由此不难看到两点 A_1 和 A_2 关于圆周 C 为对称的特征性质是：任一

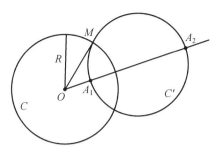

图 23

经过 A_1 和 A_2 的圆周必定和 C 正交,换句话说,经过关于圆周 C 为对称的两点的圆周束就是经过这两点和 C 正交的圆周全体.两个关于直线为对称的点也具有这种特征性质,即经过这两点的圆周束就是和直线正交的圆周全体(图 24).

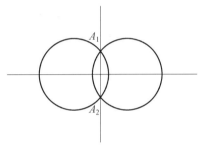

图 24

一般形式的对称原理如下:若 $f_1(z)$ 在圆周 C_1 上弧 (a,b) 的一边为正则,直到这个弧上都是连续的,并且将这个弧变为另一圆周 C_2 上的一弧,则 $f_1(z)$ 可被解析延拓到弧 (a,b) 的另一边上去,并且关于 C_1 为对称的两点变成关于 C_2 为对称的两点.在这种叙述方式之下,"圆周"两字的意义除了包含通常的圆周外,也包含直线在内.

这个一般对称原理将在下一章开始时证明之.

§25 收敛圆圆周上的泰勒级数

设泰勒级数
$$\sum_{k=0}^{\infty} a_k(z-b)^k \tag{138}$$

以 R 为收敛半径.置 $z-b=\rho e^{i\varphi}$,级数(138)可改写为

$$\sum_{k=0}^{\infty} a_k \rho^k e^{ik\varphi} \tag{139}$$

或

$$\sum_{k=0}^{\infty} a_k (\cos k\varphi + i\sin k\varphi)\rho^k$$

这个级数由假设当 $\rho < R$ 时收敛. 至于当 $\rho = R$ 时, 即 z 在收敛圆圆周上时, 级数收敛与否并没有一定. 例如, 若取级数

$$1 + z + z^2 + \cdots \tag{140}$$

有收敛半径 $R=1$, 则在收敛圆圆周上, 即当 $|z|=1$ 时, 级数每项的模都等于 1, 因此级数显然在收敛圆圆周上处处发散. 举一个相反的例子, 看级数

$$1 + \frac{z}{1^2} + \frac{z^2}{2^2} + \cdots \tag{141}$$

对这个级数, 后项的模比前项的模为

$$\left| \frac{z^{n+1}}{(n+1)^2} \right| : \left| \frac{z^n}{n^2} \right| = \left(\frac{n}{n+1} \right)^2 |z|$$

比率的极限是 $|z|$, 故由达朗贝尔判定法, 级数的收敛半径也是 1. 以 $z = e^{i\varphi}$ 代入, 得到一个级数, 其一般项的模等于正数 $\frac{1}{n^2}$, 是收敛级数 $\sum \frac{1}{n^2}$ 的一般项. 因此级数 (141) 不但在收敛圆内部, 并且在整个闭收敛圆中, 包含圆周在内, 绝对且一致收敛. 这样我们看到, 关于幂级数在收敛圆圆周上的收敛问题可以有各种不同的情形发生.

我们早已知道微分和积分不改变幂级数的收敛圆, 但是这种运算对于级数在收敛圆圆周上的收敛性而言, 却是可以产生影响的. 例如, 将级数 (140) 积分两次, 得到级数

$$\frac{z^2}{1 \times 2} + \frac{z^3}{2 \times 3} + \frac{z^4}{3 \times 4} + \cdots$$

它和级数 (141) 一样, 在整个闭圆 $|z| \leqslant 1$ 中绝对且一致收敛.

若幂级数在收敛圆的圆周上收敛的时候, 那么对于它的和有下面的定理. 在实变数的情形我们已经证明了一个和它完全类似的定理 [Ⅰ, 146], 所以在这里只写出这个定理的内容不去证明它了.

阿贝尔第二定理 若幂级数 (138) 在收敛圆圆周上一点 $z - b = Re^{i\varphi_0}$ 收敛, 它就在整个半径 $\arg(z-b) = \varphi_0$ 上一致收敛. 由此立刻可知级数的和是在这个半径上的连续函数, 这就是说, 当 z 从圆内沿半径 $\arg(z-b) = \varphi_0$ 接近于极限值 $Re^{i\varphi_0} + b$ 时, 对应的级数之和也接近于一极限值, 就是它在圆周上点 $Re^{i\varphi_0} + b$

的值. 若干三角级数之和即可借这个定理简单地求出来.

试看一个例子. 在展开式
$$\ln(1+z) = \frac{z}{1} - \frac{z^2}{2} + \frac{z^3}{3} - \frac{z^4}{4} + \cdots$$
中用 $-z$ 代 z 以后,再从这个级数减去新得到的级数,即得
$$\ln\frac{1+z}{1-z} = 2\left(\frac{z}{1} + \frac{z^3}{3} + \frac{z^5}{5} + \cdots\right) \tag{142}$$
它的收敛圆是 $|z|<1$. 在这个展开式中以 $z=e^{i\varphi}$ 代入,再分开实数部分和虚数部分,得
$$2\left(\frac{\cos\varphi}{1} + \frac{\cos 3\varphi}{3} + \frac{\cos 5\varphi}{5} + \cdots\right) + 2i\left(\frac{\sin\varphi}{1} + \frac{\sin 3\varphi}{3} + \frac{\sin 5\varphi}{5} + \cdots\right)$$

可以证明(这里不拟详述),若 $\varphi \neq k\pi (k=0, \pm 1, \pm 2, \cdots)$,上面两个三角级数都收敛. 现在要决定这两个级数之和. 将式(142)左边的函数分开为实数部分和虚数部分
$$\ln\frac{1+z}{1-z} = \ln\left|\frac{1+z}{1-z}\right| + i\arg\frac{1+z}{1-z}$$
由图 25,当 $z=e^{i\varphi}$ 时易知
$$|1+z| = 2\left|\cos\frac{\varphi}{2}\right| \quad (0<\varphi<2\pi)$$
$$|1-z| = 2\sin\frac{\varphi}{2}$$

分数 $\frac{1+z}{1-z}$ 的辐角等于向量 $\overrightarrow{AM'}(-z-1)$ 和向量 $\overrightarrow{AM}(z-1)$ 所成的角度. 唯当 $z=0$ 时级数(142)之和为零,因此这时角度也应该等于零. 当 z 是 $e^{i\varphi}$ 时这个角所对的弦是圆的直径,故等于 $\pm\frac{\pi}{2}$. 这样就可知道上述两个三角级数之和为
$$\ln\cot\frac{\varphi}{2} = 2\left(\frac{\cos\varphi}{1} + \frac{\cos 3\varphi}{3} + \cdots\right) \quad (0<\varphi<\pi)$$
$$\frac{\pi}{2} = 2\left(\frac{\sin\varphi}{1} + \frac{\sin 3\varphi}{3} + \cdots\right)$$

再注意一件和形式为(139)的三角级数有关的事. 将系数 a_k 分开为实数部分和虚数部分,$a_k = \alpha_k - i\beta_k$,代入式(139),再将整个级数分为实数部分和虚数部分,即得
$$f(z) = \sum_{k=0}^{\infty}(\alpha_k\cos k\varphi + \beta_k\sin k\varphi)\rho^k + i\sum_{k=0}^{\infty}(-\beta_k\cos k\varphi + \alpha_k\sin k\varphi)\rho^k$$
$$\tag{143}$$

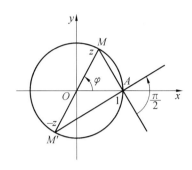

图 25

第二个级数和第一个级数不同的地方只在把 $\cos k\varphi$ 和 $\sin k\varphi$ 的系数互换一下,并且原来 $\sin k\varphi$ 的系数换成 $\cos k\varphi$ 的系数以后,还要再变一个符号. 通常第二个三角级数称为第一个的共轭级数.

注意:当我们把 a_k 分开为实数部分和虚数部分时,为以后的公式比较简单起见,用了一个负号,但这并没有什么紧要的关系,因为实数 β_k 可为正亦可为负.

§26 积分的主值

我们现在转到柯西型积分的极限值的研究. 首先得引进一个和间断函数的积分有关的新概念. 设 $x=c$ 为有限区间 (a,b) 内部一点,$f(x)$ 是这个区间中所定义的函数. 又设对于任意小的 $\varepsilon > 0$,积分

$$\int_a^{c-\varepsilon} f(x)\mathrm{d}x \text{ 和 } \int_{c+\varepsilon}^b f(x)\mathrm{d}x \tag{144}$$

存在. 例如,设 $f(x)$ 在全区间 (a,b) 上为连续,除了点 $x=c$ 以外,又当 $x \to c$ 时,$f(x)$ 非有界. $f(x)$ 在区间 (a,b) 上的广义积分的定义如下:若当 $\varepsilon \to 0^+$ 时,(144) 的两积分都趋向有限极限值,则这两个极限值之和称为 $f(x)$ 在区间 (a,b) 上的积分[Ⅰ,97]. 若两积分各自的极限值不存在,而它们的和当 $\varepsilon \to 0^+$ 时趋向有限极限值,则这个极限值

$$\lim_{\varepsilon \to 0^+} \left[\int_a^{c-\varepsilon} f(x)\mathrm{d}x + \int_{c+\varepsilon}^b f(x)\mathrm{d}x \right]$$

称为 $f(x)$ 在区间 (a,b) 上的积分的主值

$$\text{V.P.} \int_a^b f(x)\mathrm{d}x = \lim_{\varepsilon \to 0^+} \left[\int_a^{c-\varepsilon} f(x)\mathrm{d}x + \int_{c+\varepsilon}^b f(x)\mathrm{d}x \right] \tag{145}$$

这里 V. 和 P. 是法文 Valeur Principale 两字的第一个字母,即中文"主值"的意

思.

以后为简单起见,在积分符号之前不再写 V. P. 两字.定义(145)的特征性质是:在等号右边两个取极限的积分中有同一个趋向 0^+ 的 ε.

当 $f(x)$ 在区间内有若干个不连续点时,和上面完全类似地可以定义积分的主值.当函数 $f(x)$ 在全区间 (a,b) 上通常的广义积分存在时[Ⅰ,97],积分(145)的主值显然和广义积分相等.由(145)的定义,立刻可知常数因子可以拿到积分符号之外来,又有限个项的和的积分等于各项的积分之和,这里每一积分都只要假定在主值的意义之下存在即可.

现在举几个积分主值的简单例子.先看积分

$$\int_a^b \frac{\mathrm{d}t}{(t-x)^p} \tag{146}$$

其中 $a < x < b, p$ 是个正整数.

若 $p > 1$,则有

$$\int_a^{x-\varepsilon} \frac{\mathrm{d}t}{(t-x)^p} + \int_{x+\varepsilon}^b \frac{\mathrm{d}t}{(t-x)^p} =$$
$$-\frac{1}{p-1}\left\{\frac{1}{(b-x)^{p-1}} - \frac{1}{(a-x)^{p-1}} + [(-1)^{p-1}-1]\frac{1}{\varepsilon^{p-1}}\right\}$$

若 p 为偶数,则右边最后一项是 $(-2):\varepsilon^{p-1}$,因此当 $\varepsilon \to 0^+$ 时等式右边无限增大,而积分(146)就不存在;若 p 为奇数,则等式右边不含 ε,故得

$$\int_a^b \frac{\mathrm{d}t}{(t-x)^p} = \frac{1}{1-p}\left[\frac{1}{(b-x)^{p-1}} - \frac{1}{(a-x)^{p-1}}\right] \quad (p \text{ 为奇数})$$

当 $p=1$ 时,有

$$\int_a^{x-\varepsilon} \frac{\mathrm{d}t}{t-x} + \int_{x+\varepsilon}^b \frac{\mathrm{d}t}{t-x} = \ln(x-t)\Big|_{t=a}^{t=x-\varepsilon} + \ln(t-x)\Big|_{t=x+\varepsilon}^{t=b} = \ln\frac{b-x}{x-a}$$

即

$$\int_a^b \frac{\mathrm{d}t}{t-x} = \ln\frac{b-x}{x-a}$$

函数 $\omega(x)$ 称为在区间 (a,b) 上满足指数 α 的李普希兹条件,$0 < \alpha \leqslant 1$.若对区间中任两个值 x_1 和 x_2,下式成立

$$|\omega(x_2) - \omega(x_1)| \leqslant k\,|x_2 - x_1|^\alpha \tag{147}$$

其中 k 是个常数.当 $\alpha=1$ 时这个条件我们早已引用过,并且知道当 $\omega(x)$ 在区间中有有界导数时这个条件一定满足[Ⅱ,51].现在看积分

$$f(x) = \int_a^b \frac{\omega(t)}{t-x}\mathrm{d}t \tag{148}$$

它可以改写为

$$\int_a^b \frac{\omega(t)}{t-x}\mathrm{d}t = \int_a^b \frac{\omega(t)-\omega(x)}{t-x}\mathrm{d}t + \omega(x)\int_a^b \frac{\mathrm{d}t}{t-x}$$

应用条件(147),我们得到右边第一个积分中的被积函数在点 $t=x$ 邻域中的估计

$$\left|\frac{\omega(t)-\omega(x)}{t-x}\right| \leqslant \frac{k}{|t-x|^{1-\alpha}} \tag{149}$$

因此这个积分在通常意义之下为绝对收敛积分[Ⅱ,82].第二个积分等于

$$\omega(x)\ln\frac{b-x}{x-a}$$

这样,如果 $\omega(t)$ 满足李普希兹条件(147),对区间 (a,b) 内部任一 x,积分(148)有意义.因而由等式(148)所定义的函数 $f(x)$ 对于 (a,b) 内部任一 x 也就有意义.作积分

$$\int_a^{x-\varepsilon}\frac{\omega(t)}{t-x}\mathrm{d}t + \int_{x+\varepsilon}^b\frac{\omega(t)}{t-x}\mathrm{d}t \tag{150}$$

当 ε 为正时,若 x 属于任一包含在区间 (a,b) 内部的闭区间,而 t 属于区间 $(a,x-\varepsilon)$ 或 $(x+\varepsilon,b)$,则上两积分中的被积函数都是 t 和 x 的连续函数,从而式(150)就是 x 的连续函数[Ⅱ,80].由等式

$$\frac{\omega(t)}{t-x} = \frac{\omega(t)-\omega(x)}{t-x} + \omega(x)\frac{1}{t-x}$$

及条件(147)不难证明,当 $\varepsilon \to 0^+$ 时,式(150)关于 x 一致地趋向极限值 $f(x)$,故由式(148)所定义的函数 $f(x)$ 是任何包含于 (a,b) 之内的闭区间上的连续函数,简单些说,$f(x)$ 是区间 (a,b) 内部的连续函数.以后我们要证明更准确一些的结果,即若 $\omega(t)$ 满足指数 $\alpha<1$ 的李普希兹条件,则 $f(x)$ 在任何包含于区间 (a,b) 内部的区间中也满足同一指数 α 的李普希兹条件;又若在条件(147)中 $\alpha=1$,则 $f(x)$ 满足任何指数小于 1 的李普希兹条件.

由条件(147)显然得出函数 $\omega(x)$ 的连续性.反之,连续函数却不一定满足李普希兹条件,即李普希兹条件较连续条件为强.还要注意:要使积分(148)在一点 x 存在,只需 $\omega(t)$ 在 x 的某一邻域中满足李普希兹条件,而在区间 (a,b) 的其他部分 $\omega(t)$ 只需为连续或仅可积分就够了.实际上,要使积分(148)存在,只要对所有和 x 相当接近的 t 值,(149)的估计能成立即可.若对 (a,b) 内部每一点 x,可以用一区间遮盖它,在其中李普希兹条件(147)能对适当的 k 和 α 满足,则积分(148)对 (a,b) 内部任一点 x 就必定存在.这时在 (a,b) 内部不同的区间上常数 k 和 α 也可以不同.

现在证明在积分(148)中更换变数的可能性.首先证明一个预备定理:若

如此取 $\eta_1(\varepsilon)$ 和 $\eta_2(\varepsilon)$，使比率 $\eta_1(\varepsilon):\varepsilon$ 和 $\eta_2(\varepsilon):\varepsilon$ 当 $\varepsilon \to 0^+$ 时都趋向零，则

$$\int_a^b \frac{\omega(t)}{t-x}\mathrm{d}t = \lim_{\varepsilon \to 0^+}\left[\int_a^{x-\varepsilon+\eta_1(\varepsilon)} \frac{\omega(t)}{t-x}\mathrm{d}t + \int_{x+\varepsilon+\eta_2(\varepsilon)}^b \frac{\omega(t)}{t-x}\mathrm{d}t\right]$$

要证明这个式子，只需证明

$$\lim_{\varepsilon \to 0^+}\int_{x-\varepsilon}^{x-\varepsilon+\eta_1(\varepsilon)} \frac{\omega(t)}{t-x}\mathrm{d}t = 0 \text{ 和 } \lim_{\varepsilon \to 0^+}\int_{x+\varepsilon}^{x+\varepsilon+\eta_2(\varepsilon)} \frac{\omega(t)}{t-x}\mathrm{d}t = 0$$

今证第一个等式为例。设 $\eta_1(\varepsilon) > 0$，则当 $x-\varepsilon \leqslant t \leqslant x-\varepsilon+\eta_1(\varepsilon)$ 时，$|t-x| \geqslant \varepsilon - \eta_1(\varepsilon)$，因此

$$\left|\int_{x-\varepsilon}^{x-\varepsilon+\eta_1(\varepsilon)} \frac{\omega(t)}{t-x}\mathrm{d}t\right| \leqslant \frac{m \cdot \eta_1(\varepsilon)}{\varepsilon - \eta_1(\varepsilon)} = \frac{m}{1-\frac{\eta_1(\varepsilon)}{\varepsilon}} \cdot \frac{\eta_1(\varepsilon)}{\varepsilon} \to 0$$

其中 m 是 $|\omega(t)|$ 的最大值。若 $\eta_1(\varepsilon) < 0$，则可写

$$\left|\int_{x-\varepsilon}^{x-\varepsilon+\eta_1(\varepsilon)} \frac{\omega(t)}{t-x}\mathrm{d}t\right| \leqslant \frac{m \cdot |\eta_1(\varepsilon)|}{\varepsilon} \to 0$$

同样可证第二个等式。

用这个预备定理易证在积分(148)中更换变数的公式。

定理 设 $t = \mu(\tau)$ 为 τ 的单调增加函数，当 $\alpha \leqslant \tau \leqslant \beta$ 时 t 在区间 (a,b) 中变动，并且 $\mu(\tau)$ 在区间 (α, β) 中有一阶及二阶连续导数，且在这个区间内 $\mu'(\tau) \neq 0$。在这些假设之下，下面的公式成立

$$\int_a^b \frac{\omega(t)}{t-x}\mathrm{d}t = \int_\alpha^\beta \frac{\omega[\mu(\tau)]\mu'(\tau)}{\mu(\tau)-\mu(\xi)}\mathrm{d}\tau \tag{151}$$

其中 $x = \mu(\xi)$，右边的积分取主值的意义。

由积分主值的定义我们作下面两积分的和

$$\int_\alpha^{\xi-\varepsilon} \frac{\omega[\mu(\tau)]\mu'(\tau)}{\mu(\tau)-\mu(\xi)}\mathrm{d}\tau + \int_{\xi+\varepsilon}^\beta \frac{\omega[\mu(\tau)]\mu'(\tau)}{\mu(\tau)-\mu(\xi)}\mathrm{d}\tau \tag{152}$$

记 $\mu(\xi-\varepsilon) = x-\varepsilon'$ 及 $\mu(\xi+\varepsilon) = x+\varepsilon'+\eta$。由泰勒公式

$$\mu(\xi+h) = \mu(\xi) + h\mu'(\xi) + \frac{h^2}{2}\mu''(\xi+\theta h) \quad (0 < \theta < 1)$$

分别置 $h = -\varepsilon$ 及 $+\varepsilon$，得

$$x - \varepsilon' = x - \varepsilon\mu'(\xi) + \frac{\varepsilon^2}{2}\mu''(\xi-\theta_1\varepsilon)$$

$$x + \varepsilon' + \eta = x + \varepsilon\mu'(\xi) + \frac{\varepsilon^2}{2}\mu''(\xi+\theta_2\varepsilon) \quad (0 < \theta_i < 1, i=1,2)$$

由此立刻得

$$\varepsilon' = \varepsilon\left[\mu'(\xi) - \frac{\varepsilon}{2}\mu''(\xi-\theta_1\varepsilon)\right], \eta = \frac{\varepsilon^2}{2}[\mu''(\xi+\theta_2\varepsilon) + \mu''(\xi-\theta_1\varepsilon)]$$

因此当 $\varepsilon' \to 0$ 时比率 $\eta : \varepsilon' \to 0$. 将式(152)中两积分的变数改为 t, 得

$$\int_a^{x-\varepsilon'} \frac{\omega(t)}{t-x} dt + \int_{x+\varepsilon'+\eta}^b \frac{\omega(t)}{t-x} dt$$

由前面的预备定理可知(152)的极限为式(151)左边的积分, 公式(151)即得证. 定理中函数 $\mu(\tau)$ 为单调增加的条件显然也可改为单调减少.

§27 积分的主值(续)

积分的主值这个概念在线积分的情形也可以定义起来. 我们现在只看柯西型积分

$$f(\xi) = \int_L \frac{\omega(\tau)}{\tau - \xi} d\tau \tag{153}$$

这里 L 是复变数 τ 平面上的闭或不闭线路. ξ 是 L 上的点, 若 L 是非闭线路时, ξ 不是 L 的端点. 设 s 表示 L 上从某一点量起的弧长. 以后将假设在 L 的参数方程 $\tau(s) = x(s) + iy(s)$ 中函数 $x(s)$ 和 $y(s)$ 有连续的一阶及二阶导数. 设 $\tau = \xi$ 这点对应于 $s = s_0$. 我们可以定义积分(153)的主值为关于实变数 s 的积分

$$\int_0^l \frac{\omega[\tau(s)]}{\tau(s) - \tau(s_0)} \tau'(s) ds \tag{154}$$

的主值, 其中 l 是 L 的长, 且可设 s_0 在积分区间之内. 和[26]中一样, 可以证明若函数 $\omega(\tau)$ 在 L 上满足李普希兹条件

$$|\omega(\tau_2) - \omega(\tau_1)| \leqslant k |\tau_2 - \tau_1|^\alpha \quad (0 < \alpha \leqslant 1) \tag{155}$$

则积分(153)存在.

应用[26]更换变数定理中已经证明的, 不难知道若在线路的某一参数方程: $\tau(t) = x(t) + iy(t)$ 中函数 $x(t)$ 和 $y(t)$ 有一阶及二阶连续导数, 且 $\tau'(t) \neq 0$, 则由积分(153)的主值可得积分

$$\int_\alpha^\beta \frac{\omega[\tau(t)]}{\tau(t) - \tau(t_0)} \tau'(t) dt$$

的主值, 其中 (α, β) 是参数 t 变动的区间, 又 $t = t_0$ 对应于点 $\tau = \xi$. 若 $\omega(\tau)$ 恒等于 1, 则积分(153)的原函数为 $\ln(\tau - \tau_0)$, 因此当 L 为闭线路时

$$\int_L \frac{d\tau}{\tau - \xi} = \pi i \tag{156}$$

这里我们常设沿闭线路的积分是逆时针方向的. 和直线段的情形一样, 可以证明在条件(155)之下, 式(153)定义一个函数 $f(\xi)$, 当 L 不是闭线路时它在 L 所

有的内点上为连续；当 L 为闭曲线时则在 L 上任一点为连续. 和直线段的情形一样，下面更准确一些的定理成立，这是普里瓦洛夫证明的[①].

当条件(155)成立时，若 $\alpha<1$，则函数 $f(\xi)$ 在闭曲线 L 上满足同一指数 α 的李普希兹条件；若 $\alpha=1$，则满足任何指数小于 1 的李普希兹条件. 若 L 不是闭曲线，则在含于 L 之内任一闭弧上 $f(\xi)$ 也满足上面这些条件.

现在对直线段的情形证明这个定理. 至于线积分，证明完全类似. 首先对李普希兹条件做一点注意. 不难知道李普希兹条件

$$|f(\xi+\Delta\xi)-f(\xi)| \leqslant k |\Delta\xi|^{\alpha} \tag{157}$$

只要对相当小的 $|\Delta\xi|$ 的值能成立即可. 实际上，设(157)当 $|\Delta\xi| \leqslant m$ 时成立，这里 m 是个正常数. 若 $|\Delta\xi| \geqslant m$，则比率

$$\frac{|f(\xi+\Delta\xi)-f(\xi)|}{|\Delta\xi|^{\alpha}}$$

为有界，即

$$|f(\xi+\Delta\xi)-f(\xi)| \leqslant k_1 |\Delta\xi|^{\alpha} \quad (|\Delta\xi| \geqslant m)$$

其中 k_1 是个常数. 在两常数 k_1 和 k 中取大的一个，则对所有可以取的 $\Delta\xi$ 的值，李普希兹条件均成立. 再设 $\beta<\alpha\leqslant 1$，当 $\Delta\xi$ 的模小于 1 时 $|\Delta\xi|^{\beta}>|\Delta\xi|^{\alpha}$，因此若 $f(\xi)$ 满足指数 α 的李普希兹条件，当然也满足指数 β 的李普希兹条件. 设两函数 $f_1(\xi)$ 和 $f_2(\xi)$ 都满足指数 α 的李普希兹条件，易证它们的和与积也满足指数 α 的李普希兹条件. 对两函数的和，由和的模小于或等于模的和一事可知. 对两函数的积，可写

$$f_1(\xi+\Delta\xi)f_2(\xi+\Delta\xi)-f_1(\xi)f_2(\xi)=f_2(\xi+\Delta\xi)[f_1(\xi+\Delta\xi)-f_1(\xi)]+\\f_1(\xi)[f_2(\xi+\Delta\xi)-f_2(\xi)]$$

由此立刻可知它也满足指数 α 的李普希兹条件.

现在回过来证明本定理. 我们有

$$f(\xi)=\int_a^b \frac{\omega(t)}{t-\xi}dt$$

或

$$f(\xi)=\int_a^b \frac{\omega(t)-\omega(\xi)}{t-\xi}dt+\omega(\xi)\ln\frac{b-\xi}{\xi-a}$$

这里 $\omega(t)$ 满足某一指数 α 的李普希兹条件. 设 ξ 是某一含于 (a,b) 之内的区间 I 中的点. 在上式右边第二项中因子 $\omega(\xi)$ 满足指数 α 的李普希兹条件，而第二个

---

① 苏联科学院报告，23 卷 9 期，1939.

因子有有界导数,故满足指数 1 的李普希兹条件.这样它们的积也就满足指数 α 的李普希兹条件,而定理只要对函数

$$\psi(\xi) = \int_a^b \frac{\omega(t) - \omega(\xi)}{t - \xi} dt$$

来证明就好了.这里等式右边是通常的广义积分.我们要估计下面这个积分的模

$$\psi(\xi + \Delta\xi) - \psi(\xi) = \int_a^b \left[\frac{\omega(t) - \omega(\xi + \Delta\xi)}{t - \xi - \Delta\xi} - \frac{\omega(t) - \omega(\xi)}{t - \xi} \right] dt \quad (158)$$

设 $|\Delta\xi|$ 相当小,先从积分的区间中取出一个部分区间 $(\xi - \varepsilon, \xi + \varepsilon)$, $\varepsilon = 2|\Delta\xi|$,来估计在这部分区间上积分(158)的模.应用条件(155),得到下面的估值

$$k \int_{\xi - \varepsilon}^{\xi + \varepsilon} (|t - \xi - \Delta\xi|^{\alpha - 1} + |t - \xi|^{\alpha - 1}) dt$$

上式第二项的积分可写成

$$\int_{\xi - \varepsilon}^{\xi} (\xi - t)^{\alpha - 1} dt + \int_{\xi}^{\xi + \varepsilon} (t - \xi)^{\alpha - 1} dt = \frac{1}{\alpha} (2^\alpha |\Delta\xi|^\alpha + 2^\alpha |\Delta\xi|^\alpha)$$

对第一项的积分可用类似的方法估计,因此积分(158)在区间 $(\xi - \varepsilon, \xi + \varepsilon)$ 上的估值就是 $k_1 |\Delta\xi|^\alpha$,其中 k_1 是个常数.剩下来要估计在两区间 $(a, \xi - \varepsilon)$ 和 $(\xi + \varepsilon, b)$ 上积分(158) 的数值,为此可将被积函数写成下面的形式

$$[\omega(t) - \omega(\xi + \Delta\xi)] \frac{\Delta\xi}{(t - \xi)(t - \xi - \Delta\xi)} - [\omega(\xi + \Delta\xi) - \omega(\xi)] \frac{1}{t - \xi}$$
(159)

应用(155),对上式第二项的积分的模有如下的估值

$$k |\Delta\xi|^\alpha \left| \int_a^{\xi - \varepsilon} \frac{dt}{t - \xi} + \int_{\xi + \varepsilon}^b \frac{dt}{t - \xi} \right| = k \left| \ln \frac{b - \xi}{\xi - a} \right| \cdot |\Delta\xi|^\alpha \leqslant k_2 |\Delta\xi|^\alpha$$

这里 k_2 是个常数.于此应注意当 ξ 在区间 I 中变动时,上式中对数的模为有界.现在再来估计式(159)的第一项在区间 $(a, \xi - \varepsilon)$ 和 $(\xi + \varepsilon, b)$ 上面的积分.我们只要估计第一个区间上的积分即可,在第二个区间上可以完全相仿地去做.由式(155),对式(159)的第一项有如下的估值

$$\left| [\omega(t) - \omega(\xi + \Delta\xi)] \frac{\Delta\xi}{(t - \xi)(t - \xi - \Delta\xi)} \right| \leqslant k \frac{|\Delta\xi|}{|t - \xi| \cdot |t - \xi - \Delta\xi|^{1 - \alpha}} = k \frac{|\Delta\xi|}{|t - \xi|^{2 - \alpha} \left| 1 - \frac{\Delta\xi}{t - \xi} \right|^{1 - \alpha}}$$

当 t 在区间 $(a, \xi - \varepsilon)$ 中变动时有 $\xi - t \geqslant \varepsilon$,即 $\xi - t \geqslant 2|\Delta\xi|$,因此

$$|\Delta\xi| : |t - \xi| \leqslant \frac{1}{2}$$

从而
$$\left|1-\frac{\Delta\xi}{t-\xi}\right|\geqslant\frac{1}{2}$$

这样,当 t 在区间 $(a,\xi-\varepsilon)$ 中变动时,式(159)第一项的模不大于
$$\frac{2^{1-\alpha}k\mid\Delta\xi\mid}{(\xi-t)^{2-\alpha}}\quad(\xi-t>0)$$

而这一项的积分的模就有下面的估值
$$2^{1-\alpha}k\mid\Delta\xi\mid\int_a^{\xi-\varepsilon}\frac{\mathrm{d}t}{(\xi-t)^{2-\alpha}} \tag{159'}$$

若 $\alpha<1$,则得所需的估值
$$\frac{2^{1-\alpha}k}{1-\alpha}\mid\Delta\xi\mid\left[-\frac{1}{(\xi-a)^{1-\alpha}}+\frac{1}{2^{1-\alpha}\mid\Delta\xi\mid^{1-\alpha}}\right]\leqslant\frac{k}{1-\alpha}\mid\Delta\xi\mid^\alpha$$

因此当 $\alpha<1$ 时所需式(158)的估值已经得到.若 $\alpha=1$,则估值(159')呈下之形式
$$k\mid\Delta\xi\mid[\ln(\xi-a)-\ln(2\mid\Delta\xi\mid)]$$

所以当 $\alpha=1$ 时式(158)的估值为
$$k_3\mid\Delta\xi\mid+k_4\mid\Delta\xi\mid\ln\frac{1}{\mid\Delta\xi\mid}$$

其中 k_3 和 k_4 是常数.记住当 $\Delta\xi\to 0$ 时, $\ln\dfrac{1}{\mid\Delta\xi\mid}$ 比任何 $\mid\Delta\xi\mid$ 的负幂都增加得慢,所以可写
$$k_3\mid\Delta\xi\mid+k_4\mid\Delta\xi\mid\ln\frac{1}{\mid\Delta\xi\mid}\leqslant k_5\mid\Delta\xi\mid^\beta$$

其中 β 是任一大于零而小于 1 的数,而定理对 $\alpha=1$ 的情形也得证明.

现在要研究当点 ξ 接近于直线段的端点,例如当 $\xi\to a$ 时,函数 $f(\xi)$ 的行为是怎样的.如前我们假设 $\omega(t)$ 在整个闭区间 (a,b) 上满足指数 α 的李普希兹条件.先设 $\omega(a)=0$,这时对 $t<a$ 的值,可以将函数用零延拓出去,即当 $t<a$ 时置 $\omega(t)=0$.于是 $\omega(t)$ 就在直线段 (a_1,b) 上有定义, $a_1<a$,且李普希兹条件并不因延拓而破坏.积分
$$\int_{a_1}^b\frac{\omega(t)}{t-\xi}\mathrm{d}t=\int_a^b\frac{\omega(t)}{t-\xi}\mathrm{d}t$$

仍旧定义以前的函数 $f(\xi)$.又因点 $t=a$ 在直线段 (a_1,b) 之内,由前已证,可知当 $b_1<b$ 时, $f(\xi)$ 在任一直线段 (a,b_1) 上满足指数 α(设 $\alpha<1$)的李普希兹条件.现在再设 $\omega(a)\neq 0$.

可写
$$f(\xi)=\int_a^b\frac{\omega(t)-\omega(a)}{t-\xi}\mathrm{d}t+\omega(a)\int_a^b\frac{\mathrm{d}t}{t-\xi}$$

在第一个积分里面,当 $t=a$ 时分子等于零,因此这个积分定义一函数满足指数 α 的李普希兹条件,直到点 $\xi=a$ 为止.而第二项在[26]中已知等于
$$\omega(a)\ln(b-\xi)-\omega(a)\ln(\xi-a)$$
上式中的被减数满足指数 1 的李普希兹条件,直到点 $\xi=a$ 为止.

因此,最后在 $\xi=a$ 的邻域中函数 $f(\xi)$ 呈下面的形式
$$-\omega(a)\ln(\xi-a)+f_1(\xi)$$
其中 $f_1(\xi)$ 满足指数 α 的李普希兹条件,直到点 $\xi=a$ 为止.相仿地,对端点 $\xi=b$ 可得
$$\omega(b)\ln(b-\xi)+f_2(\xi)$$
其中 $f_2(\xi)$ 满足李普希兹条件直到点 $\xi=b$ 为止.

$f(\xi)$ 在直线段端点邻近的行为还可以在 $\omega(t)$ 的更一般假设之下来研究.下面只举一些结果,其证明可在模斯舍李舒维尔的书《特异积分方程》中找到,其中包括关于柯西型积分的详细而有带头性的研究.

定理 设 $\omega(t)$ 在 (a,b) 之内任一闭线段 (a',b') 上满足指数 α 的李普希兹条件(147),这时常数 k 可因线段 (a',b') 的选择而变(当 $a'\to a$ 或 $b'\to b$ 时,k 可无限增大),又设在端点 a 和 b 的邻近,函数 $\omega(t)$ 呈下面的形式
$$\omega(t)=\frac{\omega^*(t)}{(t-c)^\gamma} \tag{160}$$
其中 c 代表 a 或 b,$\gamma=\gamma_1+\mathrm{i}\gamma_2(\gamma\neq 0)$,而 $0\leqslant\gamma_1<1$,又 $\omega^*(t)$ 满足某一李普希兹条件直到点 $t=c$ 为止.在这些假设之下,可证若 $\alpha<1$,$f(\xi)$ 在 (a,b) 之内任一闭线段上满足指数 α 的李普希兹条件;若 $\alpha=1$,满足任何指数小于 1 的李普希兹条件;又在 $\xi=c$ 的邻域中呈下之形式
$$f(\xi)=\pm\pi\cot\gamma\pi\frac{\omega^*(c)}{(\xi-c)^\gamma}+f_1(\xi)$$
这时若 $\gamma_1=0$,则 $f_1(\xi)$ 满足某一李普希兹条件直到点 $\xi=0$ 为止;若 $\gamma_1\neq 0$,则
$$f_1(\xi)=\frac{f^*(\xi)}{|\xi-c|^{\gamma_0}}$$
其中 $f^*(\xi)$ 满足李普希兹条件直到点 $\xi=c$ 为止,又 $\gamma_0<\gamma$.当 $c=a$ 时 $f(\xi)$ 的表示式中第一项取"+"号,当 $c=b$ 时取"−"号.若直线段改为任一相当光滑的,以 $t=a$ 和 $t=b$ 为端点的弧时,这些结果也一样成立,但那时积分变数应该是复变数 t 了.

注意:若 $\gamma=0$,前面已证的结果
$$f(\xi)=\pm\omega(c)\ln\frac{1}{\xi-c}+f_1(\xi)$$

成立,其中 $f_1(\xi)$ 满足李普希兹条件直到点 $\xi=c$ 为止.

§28 柯西型积分

现在我们看柯西型积分[8]

$$F(z)=\frac{1}{2\pi i}\int_L \frac{\omega(\tau)}{\tau-z}d\tau \tag{161}$$

其中 z 不在 L 之上. 若 L 为闭线路, 这个积分定义两个不同的正则函数, 一在 L 之内, 一在 L 之外. 若 L 不是闭线路, 则 $F(z)$ 在 L 以外为正则. 在两种情形下都是 $F(\infty)=0$. 若 $z=\xi$ 在线路 L 之上, 则积分(161)取主值, 且可改写为下面的形式

$$\frac{1}{2\pi i}\int_L \frac{\omega(\tau)}{\tau-\xi}d\tau=\frac{\omega(\xi)}{2\pi i}\int_L \frac{d\tau}{\tau-\xi}+\frac{1}{2\pi i}\int_L \frac{\omega(\tau)-\omega(\xi)}{\tau-\xi}d\tau$$

由式(156)有

$$\frac{1}{2\pi i}\int_L \frac{\omega(\tau)}{\tau-\xi}d\tau=\frac{1}{2}\omega(\xi)+\frac{1}{2\pi i}\int_L \frac{\omega(\tau)-\omega(\xi)}{\tau-\xi}d\tau \tag{162}$$

首先设 L 为闭线路而证明下面的定理: 若 z 趋向 L 上一点 ξ 为极限, 则积分(161)的极限值为

$$\pm\frac{1}{2}\omega(\xi)+\frac{1}{2\pi i}\int_L \frac{\omega(\tau)}{\tau-\xi}d\tau \tag{163}$$

这里当 $z\to\xi$ 从 L 内部时取"+"号, 当 $z\to\xi$ 从 L 外部时取"-"号. 先看 z 从 L 内部趋向 ξ 的情形. 积分(161)可以改写为

$$\frac{1}{2\pi i}\int_L \frac{\omega(\tau)}{\tau-z}d\tau=\frac{\omega(\xi)}{2\pi i}\int_L \frac{d\tau}{\tau-z}+\frac{1}{2\pi i}\int_L \frac{\omega(\tau)-\omega(\xi)}{\tau-z}d\tau$$

或

$$\frac{1}{2\pi i}\int_L \frac{\omega(\tau)}{\tau-z}d\tau=\omega(\xi)+\frac{1}{2\pi i}\int_L \frac{\omega(\tau)-\omega(\xi)}{\tau-z}d\tau \tag{164}$$

研究两积分之差

$$\frac{1}{2\pi i}\int_L \frac{\omega(\tau)-\omega(\xi)}{\tau-z}d\tau-\frac{1}{2\pi i}\int_L \frac{\omega(\tau)-\omega(\xi)}{\tau-\xi}d\tau=$$
$$\frac{1}{2\pi i}\int_L \frac{\omega(\tau)-\omega(\xi)}{\tau-\xi}\cdot\frac{z-\xi}{\tau-z}d\tau \tag{165}$$

在 L 上点 ξ 的两边各截下一小段弧, 其长各为 η. 由这两段弧所构成的线路记为 $L_1, L-L_1=L_2$, 记式(165)两积分之差为 Δ, 则有

$$\Delta = \frac{1}{2\pi i}\int_{L_1} \frac{\omega(\tau)-\omega(\xi)}{\tau-\xi} \cdot \frac{z-\xi}{\tau-z}d\tau + \frac{1}{2\pi i}\int_{L_2} \frac{\omega(\tau)-\omega(\xi)}{\tau-\xi} \cdot \frac{z-\xi}{\tau-z}d\tau \quad (166)$$

设 z 沿 L 的法线趋向极限 ξ. 这时 z 和 ξ 的距离就小于 z 和 L 上其他诸点的距离, 即

$$|z-\xi| \leqslant |\tau-z|$$

此外, 由 $\tau(s)=x(s)+iy(s)$ 有

$$d\tau = [x'(s)+iy'(s)]ds \text{ 和 } |x'(s)+iy'(s)|=1$$

用通常的方法估计式(166) 的第一个积分, 得

$$\left|\frac{1}{2\pi i}\int_{L_1}\frac{\omega(\tau)-\omega(\xi)}{\tau-\xi}\cdot\frac{z-\xi}{\tau-z}d\tau\right| \leqslant \frac{k}{2\pi}\int_{s_0-\eta}^{s_0+\eta}\frac{ds}{|\tau(s)-\tau(s_0)|^{1-\alpha}}$$

其中 $s=s_0$ 对应于点 $\tau=\xi$. 因为弦长 $|\tau(s)-\tau(s_0)|$ 和弧长 $|s-s_0|$ 之比趋向极限 1, 可知上式后面的积分为收敛. 因此对任一已给正数 ε, 可取 η 如此之小, 使沿 L_1 的积分的模小于 $\frac{\varepsilon}{2}$. 这样固定了 η 之后, 沿 L_2 的就是一个常义积分, 其中 $|\tau-\xi|$ 和 $|\tau-z|$ 都大于某一固定的正数. 因此对于所有和 ξ 相当接近的 z, 可使这个积分的模小于 $\frac{\varepsilon}{2}$. 但 ε 是任意的, 故式(166) 中的 Δ 趋向零. 当 z 沿法线趋向 ξ 时, 即

$$\lim_{z\to\xi}\frac{1}{2\pi i}\int_L\frac{\omega(\tau)-\omega(\xi)}{\tau-z}d\tau = \frac{1}{2\pi i}\int_L\frac{\omega(\tau)-\omega(\xi)}{\tau-\xi}d\tau$$

或由式(156)

$$\lim_{z\to\xi}\frac{1}{2\pi i}\int_L\frac{\omega(\tau)-\omega(\xi)}{\tau-z}d\tau = \frac{1}{2\pi i}\int_L\frac{\omega(\tau)}{\tau-\xi}d\tau - \frac{1}{2}\omega(\xi)$$

由式(164)即得所需的结果

$$\lim_{z\to\xi}\frac{1}{2\pi i}\int_L\frac{\omega(\tau)}{\tau-z}d\tau = \frac{1}{2}\omega(\xi) + \frac{1}{2\pi i}\int_L\frac{\omega(\tau)}{\tau-\xi}d\tau \quad (167)$$

当 z 从 L 外部趋向 ξ 时, 证明几乎完全一样, 但需要注意

$$\frac{1}{2\pi i}\int_L\frac{d\tau}{\tau-z} = \begin{cases} 1 & (\text{若 } z \text{ 在 } L \text{ 之内}) \\ 0 & (\text{若 } z \text{ 在 } L \text{ 之外}) \end{cases} \quad (168)$$

直到现在我们都假设 z 沿法线趋向 ξ. 可以证明当 z 以任意方式趋向 ξ 时式(167) 仍旧成立. 为此只需证明当 z 沿法线趋向 L 上的极限点时, 积分(161) 趋向极限(163) 时关于 L 上的点 ξ 是一致的. 现在只看 L 为圆周 $|z|=1$ 的情形. 首先仍设 z 沿法线趋向 ξ. 这时 $\tau=e^{i\varphi}, \xi=e^{i\varphi_0}$ 及 $ds=d\varphi$. 不难证明若 $0\leqslant x\leqslant \frac{\pi}{2}$, 则 $\sin x \geqslant \frac{2}{\pi}x$. 由此可知

$$|\tau-\xi|=2\sin\frac{|\varphi-\varphi_0|}{2}\geqslant\frac{2}{\pi}|\varphi-\varphi_0| \quad (|\varphi-\varphi_0|<\pi)$$

故沿 L_1 的积分的模小于

$$\frac{k}{2\pi}\int_{\varphi_0-\eta}^{\varphi_0+\eta}\frac{\pi^{1-\alpha}\mathrm{d}\varphi}{2^{1-\alpha}|\varphi-\varphi_0|^{1-\alpha}}=\frac{k}{2^{1-\alpha}\pi^\alpha}\int_{\varphi_0}^{\varphi_0+\eta}\frac{\mathrm{d}\varphi}{(\varphi-\varphi_0)^{1-\alpha}}=\frac{k\eta^\alpha}{2^{1-\alpha}\pi^\alpha\alpha}$$

在 L_2 上若 z 相当接近于 ξ,则得

$$|\tau-\xi|>\frac{1}{2}\sin\eta,\ |\tau-z|>\frac{1}{2}\sin\eta,\ |\omega(\tau)-\omega(\xi)|\leqslant 2M$$

这里 M 是 $|\omega(\tau)|$ 在 L 上的最大值.设 $\delta=|z-\xi|$,得

$$\left|\frac{1}{2\pi\mathrm{i}}\int_{L_2}\frac{\omega(\tau)-\omega(\xi)}{\tau-\xi}\cdot\frac{z-\xi}{\tau-z}\mathrm{d}\tau\right|\leqslant\frac{1}{2\pi}\cdot\frac{8M\delta}{\sin^2\eta}(2\pi-2\eta)\leqslant\frac{8M\delta}{\sin^2\eta}$$

所以最后

$$|\Delta|\leqslant\frac{k\eta^\alpha}{2^{1-\alpha}\pi^\alpha\alpha}+\frac{8M}{\sin^2\eta}\delta$$

先取 η 如此小,使上式右边第一项小于 $\frac{\varepsilon}{2}$,η 固定以后,再取 $\delta<(\varepsilon\sin^2\eta)\div(16M)$,则第二项也小于 $\frac{\varepsilon}{2}$.在这个估值中没有 ξ,因此当 z 沿法线趋向圆周时,式(166)中的 Δ 趋向零,关于 ξ 是一致的.从而式(167)中的极限法也一致地关于 ξ 成立.由此可知式(167)右边和式(161)的积分都是 ξ 的连续函数[Ⅰ,145].在[26]中我们已说过,这个函数满足李普希兹条件.

记式(167)右边为 $\omega_1(\xi)$,并且设 z 以任意方式趋向极限 ξ.设 ξ' 为圆周上的变动点,它常和 z 在同一半径上.显然有 $\xi'\to\xi$ 及 $|z-\xi'|\to0$.应用前面已证关于式(167)中极限法的一致性,可知对任一已给的正数 ε 以及所有和 ξ 相当接近的 z,有

$$\left|\frac{1}{2\pi\mathrm{i}}\int_L\frac{\omega(\tau)}{\tau-z}\mathrm{d}\tau-\omega_1(\xi')\right|<\frac{\varepsilon}{2}$$

另一方面,对所有和 ξ 相当接近的 z,由 $\omega_1(\xi)$ 的连续性有

$$|\omega_1(\xi)-\omega_1(\xi')|<\frac{\varepsilon}{2}$$

因此,对所有和 ξ 相当接近的 z

$$\left|\frac{1}{2\pi\mathrm{i}}\int_L\frac{\omega(\tau)}{\tau-z}\mathrm{d}\tau-\omega_1(\xi)\right|<\varepsilon$$

因为 ξ 是 L 上任意一点,这就证明了式(167)中的极限法对于以任意方式由内部趋向 ξ 的 z 都成立,并且关于 ξ 是一致的.换句话说,由积分(161)在圆周内部所定义的 $F(z)$ 是其中的连续函数,直到圆周之上仍为连续.这时它在圆周上的

极限值由式(167)决定. 当 z 从圆的外部趋向圆周时一样可以证明我们所需要的结果.

柯西型积分的这种性质对于参变函数 $x(s)$ 和 $y(s)$ 满足[27]中的假设的任一闭线路 L 也一样可以证明, 并且即使 L 有有限个角点也无妨. 设 M 是 L 的一个角点, 当沿 L 逆时针方向进行时切线在点 M 转了一个角度 $\pi\theta$, 其中 $-1 < \theta < +1$. 这时不难知道在式(156)右边不是 πi, 而是 $(1-\theta)\pi i$, 从而在点 M 代替式(163)应有

$$\pm \frac{1 \pm \theta}{2}\omega(\xi) + \frac{1}{2\pi i}\int_L \frac{\omega(\tau)}{\tau - \xi}d\tau ^{①}$$

这里第一项中应同时取正号或同时取负号.

若以 $F_i(\xi)$ 和 $F_e(\xi)$ 表示式(161)在 L 内部和 L 外部所定义的函数在 L 上的极限值, 则由前面已证明的定理, 可写

$$\begin{cases} F_i(\xi) = \dfrac{1}{2}\omega(\xi) + \dfrac{1}{2\pi i}\int_L \dfrac{\omega(\tau)}{\tau-\xi}d\tau \\ F_e(\xi) = -\dfrac{1}{2}\omega(\xi) + \dfrac{1}{2\pi i}\int_L \dfrac{\omega(\tau)}{\tau-\xi}d\tau \end{cases} \tag{169}$$

对非闭线路可以证明完全类似的定理. 现在只看实轴上的有限线段 (a, b)

$$F(z) = \frac{1}{2\pi i}\int_a^b \frac{\omega(t)}{t-z}dt \tag{170}$$

若 $\omega(t)$ 恒等于 1, 则代替(168)应有

$$\frac{1}{2\pi i}\int_a^b \frac{dt}{t-z} = \frac{1}{2\pi i}\ln\frac{b-z}{a-z} \tag{171}$$

其中对数的值应如此选取, 使在点 $z = \infty$ 为零. 若 ξ 在线段 (a, b) 之内, 则代替式(156)应有

$$\frac{1}{2\pi i}\int_a^b \frac{dt}{t-\xi} = \frac{1}{2\pi i}\ln\frac{b-\xi}{\xi-a}$$

其中对数取实值. 逐字重复以前的理论, 可得

$$\lim_{z \to \xi}\frac{1}{2\pi i}\int_a^b \frac{\omega(t)}{t-z}dt = \frac{\omega(\xi)}{2\pi i}\left[\ln\frac{b-z}{a-z}\bigg|_{z\to\xi} - \ln\frac{b-\xi}{\xi-a}\right] + \frac{1}{2\pi i}\int_a^b \frac{\omega(t)}{t-\xi}dt$$

当 z 从线段 (a, b) 以上或以下趋向 ξ 时, 函数(171)有不同的极限值, 即

$$\ln\frac{b-z}{a-z}\bigg|_{z\to\xi} = \ln\frac{b-\xi}{\xi-a} \pm \pi i$$

这里当 z 从实轴以上趋向 ξ 时取 "+" 号, 从实轴以下趋向 ξ 时取 "-" 号. 当积分

---

① 普里瓦洛夫, 苏联科学院报告, 23 卷 9 期.

路线从 a 到 b 时上半平面在它的左边,因此 z 从上面趋向 ξ 恰如在闭曲线的情形 z 从内部趋向曲线上的点一般.同样,z 从下面趋向 ξ 恰如 z 从闭曲线的外部趋向曲线上的点一般.设以 $F_i(\xi)$ 和 $F_e(\xi)$ 表示当 z 依上述两种方式趋向 ξ 时函数(170)的极限值,和(169)两式类似,可得

$$F_i(\xi) = \frac{1}{2}\omega(\xi) + \frac{1}{2\pi i}\int_a^b \frac{\omega(t)}{t-\xi}dt, F_e(\xi) = -\frac{1}{2}\omega(\xi) + \frac{1}{2\pi i}\int_a^b \frac{\omega(t)}{t-\xi}dt \quad (172)$$

若 $\omega(t)$ 在线段 (a,b) 上满足[27]最后面所说的条件,又在端点邻近呈(160)的形式,则对所有和线段端点相当接近的点 z,下面的命题成立(参看模斯舍李舒维尔的书).

1. 若 $\gamma = 0$,则

$$F(z) = \pm \frac{\omega(c)}{2\pi i}\ln\frac{1}{z-c} + F_0(z)$$

这里当 $c=a$ 时取"+"号,当 $c=b$ 时取"-"号.又 $F_0(z)$ 为有界函数,当 $z \to c$ 时有一定的极限值.$\ln(z-c)$ 可取在带有割线 (a,b) 的平面上点 $z=c$ 邻近为单值的任一支叶.

2. 若 $\gamma = \gamma_1 + i\gamma_2 \neq 0$,则

$$F(z) = \pm \frac{e^{\pm \gamma\pi i}}{2i\sin\gamma\pi} \cdot \frac{\omega^*(c)}{(z-c)^\gamma} + F_0(z)$$

这里正负号的取法如前,$(z-c)^\gamma$ 可取在带有割线 (a,b) 的平面上点 $z=c$ 邻近为单值的那一支叶,它在割线的上(左)岸取式(160)中 $(t-c)^\gamma$ 所取的数值.进而,$F_0(z)$ 具有下面的性质:若 $\gamma_1 = 0$,则 $F_0(z)$ 有界,且当 $z \to 0$ 时有一定的极限值;但若 $\gamma_1 > 0$,则

$$|F_0(z)| < \frac{c}{|z-c|^{\gamma_0}}$$

其中 c 和 γ_0 是常数,而 $\gamma_0 < 1$.应用勒贝格积分的概念,可以对任一可和函数 $\omega(t)$ 及更一般的线路来研究柯西型积分的值(参看普里瓦洛夫《柯西积分》,1918).

注意一个特别情形.若 $\omega(\tau)$ 是某一在闭线路 L 的内部为正则,直到 L 为连续的函数在 L 上的极限值,又 $\omega(\tau)$ 满足李普希兹条件,则 $F_i(\xi) = \omega(\xi)$,而(169)的第一式表明 $\omega(\tau)$ 应该是第二类齐次积分方程

$$\omega(\xi) = \frac{1}{\pi i}\int_L \frac{\omega(\tau)}{\tau-\xi}d\tau \quad (173)$$

的解.如前设 L 为单闭曲线.积分

$$\frac{1}{2\pi i}\int_L \frac{\omega(\tau)}{\tau-\xi}d\tau \quad (174)$$

的主值将任一已给在 L 上满足李普希兹条件的函数 $\omega(\tau)$ 变为另一函数 $\omega_1(\xi)$，在 L 上定义且满足李普希兹条件. 换句话说，积分(174) 可视为施于函数 $\omega(\tau)$ 上的一种变换或运算. 对如此得到的函数 $\omega_1(\xi)$ 我们可以再施行一次这种具柯西核的运算. 这时下面的公式成立

$$\frac{1}{2\pi i}\int_L \frac{1}{\xi-\eta}\left[\frac{1}{2\pi i}\int_L \frac{\omega(\tau)}{\tau-\xi}d\tau\right]d\xi=\frac{1}{4}\omega(\eta) \tag{175}$$

换句话说，施行两次具柯西核的变换以后，我们仍旧得到始函数 $\omega(\tau)$，但带有系数 $\frac{1}{4}$. 要证明式(175)，可将(169)的第一式改写为

$$\frac{1}{2\pi i}\int_L \frac{\omega(\tau)}{\tau-\xi}d\tau=F_i(\xi)-\frac{1}{2}\omega(\xi) \tag{176}$$

上式右边表示对函数 $\omega(\tau)$ 施行一次具柯西核的变换所得的结果. 现在再对上式右边施行一次具柯西核的变换，得

$$\frac{1}{2\pi i}\int_L \frac{F_i(\xi)-\frac{1}{2}\omega(\xi)}{\xi-\eta}d\xi \tag{177}$$

这里 η 是 L 上的点，并且如前积分是取主值的. 因为 $F_i(\xi)$ 表示 L 内部的正则函数在 L 上的极限值，由(173) 应有

$$\frac{1}{2\pi i}\int_L \frac{F_i(\xi)}{\xi-\eta}d\xi=\frac{1}{2}F_i(\eta)$$

另一方面，由(176)

$$\frac{1}{2\pi i}\int_L \frac{\frac{1}{2}\omega(\xi)}{\xi-\eta}d\xi=\frac{1}{2}F_i(\eta)-\frac{1}{4}\omega(\eta)$$

因此最后积分(177)等于 $\omega(\eta)$ ：4，即(175)的公式成立.

保角变换和平面场

第 2 章

§ 29 保角变换

在这一章里面我们要看看复变数函数论在平面流体力学、静电学和弹性学上的一些应用.因为保角变换在这方面最常被用到,所以我们先来仔细研究研究它.关于正则变换的基本性质,我们已在[3]和[20]中说过一些.在导数不等于零的点和导数等于零的点,这种变换的性质是有所不同的.在第一种点的地方角度保持不变,而如[23]所述,在第二种点的地方角度经变换后增大.今设

$$w = f(z) \tag{1}$$

为正则函数,将区域 B 保角地变换为区域 B_1.若 $f'(z)$ 在 B 中无零点,则 B_1 无支点,但仍可能为多叶的,即可能自己重叠.设 l 为区域 B 中一曲线,$\varphi(s)$ 为 l 上所定义的函数,试看线积分

$$\int_l \varphi(s) \mathrm{d}s$$

这里 $\mathrm{d}s$ 是曲线 l 的单元.经过变换(1)以后,l 变为 B_1 中之曲线 l_1,而 l_1 的单元 $\mathrm{d}s_1 = |f'(z)| \mathrm{d}s$,因为 $|f'(z)|$ 表示线性度量经过变换 $f(z)$ 以后所起的变化[3].

设式(1)的反函数是

$$z = F(w) \tag{2}$$

则显然有 $F'(w) = \dfrac{1}{f'(z)}$，因此可记 $\mathrm{d}s = |F'(w)| \mathrm{d}s_1$，而前面的线积分经过这个变换后就成为

$$\int_l \varphi(s) \mathrm{d}s = \int_{l_1} \varphi(s_1) |F'(w)| \mathrm{d}s_1 \tag{3}$$

同样地，因为 $|f'(z)|^2$ 表示面积度量经过保角变换 $f(z)$ 以后所起的变化，对于二重积分我们就有下面的公式

$$\iint_B \varphi(z) \mathrm{d}\sigma = \iint_{B_1} \varphi_1(w) |F'(w)|^2 \mathrm{d}\sigma_1 \tag{4}$$

而对于面积单元则有下式

$$\mathrm{d}\sigma_1 = |f'(z)|^2 \mathrm{d}\sigma \tag{5}$$

设将式(1)分成实数部分和虚数部分

$$w = f(z) = u(x,y) + \mathrm{i}v(x,y) \tag{6}$$

则易知 $|f'(z)|^2$ 等于函数 $u(x,y)$ 和 $v(x,y)$ 关于变数 x 和 y 的函数行列式。实际上，这个行列式就是

$$\frac{D(u,v)}{D(x,y)} = \frac{\partial u}{\partial x}\frac{\partial v}{\partial y} - \frac{\partial u}{\partial y}\frac{\partial v}{\partial x}$$

或由柯西－黎曼方程

$$\frac{D(u,v)}{D(x,y)} = \left(\frac{\partial u}{\partial x}\right)^2 + \left(\frac{\partial v}{\partial x}\right)^2$$

而这恰好就等于导数 $f'(z)$ 的模的平方

$$|f'(z)|^2 = \left|\frac{\partial u}{\partial x} + \mathrm{i}\frac{\partial v}{\partial x}\right|^2 = \left(\frac{\partial u}{\partial x}\right)^2 + \left(\frac{\partial v}{\partial x}\right)^2$$

现在看 $z = x + \mathrm{i}y$ 平面上的两个曲线族

$$u(x,y) = C_1, \quad v(x,y) = C_2 \tag{7}$$

这里 C_1 和 C_2 是任意常数。在 $w = u + \mathrm{i}v$ 平面上，它们对应于平行于坐标轴的直线 $u = C_1$ 和 $v = C_2$，故借变换(2)可由平行于坐标轴的直线网得到曲线族(7)。由此可知(7)中任两个不属于同一族的曲线必定互相正交，除了在使 $f'(z)$ 为零的点以外。反之，若于方程

$$u = u(x,y), \quad v = v(x,y)$$

的右边设 $x = C_1$ 或 $y = C_2$，C_1 和 C_2 为任意常数，则在 $w = u + \mathrm{i}v$ 平面上得到两个互相正交的曲线族。这种曲线网是由 z 平面上平行于坐标轴的直线网借变换(1)而得到的。这两个网通常称为等温网，在以后的讨论中将占很重要的地位。现在来解释一下这样定名的理由。我们知道一个正则函数的实数部分 $u(x,$

y)（或虚数部分）应该满足拉普拉斯方程[2]

$$\frac{\partial^2 u(x,y)}{\partial x^2} + \frac{\partial^2 u(x,y)}{\partial y^2} = 0$$

但在稳定热流的理论中[Ⅱ,117]，温度也满足这个方程，那时我们假定是平面热流，即温度 u 不依赖于某一坐标时的情形. 这样把函数 $u(x,y)$ 当作热流中的温度看，式(7)中的第一个曲线族就是等温曲线族，而这也就是等温网这个名词的由来. 式(7)中的第二个曲线族和第一个曲线族正交，乃是我们在[Ⅱ,117]中称为热流向量所构成的向量曲线族.

在变换(1)之下，两曲线 $u(x,y)=u_0$ 和 $u(x,y)=u_1$ 变为平行于坐标轴 $u=0$ 的直线 $u=u_0$ 和 $u=u_1$，而两曲线之间的区域 B 则变为两直线之间的带域. 由等温网中四条曲线所围成的弯曲四边形经变换(1)以后成为一长方形，由平行于坐标轴的四条直线

$$u=u_0, u=u_1, v=v_0, v=v_1$$

所围成(图 26).

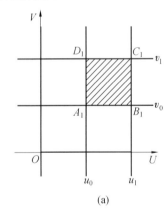
(a)

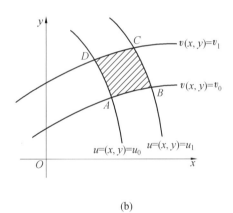
(b)

图 26

在举实例以前，对于保角变换还有一点要说的，就是由正则函数 $f(z)$ 所产生的变换，在导数不等于零的点不但角度的大小不变，并且方向也不变. 但有时我们也要遇到一种保持角度的大小而变换其方向的保角变换，通常称为第二类保角变换. 例如关于实轴的对称变换显然是第二类保角变换(图 27). 这个变换可写为 $w=\bar{z}$. 一般地，若 $f(z)$ 是区域 B 中的正则函数，则

$$w=f(\bar{z}) \tag{8}$$

是在和 B 关于实轴为对称的区域 B_1 中所定义的第二类保角变换. 事实上，由 z 到 $\bar{z}$ 时，B_1 变为 B，变换保持角度的大小而变其方向. 由 $\bar{z}$ 到 $f(\bar{z})$ 的变换则同时

保持角度的大小和方向不变,因此结果所得由 z 到 w 的变换是第二类保角变换.

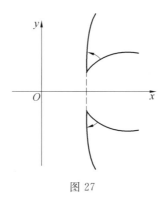

图 27

§30 线性变换

现在举一个保角变换最简单的例子,即线性函数
$$w = az + b \tag{9}$$
由此
$$z = \frac{1}{a}w - \frac{b}{a}$$

这个函数将全平面连无限远点在内变为它自己,且无限远点仍变为无限远点. 特别地,当 $a=1$ 时,函数 $w=z+b$ 表示全平面沿着从原点到复数 b 的向量的平行移动. 另一特别情形是 $b=0, a=\mathrm{e}^{\mathrm{i}\psi}$($\psi$ 为一实数),函数 $w=\mathrm{e}^{\mathrm{i}\psi}z$ 表示将 z 的辐角增加一个角度 ψ,而这显然就是将全平面绕着原点转一角度 ψ. 一般地,平面作为一个整体的运动可由旋转和平行移动合并得之
$$w = \mathrm{e}^{\mathrm{i}\psi}z + b \tag{10}$$

若 $a=\mathrm{e}^{\mathrm{i}\psi} \neq 1$,即变换不是纯粹的平行移动,则由式(10)不难决定这个变换之下的不变点. 这种点的坐标应满足方程
$$z_0 = \mathrm{e}^{\mathrm{i}\psi}z_0 + b$$
因此
$$z_0 = \frac{b}{1-\mathrm{e}^{\mathrm{i}\psi}}$$

易证变换(10)可写成下面的形式
$$w - z_0 = \mathrm{e}^{\mathrm{i}\psi}(z - z_0)$$

即一般的平面运动(10)可看作这个平面绕着 z_0 这点旋转角度 ψ. 注意：无限远点也是变换(10)之下的不变点.

现在再看线性变换(9)中系数 a 的模不等于1的情形. 当 $b=0$ 时, 设 a 的模为 ρ, 辐角为 ψ, 则
$$w = \rho e^{i\psi} z$$

这个变换将从原点到点 z 的向量放大 ρ 倍, 再将全平面绕着原点旋转角度 ψ. 这种变换称为以原点为相似中心, 以 ρ 为相似系数的相似变换.

一般地, 若线性变换(9)中 $a \neq 1$, 则不变点应满足方程
$$z_0 = az_0 + b$$
即
$$z_0 = \frac{b}{1-a}$$

易证式(9)可以改写为
$$w - z_0 = a(z - z_0)$$

显然, 这也是一个相似变换, 不过相似中心不是原点而是 z_0. 读者试证这时等温网是两平行直线族.

§31 分式线性变换

所谓分式线性变换就是一个可以写成两线性函数的商的变换
$$w = \frac{az+b}{cz+d} \tag{11}$$

这里应设 $ad - bc \neq 0$, 否则上式右边的分式就可简约成一个常数了. 关于 z 解式(11), 即得这个变换的逆, 它也是一个分式线性变换
$$z = \frac{-dw+b}{cw-a} \tag{12}$$

对 z 平面上每一点在 w 平面上都有其一定的对应点, 反之对 w 平面上每一点在 z 平面上也有一定的对应点, 故变换(11)将全平面包括无限远点在内变为它自己.

若在式(11)中 $c = 0$, 则得线性变换. 除此情形外, $z = \infty$ 变为 $w = \frac{a}{c}$, 而 $z = -\frac{d}{c}$ 变为 $w = \infty$, 故一般在分式线性变换之下, 无限远点不是不变点.

现在证明分式线性变换的一个基本性质,即此变换常把圆变成圆.注意:我们这里及以后所指的圆除了普通的圆以外,还包括直线在内.对于线性变换,它或表示全平面的运动,或表示相似变换.上述性质当然满足,因为在线性变换之下,直线变为直线,普通的圆变为普通的圆.在证明分式线性变换有这个性质以前,先将它的形式变更一下.设 $c \neq 0$,在式(11)中以分母除分子后,可改写为

$$w = e + \frac{f}{z + \frac{d}{c}}$$

其中

$$e = \frac{a}{c}, f = \frac{bc - ad}{c^2}$$

所以变换(11)可由平行移动 $w_1 = z + \frac{d}{c}$,变换 $w_2 = \frac{f}{w_1}$ 及平行移动 $w = w_2 + e$ 合并而成.这样只需证明形式为

$$w = \frac{\gamma}{z} \tag{13}$$

的变换把圆变为圆就够了.圆的方程是

$$A(x^2 + y^2) + 2Bx + 2Cy + D = 0$$

当 $A = 0$ 时就成了直线.这个方程又可写为

$$Az\bar{z} + \bar{\delta}\bar{z} + \delta z + D = 0 \tag{14}$$

其中 $\delta = B + iC$,$\bar{z}$ 和 $\bar{\delta}$ 是 z 和 δ 的共轭复数.今设 z 平面上有一圆 l,要得到 l 在 w 平面上的象 l_1 的方程,只需由式(13)求出 z 来代入式(14)即可.由此易知 l_1 的方程为

$$A\gamma\bar{\gamma} + \bar{\delta}\gamma w + \delta\bar{\gamma}\bar{w} + Dw\bar{w} = 0$$

这个方程的形式和式(14)相同,故 l_1 亦为一圆(或直线).因此得证:形式(11)的变换常把圆变作圆(直线是经过无限远点的圆).

今设 l 和 l_1 都是普通的圆.由[22]可知若 l 上的正方向对应于 l_1 上的正方向,则变换(11)把 l 的内部变成 l_1 的内部,l 的外部变成 l_1 的外部.但若 l 上的正方向对应于 l_1 上的负方向,则变换(11)把 l 的内部变成 l_1 的外部,l 的外部变成 l_1 的内部.若两圆中有一是直线或都是直线,要决定两平面中互相对应的区域,需要先决定直线上和圆上,或两直线上互相对应的方向,然后当观察者在其上依照对应方向前进时,在它同一边(左或右)的区域就在变换(11)之下互相对应.

又设有关于圆 l 为对称的两点 A_1 和 A_2,经变换后得到圆 l_1 和两点 B_1 与

B_2,则可证 B_1 和 B_2 关于 l_1 亦为对称.实则我们由[24]知道经过 A_1 和 A_2 的任一圆必和 l 正交.由于保角性可知经过 B_1 和 B_2 的任一圆亦必与 l_1 正交,而这就是 B_1 和 B_2 关于 l_1 为对称的特征.因此得证:若变换(11)把圆 l 变成圆 l_1,则关于 l 为对称的点必变成关于 l_1 为对称的点.注意:这时圆心和无限远点关于圆为对称,而经过这两点的圆束实际上就是经过圆心的直线束,其中任一直线当然和这个圆正交.

若 a 和 c 都不为零,变换(11)可以改写为下之形式

$$w = k\frac{z-\alpha}{z-\beta} \quad (k = \frac{a}{c}) \tag{15}$$

这里 α 和 β 有简单的几何意义,即 $z=\alpha$ 变成 $w=0$,$z=\beta$ 变成 $w=\infty$.

现在看 w 平面上所有以原点为中心的同心圆.其方程为 $|w|=C$,$w=0$ 和 $w=\infty$ 关于每一个这种圆都是对称点.因此知道在 z 平面中 $z=\alpha$ 和 $z=\beta$ 关于这些圆的象是对称点.象的方程易见为

$$\left|\frac{z-\alpha}{z-\beta}\right| = C \tag{16}$$

其中 C 是任意常数.所以方程(16)表示一个圆族,α 和 β 关于其中每一圆都是对称点(图28).线段 $\overline{\alpha\beta}$ 的垂直二等分线显然也属于这个圆族之中.再看 w 平面上所有经过原点的直线,换言之,即经过 $w=0$ 和 $w=\infty$ 的圆束.这个圆束的方程为 $\arg w = C$.在 z 平面上和这个圆束对应的是经过 α 和 β 的圆束,其方程为(因 k 的辐角为常数)

$$\arg\frac{z-\alpha}{z-\beta} = C_1 \tag{17}$$

所以式(17)表示 z 平面上经过 α 和 β 两点的圆束.(16)中任一圆和(17)中任一圆相交于直角(图28).

由定义,z 平面上的等温网对应于 w 平面上两族平行于坐标轴的直线.每一族直线都可以看作以无限远点为公共切点的圆束,所以它们对应于 z 平面上以 $z=-\dfrac{d}{c}$ 为公共切点的圆束.故知 z 平面上的等温网是由两个圆束所组成,属于同束之任意两圆必在点 $z=-\dfrac{d}{c}$ 相切,不属于同一束的任意两圆在点 $z=-\dfrac{d}{c}$ 相交于直角(图29).若(11)中的系数皆为已知时,则两个圆束的方程可以准确求得.

变换(11)中含有三个任意复参数,即系数 a,b,c,d 中的任三个和第四个的

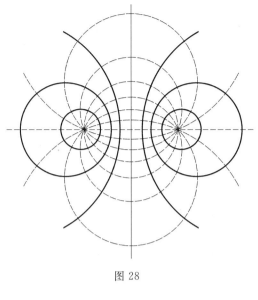

图 28

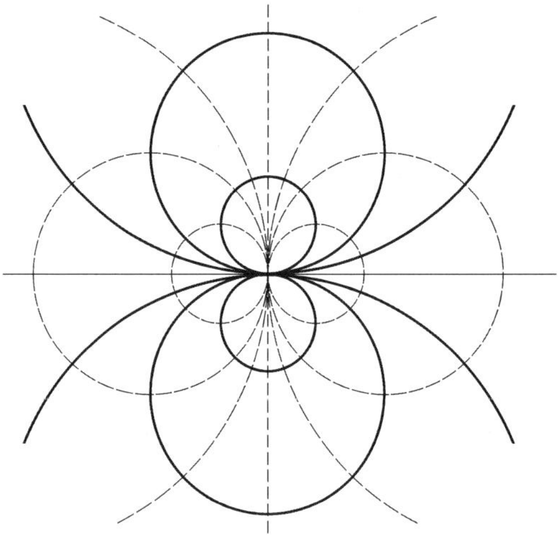

图 29

比值.因此如果已给适当的补充条件,便可完全决定变换(11).例如可以要求 z 平面上三定点 z_1, z_2, z_3 变成 w 平面上三定点 w_1, w_2, w_3.不难证明满足这个条件的分式线性变换是

$$\frac{w-w_1}{w-w_2} \cdot \frac{w_3-w_2}{w_3-w_1} = \frac{z-z_1}{z-z_2} \cdot \frac{z_3-z_2}{z_3-z_1} \tag{18}$$

实际上,将上式依 w 解之,即得形式如(11)的分式线性变换.又以 $z=z_1$ 和 $w=w_1$ 代入式(18),两边都等于零;以 $z=z_3$ 和 $w=w_3$ 代入,两边都等于一;以 $z=$

z_2 和 $w=w_2$ 代入，两边都等于 ∞. 由此可知这个变换确是满足已给的条件. 易证上述条件所决定的分式线性变换是唯一的. 在这个变换之下，显然由 z_1, z_2, z_3 三点所决定的圆被变为由 w_1, w_2, w_3 三点所决定的圆. 如果六点同在一圆周上，则此分式线性变换把这个圆变为它自己. 又若三点 z_1, z_2, z_3 所确定圆周上的方向和三点 w_1, w_2, w_3 所确定圆周上的方向相同，则在此分式线性变换之下，圆的内部仍旧变为圆的内部.

今试以上半平面为例. 它的边界是实轴，它的内点满足一个条件，即其坐标的虚数部分的系数常为正. 将上半平面变为它自己的分式线性变换应该将实轴也变为实轴，即当 z 为实数时 w 也应为实数. 故由式(11)知可设四个系数 a, b, c, d 都是实数. 此外，当 z 在实轴上沿正方向移动时，w 也应在实轴上沿正方向移动，否则上半 z 平面就会变为下半 w 平面了.

以 $z=x+\mathrm{i}y$ 代入式(11)得

$$w = \frac{(ax+b)+\mathrm{i}ay}{(cx+d)+\mathrm{i}cy}$$

或分开为实数部分和虚数部分

$$w = u+\mathrm{i}v = \frac{(ax+b)(cx+d)+acy^2}{(cx+d)^2+c^2y^2} + \mathrm{i}\frac{(ad-bc)y}{(cx+d)^2+c^2y^2}$$

由此易见当 $y>0$ 时要使 $v>0$，必须

$$ad-bc>0 \tag{19}$$

故得证：一般将上半平面变为它自己的分式线性变换(11)中的系数需是实数，并且满足条件(19).

同样的方法可用来研究将单位圆变为它自己的变换. 所谓单位圆即以原点为中心，半径等于1的圆，其方程可写作 $|z|\leqslant 1$. 首先，我们叙述关于单位圆圆周 C 为对称的点的几个简单性质.

设 A_1 和 A_2 是一对关于单位圆圆周为对称的点，M 为圆周 C 上任意一点. 则有 $\overline{OA_1}\cdot\overline{OA_2}=\overline{OM}^2$，或可改写为（图30）

$$\frac{\overline{OA_1}}{\overline{OM}}=\frac{\overline{OM}}{\overline{OA_2}}$$

由此可知 $\triangle OA_1M$ 和 $\triangle OA_2M$ 有一公共角，即 $\angle A_1OM$，并且夹这个角的两边成比例，故为相似三角形. 所以

$$\frac{\overline{MA_1}}{\overline{MA_2}}=\frac{\overline{OA_1}}{\overline{OM}} \tag{20}$$

设 A_1 的坐标为 α，又 $\alpha=\rho\mathrm{e}^{\mathrm{i}\varphi}$，易知 A_2 的坐标为 $\beta=\dfrac{1}{\rho}\mathrm{e}^{\mathrm{i}\varphi}$，或可写作 $\beta=\dfrac{1}{\bar{\alpha}}$.

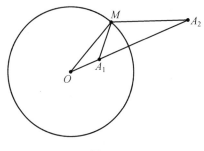

图 30

我们要作一个分式线性变换,将单位圆变为它自己,而 α 变为原点. 这个变换应该把 β 变为无限远点,即应具有下面的形式

$$w = k \frac{z - \alpha}{z - \beta} \tag{21}$$

或由 $\beta = \dfrac{1}{\bar{\alpha}}$,有

$$w = k \frac{\bar{\alpha}(z - \alpha)}{\bar{\alpha} z - 1} \tag{22}$$

这里 k 是一个常数因子,其形式可由下面的条件来决定,即式(21)右边当 z 在圆周 C 上时其模应等于 1,就是说当 $|z| = 1$ 时

$$|k| \left| \frac{z - \alpha}{z - \beta} \right| = 1$$

但由(20)易见

$$\frac{|z - \alpha|}{|z - \beta|} = \frac{|\alpha|}{1}$$

由此知 $|k\alpha| = 1$. 回到式(22),知道 $k\bar{\alpha}$ 的模应该等于 1,即应有 $k\bar{\alpha} = e^{i\psi}$,$\psi$ 为任意实数. 这样可知我们所需要的变换为

$$w = e^{i\psi} \frac{z - \alpha}{\bar{\alpha} z - 1} \tag{23}$$

其中 ψ 为任意实参数,α 为单位圆内部任意一点. 特别地,若 $\alpha = 0$,即原点变为原点,变换公式为 $w = e^{i(\psi + \pi)} z$,即将单位圆绕着原点旋转角度 $\psi + \pi$. 一般地,变换(23)可分开成两部分,即先有变换

$$w = \frac{z - \alpha}{\bar{\alpha} z - 1} \tag{24}$$

将单位圆变为它自己,点 α 变成原点,然后再绕着原点旋转角度 ψ.

我们也可以作出无限多个变换来,每一个都将一圆 K_1 变成另一圆 K_2. 这只需先作一个把 K_1 变成 K_2 的变换,然后再作一个如上的分式线性变换,把 K_2

变成它自己。后面这种变换有无限个之多。这里要注意的一点就是：两个分式线性变换连续施行的结果等于施行一个分式线性变换。实际上，假设我们先用分式线性变换(11)把 z 变成 w，然后再用分式线性变换

$$w_1 = \frac{a_1 w + b_1}{c_1 w + d_1} \tag{25}$$

把 w 变成 w_1。将式(11)中的 w 代入式(25)，经过简单的计算后，即得将 z 变成 w 的分式线性变换

$$w_1 = \frac{(a_1 a + b_1 c)z + (a_1 b + b_1 d)}{(c_1 a + d_1 c)z + (c_1 b + d_1 d)}$$

这个变换通常称为(11)和(25)的乘积。注意：一般两个变换的乘积和其因子的次序有关，即和施行这两个分式线性换变(11)及(25)的次序有关。

现在再作一个分式线性变换，将上半平面变为单位圆。易见下面就是一个变上半平面为单位圆的变换

$$w = \frac{z-\mathrm{i}}{z+\mathrm{i}} \tag{26}$$

因为在这个变换之下，上半平面中的点 $z=\mathrm{i}$ 变为 w 平面中的原点，又

$$|w| = \left|\frac{z-\mathrm{i}}{z+\mathrm{i}}\right|$$

等式右边分数的分子表示 z 和 i 的距离，分母表示 z 和 $-\mathrm{i}$ 的距离，当 z 在实轴上时，两距离相等，故 $|w|=1$。若在这个变换之后再施行任意将单位圆变为它自己的分式线性变换，即得一般将上半平面变为单位圆的分式线性变换。

最后我们证明[24]中所述的一般对称原理。设函数 $f(z)$ 在圆周 C 上弧 AB 的一边为正则，直到弧 AB 为连续，且将这个弧变为另一圆周 C_1 上的弧 $A_1 B_1$。作一分式线性变换，将 z 平面上的圆周 C 变为 z_1 平面上的实轴

$$z_1 = \frac{az+b}{cz+d}$$

同样，再作函数 $f(z)$ 的一个分式线性变换，将圆周 C_1 变为实轴。这样就得到一个以 z_1 为自变数的函数

$$f_1(z_1) = \frac{a'f(z)+b'}{c'f(z)+d'}$$

函数 $f_1(z_1)$ 在实轴的一边为正则，直到其上某一线段为连续，且将这条线段仍旧变为实轴上的线段。故由[24]中已证明的对称原理，这个函数可以被解析延拓到该线段的另一边，使在关于实轴为对称的点，函数值也关于实轴为对称，因为在上述两个分式线性变换之下，对称点的象仍为对称点，故知函数

$f(z)$ 可被解析延拓到弧 AB 的另一边, 使得关于圆周 C 为对称的两点经变换后成为关于圆周 C_1 为对称的两点.

分式线性变换, 如我们上面所述, 在复变数函数论中具有重要的价值. 有时我们用它恰像在解析几何学中的坐标变换一样, 即在研究某种问题之前, 将平面施行一个分式线性变换, 使得要研究的问题成为最简单的形式. 例如上面关于对称原理这段就是一个例子, 用了分式线性变换以后, 一般对称原理就简化而成 [24] 中已经证明的特别情形了.

设 C 为平面上一圆周或直线, 若有一变换将平面上每一点 A 变为它关于 C 的对称点 A_1, 则此变换称为反射. 设 z 为 A 的复坐标, w 为 A_1 的复坐标. 又设 C 为圆周, 其中心 B 的坐标为 $z=a$, C 的半径为 R. 向量 $\overrightarrow{BA}$ 和 $\overrightarrow{BA_1}$ 应该有相同的辐角, 而其长的乘积等于 R^2. 易见由此可得 w 和 z 之间的关系如下

$$w - a = \frac{R^2}{\overline{z} - \overline{a}} \tag{27}$$

即关于圆周的反射可用 $\overline{z}$ 的分式线性函数来表示

$$w = \frac{a\overline{z} + (R^2 - a\overline{a})}{\overline{z} - \overline{a}}$$

故这是第二类保角变换. 再看关于直线的反射. 设此直线通过原点且和实轴正方向成一角度 ψ (图 31). 此时设点 z 的象为 w, 则显然有 $|w|=|z|$ 及 $\arg w = 2\psi - \arg z$, 即变换方程为

$$w = e^{i2\psi}\overline{z} \tag{28}$$

这是 $\overline{z}$ 的简单线性函数. 仿此可求关于平面上任一直线的反射方程.

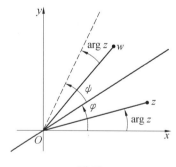

图 31

若将两个关于不同圆周或直线的反射相乘, 结果得到的是一个分式线性变换. 特别地, 设有两个关于两相交直线的反射相乘, 则常可设它们的交点为原点, ψ_1 和 ψ_2 为这两条直线和正实轴间的夹角. 经过两次反射后, 我们依照下面的公式先由 z 得到 w_1, 再由 w_1 得到 w

$$w_1 = e^{i2\psi_1}\bar{z}, w = e^{i2\psi_2}\bar{w_1}$$

将 w_1 代入第二式的右边,即得由 z 到 w 的变换

$$w = e^{i2(\psi_2 - \psi_1)}z$$

这表示绕着原点旋转角度 $2(\psi_2 - \psi_1)$,即关于两相交直线施行两次反射的结果等于将全平面绕着这两条直线的交点旋转两直线间的交角的二倍. 同样,易知关于两平行直线施行两次反射的结果等于一个全平面的平行移动.

§32 函数 $w = z^2$

我们以前已研究过函数

$$w = z^2 \tag{29}$$

并且知道它将 z 平面变为 w 平面上的双叶黎曼曲面而以 $w=0$ 和 $w=\infty$ 为一阶支点. 现在要看看 z 平面和 w 平面上的等温网是什么形式的. 将式(29)的实数部分和虚数部分分开,得

$$w = u(x,y) + iv(x,y) = (x+iy)^2 = (x^2 - y^2) + i2xy$$

z 平面上的等温网是两个等轴双曲线族(图 32)

$$x^2 - y^2 = C_1, 2xy = C_2$$

再看 w 平面上的等温网. 在

$$u = x^2 - y^2, v = 2xy$$

之中先置 $x = C_1$ 并消去 y,再置 $y = C_2$ 消去 x,即得两个抛物线族(图 33)

$$v^2 = 4C_1^2(C_1^2 - u), v^2 = 4C_2^2(C_2^2 + u)$$

它们是 z 平面上两直线族 $x = C_1$ 和 $y = C_2$ 的象.

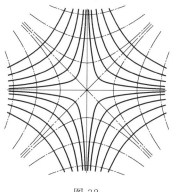

图 32

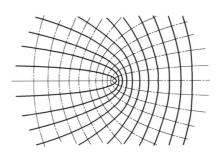

图 33

我们显然可将这两族抛物线所构成的等温网看作函数(29)的反函数 $w=\sqrt{z}$ 在 z 平面上的等温网.

今在图 32 中任取一个以虚线表示的等轴双曲线. 假设对于这个双曲线, Ox 轴是实轴, 则其方程应是 $x^2-y^2=C_1$, 其中 C_1 是个正常数. 取这个双曲线的右边一支, 若在方程 $x^2-y^2=C$ 中, C 由 C_1 渐增到 $+\infty$, 则可得所有用虚线表示, 而其右支在 $x^2-y^2=C_1$ 的右支更右边的双曲线. 由前所述, 可知函数(29)把 z 平面上双曲线 $x^2-y^2=C_1$ 的右支以右的区域保角变换为 w 平面上的半平面 $u \geqslant C_1$. 相仿地, 这个函数也把 z 平面上双曲线 $x^2-y^2=C_1$ 的左支以左的区域变为 w 平面上的半平面 $u \geqslant C_1$.

再在图 33 中任取一个以虚线表示的抛物线, 其方程为 $v^2=4C_2^2(C_2^2+u)$, 它对应于 z 平面上的直线 $y=C_2$. 这里可设 C_2 为正, 因为在抛物线方程中只出现 C_2^2. 若在方程 $v^2=4C^2(C^2+u)$ 中, C 由 C_2 增加到 $+\infty$, 则得所有用虚线表示而在 $v^2=4C_2^2(C_2^2+u)$ 左边的抛物线, 因此知道函数 $z=\sqrt{w}$ 把 w 平面上抛物线 $v^2=4C_2^2(C_2^2+u)$ 以左的区域保角变换为 z 平面上的半平面 $y \geqslant C_2$.

§33 函数 $w=\dfrac{k}{2}\left(z+\dfrac{1}{z}\right)$

现在看由下面的函数所产生的变换

$$w=\frac{k}{2}\left(z+\frac{1}{z}\right) \tag{30}$$

这里 k 是个正数. 我们要知道 z 平面上的极坐标网变成什么, 即以原点为中心的圆 $|z|=\rho$ 和经过原点的直线束 $\arg z=\varphi$ 被(30)变成什么? 以 $z=\rho e^{i\varphi}$ 代入(30), 再分开实数部分和虚数部分, 即得

$$u=\frac{k}{2}\left(\rho+\frac{1}{\rho}\right)\cos\varphi, v=\frac{k}{2}\left(\rho-\frac{1}{\rho}\right)\sin\varphi \tag{31}$$

先求圆 $\rho=\rho_0$ 的象，由式(31)消去 φ 可得

$$\frac{u^2}{\frac{k^2}{4}\left(\rho_0+\frac{1}{\rho_0}\right)^2}+\frac{v^2}{\frac{k^2}{4}\left(\rho_0-\frac{1}{\rho_0}\right)^2}=1 \tag{32}$$

故知这个圆的象是 w 平面上的椭圆，其半轴为

$$a=\frac{k}{2}\left(\rho_0+\frac{1}{\rho_0}\right), b=\frac{k}{2}\left|\rho_0-\frac{1}{\rho_0}\right|$$

上面第二式右边取绝对值，因为差数 $\rho_0-\frac{1}{\rho_0}$ 可为正亦可为负.(31)的两式当 $\rho=\rho_0$ 时显然表示这个椭圆的参数方程. 对于 z 平面上的单位圆 $\rho=1$，(31)的两式变为 $u=k\cos\varphi$ 和 $v=0$，即椭圆退缩而成实轴上的线段 $(-k,+k)$ 重复两次，或称为二重线段. 当 ρ 从 1 减少到 0 时，椭圆无限增大而遮盖全平面，因此知道 z 平面上单位圆的内部对应于全 w 平面除去割线 $(-k,+k)$. 同样，当 ρ 从 1 增加到 ∞ 时，椭圆亦无限增大而遮盖全平面，故 z 平面上单位圆外部也对应于全 w 平面除去割线 $(-k,+k)$. 所以整个 z 平面在(30)之下变为 w 平面上的双叶黎曼曲面而以 $w=-k$ 和 $w=+k$ 为支点. 对应于此，(30)的反函数

$$z=\frac{w\pm\sqrt{w^2-k^2}}{k} \tag{30'}$$

是双值函数，并且以 $w=k$ 和 $w=-k$ 为支点. 再回到椭圆(31)上来. 它的两个焦点是在实轴之上，其横坐标应该是 $c=\pm\sqrt{a^2-b^2}$，即

$$c=\pm\sqrt{\frac{k^2}{4}\left(\rho_0+\frac{1}{\rho_0}\right)^2-\frac{k^2}{4}\left(\rho_0-\frac{1}{\rho_0}\right)^2}=\pm k$$

故对任何 ρ_0，椭圆的焦点常为线段 $(-k,+k)$ 的端点，换句话说，(32)所表示的椭圆族是共焦点的.

再看直线 $\varphi=\varphi_0$ 变成什么. 由(31)的两式消去参数 ρ 得

$$\frac{u^2}{k^2\cos^2\varphi_0}-\frac{v^2}{k^2\sin^2\varphi_0}=1 \tag{33}$$

是个双曲线族，半轴 $a=k|\cos\varphi_0|, b=k|\sin\varphi_0|$. 这些双曲线的焦点也在实轴上，其横坐标为 $c=\pm\sqrt{a^2+b^2}=\pm k$. 所以这个双曲线族和前面的椭圆族也是共焦点的. 又由(31)易知对应于 z 平面上的坐标轴

$$\left(\varphi=0,\frac{\pi}{2},\pi \text{ 和 } \frac{3\pi}{2}\right)$$

在 w 平面的椭圆退缩为 $u=0$ 和实轴上的线段 $(-\infty,-k)$ 和 $(k,+\infty)$. 因此最

后得到结论,即 z 平面上的极坐标网在变换(30)之下对应于 w 平面上的共焦点椭圆和双曲线网,其焦点为 $\pm k$(图 34).

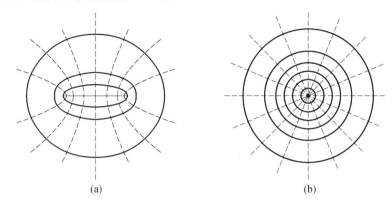

图 34

不难作一个以共焦点椭圆和双曲线网作等温网的函数. 这只要用到我们以前已经知道的关于指数函数的知识就够了[19]. 指数函数
$$w = e^z$$
的周期为 $2\pi i$. 由公式
$$w = e^x e^{iy}$$
可知直线 $x = x_0$ 被变为中心在原点,半径为 e^{x_0} 的圆,而直线 $y = y_0$ 被变为经过原点的直线 $\varphi = y_0$,所以函数 e^z 变 z 平面上的直角坐标网为 w 平面上的极坐标网.

又函数
$$w_1 = e^{iz} = e^{ix} e^{-y} \tag{34}$$
的周期为 2π. 由前可知这个函数也变 z 平面上的直角坐标网为 w 平面上的极坐标网,但直线 $y = y_0$ 变为圆,而 $x = x_0$ 变为直线.

现在再看函数
$$w = \frac{k}{2}\left(w_1 + \frac{1}{w_1}\right) = k\,\frac{e^{iz} + e^{-iz}}{2} = k\cos z \tag{35}$$

变换(34)将直角坐标网变为极坐标网,而(35)则变此极坐标网为前面所说的共焦点椭圆和双曲线网. 因此这两个变换的积 $w = k\cos z$ 就变 z 平面上的直角坐标网为 w 平面上的共焦点椭圆和双曲线网,即这个共焦点椭圆和双曲线网是函数 $w = k\cos z$ 在 w 平面上的等温网. 若看反函数 $w = \arccos\dfrac{z}{k}$,则其在 z 平面上的等温网即共焦点椭圆和双曲线网.

和前节完全一样,由上面的理论可以导出一些关于保角变换的结果.函数 $(30')$ 的一值变全 w 平面除去割线 $(-k, +k)$ 为 z 平面中单位圆的内部.对于任一固定的 ρ_0,$\rho_0 < 1$,这个函数也将椭圆(32)的外部变为中心在原点,半径等于 ρ_0 的圆的内部.如果我们取函数 $(30')$ 的另一值,又取 $\rho_0 > 1$,则这个函数变椭圆的外部为圆的外部.同样知道函数的一值将 w 平面上双曲线(33)两支间的区域变为 z 平面上的角域,由下面的不等式所定义

$$\varphi_0 \leqslant \arg z \leqslant \pi - \varphi_0, 0 < \varphi_0 < \frac{\pi}{2}$$

保角变换和二次曲线间关系的详细研究可以在普里瓦洛夫的《复变数函数论导论》一书中找到.

§34 二角形和带域

现在我们看一个由两圆 C_1 和 C_2 的弧所围成的二角形(图 35),设这个二角形的角为 ψ,顶点为 α_1 和 α_2,经过分式线性变换

$$w_1 = \frac{z - \alpha_1}{z - \alpha_2}$$

以后,顶点 α_1 和 α_2 变为 $w_1 = 0$ 和 $w_2 = \infty$,两边变为从原点到无限远点的半射线,二角形的内部变为由这两条半射线

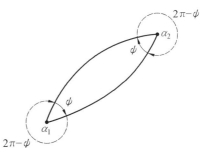

图 35

所夹角度等于 ψ 的角域.如果再作变换 $w_2 = w_1^{\frac{\pi}{\psi}}$,则角度变为 π,而角域则变为半平面.再用 $e^{i\varphi_0}$ 形式的因子乘 w_2,我们可以将这个半平面变作以实轴为边界的上半平面.把这些变换合在一起,即得一个把二角形变为上半平面的变换

$$w = e^{i\varphi_0} \left(\frac{z - \alpha_1}{z - \alpha_2} \right)^{\frac{\pi}{\psi}} \tag{36}$$

这里 φ_0 是个实数,由二角形的位置而决定.如果对 w 再施行一个分式线性变换,则如[31]所述,可将二角形变为单位圆.

注意:我们这里所讨论的二角形是包围在两圆弧之内的.图 35 中两圆弧以外的平面区域也可以看作一个二角形,它同样是由这两个圆弧所围成的.不过这个二角形的角度不是 ψ 而是 $2\pi - \psi$ 了.

以上我们假设二角形的角度不等于零.现在再看角度等于零的情形.假设两圆 C_1 和 C_2 内切于点 α(图 36),则在 C_1 和 C_2 之间的区域可以看作一个角度为零的二角形.同样,若两个圆外切于 α,则在这两个圆以外的平面区域也是一个角度为零的二角形(图 37).若作一分式线性变换

$$w_1 = \frac{1}{z-\alpha}$$

则两个圆变为两条平行直线,而二角形变为这两条直线间的带域.再经过一个线性变换,即相似变换、平行移动和旋转三者之中某几个的乘积,我们常可将这个带域变为一个已给带域,例如在两直线

$$y = 0 \text{ 和 } y = 2\pi$$

间的带域.

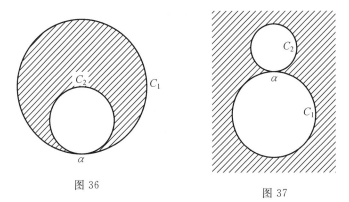

图 36　　　　　图 37

现在再找一个将这个带域变为上半平面的正则函数.我们知道函数 $w = e^z$ 将这个带域变为全 w 平面除了沿实轴正方向的割线 $(0, +\infty)$.因此再作变换 $\sqrt{w}$,结果显然就得到了上半平面,即我们所要的变换为

$$w = e^{\frac{z}{2}}$$

由此可知函数 e^z 将 $y = 0$ 和 $y = \pi$ 之间的带域变为上半平面,对 e^z 施行一个分式线性变换,将上半平面变为单位圆[31],即得函数

$$w = \frac{e^z - i}{e^z + i} \tag{37}$$

它将 $y = 0$ 和 $y = \pi$ 之间的带域变为单位圆.

我们再仔细看一个特别的二角形,即单位圆的上半部,它是由上半圆周和实轴上的线段 $(-1, +1)$ 所包围而成的.函数

$$w = \left(\frac{z+1}{z-1}\right)^2 \tag{38}$$

将这个二角形的顶点 $z=-1$ 和 $z=+1$ 变为 $w=0$ 和 $w=\infty$,而上半圆周和直径$(-1,+1)$则变为经过 $w=0$ 的两条半射线,它们之间的交角恰为上半圆周和直径$(-1,+1)$间交角的两倍,即等于 π.换句话说,这两条半射线合成一条直线,易知这条直线就是实轴,并且半圆圆周上的逆时针方向对应于实轴上由 $-\infty$ 到 $+\infty$ 的方向.所以(38)将单位圆上半部变为上半平面,再施行分式线性变换(26),即得函数

$$\frac{(z+1)^2-\mathrm{i}(z-1)^2}{(z+1)^2+\mathrm{i}(z-1)^2}$$

它把单位圆上半部变为单位圆.

§35 基 本 定 理

在以上几节中我们看过许多将单通区域变为半平面或单位圆的保角变换,这些单通区域中有有界的(如半圆),也有无界的(如椭圆的外部,二角形的外部).现在我们要研究一般将 z 平面上任一已给单通区域变为 w 平面上的单位圆或半平面的变换.这里有两个情形要除外,即当这个单通区域是整个 z 平面连无限远点在内,或是全平面除了一点以外(例如无限远点)时.在所有其他的情形之下,可以证明在已给单通区域 B 中常存在正则函数 $w=f(z)$,它把这个区域变为单位圆 $|w|<1$.于是我们又可借助于分式线性变换把这个单位圆变为它自己,这样就可得到另外的保角变换,也把区域 B 变为单位圆.今设 A 是区域 B 中一定点,在变换

$$w=f(z) \tag{39}$$

之下,设点 A 的象为 a,a 是在单位圆的内部.用以前的办法对单位圆施行分式线性变换,我们常可将 a 变为原点,而单位圆仍旧变为它自己[31].这样就得到一个新的变换,把 B 变为单位圆,而把 A 变为原点.此外,我们将单位圆绕原点旋转,还可以使得当 A 变换到原点时线性元素不变方向,即 $f'(z)$ 在点 A 取正实数值.因此已给一个变换区域 B 为单位圆的保角变换,我们可以构造出无限多个这种变换来.其中存在这种变换,它把 B 中一已知定点 A 变为单位圆圆心,并且不变在点 A 的方向.可以证明满足这些条件的保角变换是唯一存在的,即下面的保角变换理论中的基本定理成立:

黎曼定理 设 B 为 z 平面中一已给单通区域(除上述两种特殊情形以外),z_0 为 B 中之点,则在 B 内存在唯一的正则函数 $f(z)$,把 B 变为单位圆,z_0 变为

原点,且 $f'(z_0)$ 取正实数值.

这个定理我们只用它而不去证明了. 注意:定理中所说的函数只在很特殊的情形下对于最简单的区域才可以用初等函数来表示它. 黎曼定理的证明只肯定了这个函数的存在,但是即使对于它的迫近构造,该定理也很少用到. 以后我们要研究实际构造保角函数的迫近法的问题.

对黎曼定理还有一点重要的补充,即当区域的边界为单闭曲线并且具有[4]中所说的性质时,则函数 $f(z)$ 可以在整个闭区域中为连续,并将这个区域的边界线变为单位圆圆周. 这时反函数不但在单位圆内部为正则,且在闭圆中为连续.

如上所述,将一已给区域 B 保角变换为单位圆的函数只在满足黎曼定理中各条件时可以把它完全决定. 但若假设这种函数还需要在闭区域 B 中为连续,则黎曼定理中的条件也可以用其他条件来代替. 我们可以仿照分式线性变换那一节中一般,要求函数将区域 B 的边界线上三个已知点变为单位圆周上三个已知点. 在这个条件之下,将 B 保角变换为单位圆的函数可以完全决定. 我们也可改用下面的条件:最先,要求将 B 内一已给点 z_0 变为原点. 有了这个限制以后,我们还可以将单位圆绕着原点旋转,所以再要求将 B 的边界线上一已给点变为单位圆周上一已给点. 可以证明这种函数也可完全决定. 总括一句,在满足保证其在闭区域 B 中为连续的条件下,将 B 保角变换为单位圆的函数可由下面两条件中之任一条件完全决定:

(1) 将 B 的边界线上三已知点变为单位圆周上三已知点;

(2) 将 B 内一已知点及边界线上一已知点变为单位圆内一已知点及圆周上一已知点.

设在 z 平面上有两个单通区域 B_1 和 B_2,由黎曼定理存在两个正则函数

$$w_1 = f_1(z_1) \text{ 和 } w_1 = f_2(z_2) \tag{40}$$

分别将 B_1 和 B_2 变为单位圆 $|w_1| < 1$. 理论上,由(40)的两式可以消去 w_1 而得到一个正则函数 $z_2 = \varphi(z_1)$,它变 B_1 为 B_2. 这时,对每一点 z_1 有一点 z_2,它们在式(40)之下对应于同一个 w_1. 因此,对任意两个单通区域(除前述两个例外)存在一保角变换将一区域变为另一区域. 我们当然也可以改用其他附加条件,像前段所述变区域为圆的情形一样.

把单通区域变为圆或其他单通区域的函数 $f(z)$ 有一个重要的性质值得注意,即当这两个区域都是单叶区域,或更一般地,当它们可以自己重叠但不含支点时,导数 $f'(z)$ 在区域内不能等于零,否则后一区域就要有支点了[23]. 这时

函数 $\ln f'(z)$ 和 $\sqrt{f'(z)}$ 在该单通区域中的解析延拓就不会有奇异点,因此是这个区域中的单值正则函数[18].

若在 z 平面中取一个二重连通区域,例如在两条闭曲线之间的环域,则显然不能把它保角变换为一单通区域,使二者之间有一对一的点对应.

对于复通区域,有一件事和单通区域的情形不同,即任两个有相同连通性的复通区域之间未必一定存在保角变换,将一区域变为另一区域.例如由同心圆所围成的两个环之间要存在保角变换,当且仅当两环的外径和内径之比相同.

但任一复通区域常可保角变换为一个一定类型的区域,即每一 n 重连通区域可变换为具有 n 条割线的平面,这些割线是互相平行的直线段,其中有些直线段可能退缩为点.

在叙述构造保角函数的迫近法以前,我们先给出将单位圆保角变换为上半平面或折线所围成的区域(即多角形)的函数的一个解析表示.这个公式在应用学科中常会遇到.

§36 克里斯托弗公式

设在 z 平面上有一多角形 $A_1A_2\cdots A_n$(图 38),诸角的角度为 $\alpha_1\pi,\alpha_2\pi,\cdots,\alpha_n\pi$. 又设函数

$$z = f(t) \tag{41}$$

将上半平面 t 保角变换为这个多角形. 现在要求这个函数的解析表示. 设多角形的顶点 A_k 对应于实轴上的点

$$t = a_k \quad (k=1,2,\cdots,n)$$

借助于平面 t 上的分式线性变换,我们常可使全部的 a_k 都是有限远点.此外,可设这些点中最左的为 a_1,最右的为 a_n. 我们先来研究 $f(t)$ 越过实轴解析延拓的问题. 在实轴上任取一线段 $a_k a_{k+1}$,它所对应多角形的边是 $A_k A_{k+1}$. 由对称原理,函数 $f(t)$ 可越过 $a_k a_{k+1}$ 解析延拓到下半平面去,而由此延拓在下半平面中所得的函数值成一新的多角形,即由原来的多角形关于 $A_k A_{k+1}$ 反射而得到的. 于是我们又可以将这个新得到的函数从下半平面越过另一线段 $a_l a_{l+1}$ 解析延拓到上半平面去. 由对称原

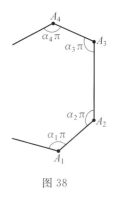

图 38

理,这个延拓所得上半平面中的函数值也成一多角形,即由第二个多角形关于 A_lA_{l+1} 反射而得到的. 这样做下去可知函数 $f(t)$ 可以自由地越过实轴上任一线段从这一半平面解析延拓到另一半平面中去,在每一半平面中的函数值都成一多角形,但后一多角形可由前一多角形关于其一边反射而得,这一边所对应的实轴上的线段就是作解析延拓时所越过的线段. 注意这时多角形的边 A_nA_1 对应于实轴上从 a_n 到 ∞,再从 ∞ 到 a_1 的线段,t 平面上的无限远点对应于 A_nA_1 上的一点. 一般地,a_k 是函数 $f(t)$ 的奇异点. 现在我们来看这种奇异点有何特征. 为确定起见取 a_2 为例. 环绕着 a_2 从上半平面出发,经过下半平面,然后又回到上半平面来. 为此,我们先将 $f(t)$ 由上半平面越过线段 a_1a_2 解析延拓到下半平面,再由下半平面越过线段 a_2a_3 解析延拓到上半平面去. 如前所述,$f(t)$ 在下半平面中的值成一多角形 $A_1A_2A'_3\cdots A'_n$,它是由多角形 $A_1A_2\cdots A_n$ 关于 A_1A_2 反射而得到的. 越过 a_2a_3 再回到上半平面时,函数值也成一多角形,它是由多角形 $A_1A_2A'_3\cdots A'_n$ 关于 $A_2A'_3$ 反射而得到的(图 39).

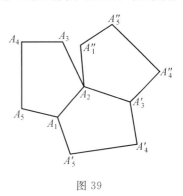

图 39

因此上述环绕 a_2 的路线对应于 z 平面上关于 A_2A_1 和 $A_2A'_3$ 两线段的反射,在 [31] 中已证明过这是一个形如
$$z' - b_2 = e^{i\varphi}(z - b_2)$$
的线性变换,其中 b_2 是 A_2 的坐标.

由此立刻可得
$$\overset{*}{f}(t) = e^{i\varphi}f(t) + \gamma$$
这里 γ 是个常数($\gamma = b_2 - e^{i\varphi}b_2$),而 $\overset{*}{f}(t)$ 是 $f(t)$ 在上半平面的一个新支.

由上式可得
$$\frac{\overset{*}{f}''(t)}{\overset{*}{f}'(t)} = \frac{f''(t)}{f'(t)}$$

所以函数
$$\frac{f''(t)}{f'(t)} \tag{42}$$
在 a_2 的邻域中为正则单值,故 a_2 是函数(42)的极点或本性奇异点. 现在证明这点是单极点,其留数为 $a_2 - 1$. 实际上,引进一个新的变数 z' 以代 z
$$z' = (z - b_2)^{\frac{1}{a_2}}$$

其中 b_2 是 A_2 的坐标. 顶点 A_2 所对应的是 $z'=0$, 两边 A_2A_1 和 A_2A_3 间的夹角是 $\alpha_2\pi$, 经变换后成为 z' 平面上从原点出发的两条线段, 其间的角度等于 π, 即这两条线段同在经过原点的直线 l 之上. 回到 t 平面, 可见 a_2 的邻域在实轴以上的部分变为 z' 平面上点 $z'=0$ 的邻域在 l 的一边的部分. 由对称原理知道 a_2 的邻域在实轴以下的部分变为 z' 平面上点 $z'=0$ 的邻域在 l 的另一边的部分. 因此, $t=a_2$ 的邻域变为 $z'=0$ 的单叶邻域, 故应有下面的展开式

$$z'=(z-b_2)^{\frac{1}{a_2}}=c_1(t-a_2)+c_2(t-a_2)^2+\cdots \quad (c_1\neq 0)$$

因此

$$z=b_2+c_1^{a_2}(t-a_2)^{a_2}\left\{1+\frac{c_2}{c_1}(t-a_2)+\frac{c_3}{c_1}(t-a_2)^2+\cdots\right\}^{a_2}$$

或由牛顿二项式公式[对照 23]

$$f(t)=b_2+(t-a_2)^{a_2}f_1(t)$$

其中 $f_1(t)$ 在 $t=a_2$ 为正则, 且在这点不等于零.

由此

$$f'(t)=\alpha_2(t-a_2)^{a_2-1}f_1(t)+(t-a_2)^{a_2}f'_1(t)$$

$$f''(t)=\alpha_2(\alpha_2-1)(t-a_2)^{a_2-2}f_1(t)+2\alpha_2(t-a_2)^{a_2-1}f'_1(t)+(t-a_2)^{a_2}f''_1(t)$$

从而

$$\frac{f''(t)}{f'(t)}=\frac{1}{t-a_2}\cdot\frac{\alpha_2(\alpha_2-1)f_1(t)+2\alpha_2(t-a_2)f'_1(t)+(t-a_2)^2f''_1(t)}{\alpha_2 f_1(t)+(t-a_2)f'_1(t)}$$

右边第二个因子是一在点 $t=a_2$ 为正则的函数, 在这点其值为 α_2-1, 所以在 $t=a_2$ 这点的邻近成立下之展开式

$$\frac{f''(t)}{f'(t)}=\frac{\alpha_2-1}{t-a_2}+P(t-a_2)$$

其中 $P(t-a_2)$ 是个在点 $t=a_2$ 为正则的函数.

同样可证函数 (42) 在实轴上每一点 a_k 有一阶极点, 其留数为 α_k-1. 这个函数除 $a_k(k=1,2,\cdots,n)$ 外不再有其他有限远奇异点, 故

$$\frac{f''(t)}{f'(t)}-\sum_{s=1}^{n}\frac{\alpha_s-1}{t-a_s} \tag{43}$$

为全平面的正则单值函数. 现在看它在无限远点取什么数值. 前面我们已经知道函数 $f(t)$ 当 $t\to\infty$ 时有一定的极限值, 即多角形一边 A_nA_1 上某点的坐标 b_∞. 因此在无限远点近旁 $f(t)$ 可展开为

$$f(t)=b_\infty+\frac{c_1}{t}+\frac{c_2}{t^2}+\cdots$$

而函数 $\dfrac{f''(t)}{f'(t)}$ 在无限远点近旁可展开为

$$\frac{f''(t)}{f'(t)} = \frac{d_1}{t} + \frac{d_2}{t^2} + \cdots$$

这个函数当 $t \to \infty$ 时极限为零. 故函数(43)在全平面为正则, 当 $t \to \infty$ 时极限为零, 故为全平面有界. 由刘维尔定理[9], 式(43)应该等于常数, 又因刚才证明当 $t \to \infty$ 时其极限为零, 所以这个常数即为零. 这样我们就得到下面的等式

$$\frac{f''(t)}{f'(t)} = \frac{\alpha_1 - 1}{t - a_1} + \frac{\alpha_2 - 1}{t - a_2} + \cdots + \frac{\alpha_n - 1}{t - a_n} \tag{44}$$

积分一次得

$$\ln f'(t) = (\alpha_1 - 1)\ln(t - a_1) + (\alpha_2 - 1)\ln(t - a_2) + \cdots + (\alpha_n - 1)\ln(t - a_n) + C$$

或

$$f'(t) = A(t - a_1)^{\alpha_1 - 1}(t - a_2)^{\alpha_2 - 1} \cdots (t - a_n)^{\alpha_n - 1}$$

再积分一次即得

$$z = f(t) = A \int_0^t (t - a_1)^{\alpha_1 - 1}(t - a_2)^{\alpha_2 - 1} \cdots (t - a_n)^{\alpha_n - 1} \mathrm{d}t + B \tag{45}$$

其中 A 和 B 是常数. 式(45)就是将上半 t 平面变为多角形的保角变换的解析表示, 其中 $\alpha_k \pi$ 是多角形诸角的角度, a_k 是 t 平面中实轴上的点, A 和 B 是复常数.

现在看看这两个常数的任务何在. 在证明式(45)时我们只用到多角形的顶角, 因此, 若这个多角形经过运动或相似变换而得另一多角形, 则将上半 t 平面变为这个新多角形的保角变换仍是(45)的形式. 所以 A 和 B 的作用就在这里: 对于不同的 A 和 B 的值, 我们有顶角相同而位置或大小不同的多角形. 式(45)中诸常数 a_k 的任务更为重大, 它们在实轴上的位置和常数 A 的值决定了多角形的边长. 这个问题我们以后还要谈到.

在证明式(45)时我们假定所有实轴上对应于多角形顶点的 a_k 都是有限远点. 现在假设有一顶点 A_n 对应于实轴上的无限远点. 我们很容易从式(45)导出和它对应的公式来, 只要由下式引进另一变数 τ 以代替 t

$$t = -\frac{1}{\tau} + a_n$$

因当 $t = a_n$ 时 $\tau = \infty$. 经这个变换后即得

$$f(\tau) = A \int_{\tau_0}^{\tau} \left(a_n - a_1 - \frac{1}{\tau}\right)^{\alpha_1 - 1} \cdots \left(a_n - a_{n-1} - \frac{1}{\tau}\right)^{\alpha_{n-1} - 1} \left(-\frac{1}{\tau}\right)^{\alpha_n - 1} \frac{\mathrm{d}\tau}{\tau^2} + B$$

对多角形的各顶角显然有

$$\alpha_1 + \alpha_2 + \cdots + \alpha_n = n - 2 \qquad (46)$$

利用这个关系我们可将前面的式子改写为

$$f(\tau) = A' \int_0^\tau (\tau - a'_1)^{\alpha_1 - 1} (\tau - a'_2)^{\alpha_2 - 1} \cdots (\tau - a'_{n-1})^{\alpha_{n-1} - 1} d\tau + B' \qquad (47)$$

这就是当多角形的一个顶点对应于无限远点 $\tau = \infty$ 时的公式.

由公式(45)不难得到将单位圆 $|w| < 1$ 变为多角形的保角变换. 只需应用将上半 t 平面变为单位圆 $|w| < 1$ 的分式线性变换就可以了. 这个变换是

$$w = \frac{t - i}{t + i} \quad \text{或} \quad t = \frac{1}{i} \cdot \frac{w + 1}{w - 1}$$

代入式(45), 并引用(46)的关系, 可得

$$z = A'' \int_0^w (w - a''_1)^{\alpha_1 - 1} (w - a''_2)^{\alpha_2 - 1} \cdots (w - a''_n)^{\alpha_n - 1} dw + B'' \qquad (48)$$

其中 a''_k 是单位圆周上的点, 由 a_k 借下式而决定

$$a''_k = \frac{a_k - i}{a_k + i}$$

在(47)和(48)中我们将积分的下限都改为零, 只不过影响了常数 B' 和 B'' 的值, 故无甚关系.

记住公式(45)所导出的基础: 我们先假设存在一个函数 $f(t)$ 将上半平面变为多角形, 然后证明 $f(t)$ 可用式(45)来表示. 现在反过来, 假设 a_k 是已给实轴上若干个点, α_k 是满足条件(46)的正数, 我们要证明公式(45)将上半平面变为一个区域, 它不含有任何支点在内(单叶或多叶), 它的边界是条折线, 以 $\alpha_k \pi$ 为顶角($k = 1, 2, \cdots, n$). 首先, 我们看到被积函数的每一个因子 $(t - a_k)^{\alpha_k - 1}$ 在上半平面中为正则单叶, 又导数

$$f'(t) = A(t - a_1)^{\alpha_1 - 1} (t - a_2)^{\alpha_2 - 1} \cdots (t - a_n)^{\alpha_n - 1}$$

在上半平面中没有零点. 因此式(45)将上半平面保角变换为 z 平面中一区域 B, 不含支点在内. 现在看上半平面的边界线, 即实轴变作什么. 设 t 在线段 $a_1 \leqslant t \leqslant a_2$ 中变动. 对应的区域 B 的边界线上的点是

$$z = A \int_{a_1}^t (t - a_1)^{\alpha_1 - 1} (t - a_2)^{\alpha_2 - 1} \cdots (t - a_n)^{\alpha_n - 1} dt + C \qquad (49)$$

其中 C 是常数, 由下式决定

$$C = B + A \int_0^{a_1} (t - a_1)^{\alpha_1 - 1} (t - a_2)^{\alpha_2 - 1} \cdots (t - a_n)^{\alpha_n - 1} dt$$

当 t 在上述线段中变动时每一 $t - a_k$ 的辐角不变, 设以 φ_k 记之, 显然有 $\varphi_1 = 0$, 当 $k > 1$ 时, $\varphi_k = \pi (a_1 < a_2 < \cdots < a_n)$. 因此这时式(49)的被积函数的辐角也不变, 其值为

$$(\alpha_1-1)\varphi_1+(\alpha_2-1)\varphi_2+\cdots+(\alpha_n-1)\varphi_n=\varphi$$

故式(49)可以改写为

$$z=Ae^{i\varphi}\int_{a_1}^{t}|t-a_1|^{\alpha_1-1}|t-a_2|^{\alpha_2-1}\cdots|t-a_n|^{\alpha_n-1}dt+C \qquad (50)$$

这个积分是在实轴上的线段 $a_1\leqslant t\leqslant a_2$ 中履行,所以根本是个实积分. 由式(50) 显然可知实轴上的线段 $a_1\leqslant t\leqslant a_2$ 对应于 z 平面上的直线段 A_1A_2,其起点为 $z=C$,与实轴间的交角为 $\arg(Ae^{i\varphi})$. 当 t 从线段 $a_1\leqslant t\leqslant a_2$ 前进到线段 $a_2\leqslant t\leqslant a_3$ 中时必须越过 a_2 这点. 因此 $t-a_2$ 的辐角得到改变量 $-\pi$, 而 $(t-a_2)^{\alpha_2-1}$ 的辐角得到改变量 $-\pi(\alpha_2-1)$, 故当 t 在线段 $a_2\leqslant t\leqslant a_3$ 中变动时我们可得和(50) 相似的公式,唯辐角 φ 和该式中的辐角相差 $-\pi(\alpha_2-1)$, 就是说,线段 $a_2\leqslant t\leqslant a_3$ 对应于 z 平面中的直线段 A_2A_3, 它和 A_1A_2 的夹角等于 $\pi-\alpha_2\pi$. 其余可以类推.

最后,我们看 t 平面上的无限远点. 为此,将式(45)的被积函数改写为

$$t^{\alpha_1+\alpha_2+\cdots+\alpha_n-n}\left(1-\frac{a_1}{t}\right)^{\alpha_1-1}\left(1-\frac{a_2}{t}\right)^{\alpha_2-1}\cdots\left(1-\frac{a_n}{t}\right)^{\alpha_n-1}$$

应用牛顿二项式公式及(46)的关系,得到被积函数在无限远点邻近的展开式

$$\frac{1}{t^2}+\frac{C_3}{t^3}+\frac{C_4}{t^4}+\cdots$$

结果式(45)右边的积分就可写成

$$d_0+\frac{d_1}{t}+\frac{d_2}{t^2}+\cdots$$

即由式(45)所定义的函数 $f(t)$ 在点 $t=\infty$ 为正则. 因此,当 t 经过实轴上的无限远点时,在 z 平面上同样得到一直线段. 又因 $\alpha_k>0$, 故式(45)的积分在每点 $t=a_k$ 有一定的有限值. 我们所要证明的都已证毕. 如前所述,这样得到的多角形可以自己重叠(图40). 对公式(47)和(48)有完全类似的话可以说. 例如: 当 a_k'' 是单位圆圆周上任意取的若干点, α_k 是任

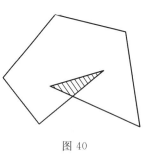

图 40

意正常数,满足条件(46)时,则式(48)将单位圆保角变换为一区域 B, 不含支点在其内,且以折线为边界.

§37 特别情形

这一节所讲的是前一节的几个特别情形.首先,看最简单的三角形.对 t 平面应用分式线性变换,我们常可将问题归到一种比较简单的情形,即三角形的顶点对应于 $t=0,1,\infty$ 三点.这时我们应该用公式(47),置 $a'_1=0, a'_2=1$,即得

$$z = A'\int_0^\tau \tau^{a_1-1}(\tau-1)^{a_2-1}\mathrm{d}\tau + B' \tag{51}$$

在这个公式中只有 A' 和 B' 是任意的,它们对于变换不是重要的角色,唯当三角形受到相似变换时,A' 和 B' 的值就起了变化.公式(51)之所以能够比较简单些乃是因为任意两三角形的顶角相等时必为相似.对四角形这个事实就不成立,故对顶角一定的四角形,和式(51)相当的一般公式中被积函数就含有一个未定参数,这个参数需要由四角形的边长来决定.

公式(51)也适用于顶角为 $\frac{\pi}{2}, \frac{\pi}{2}, 0$ 的无限三角形.这种三角形显然就是两条平行半射线和一条垂直于它们的线段所围成的半带域(图41).于式(51)中置 $a_1=a_2=\frac{1}{2}$,得

$$z = A'\int_0^\tau \frac{\mathrm{d}\tau}{\sqrt{\tau(\tau-1)}} + B'$$

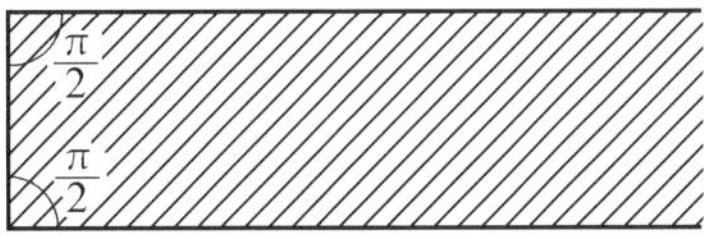

图 41

现在再看矩形的情形.假设一矩形 B 的顶点坐标为(图42)

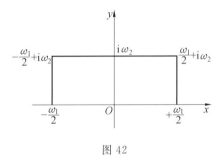

图 42

$$-\frac{\omega_1}{2}, \frac{\omega_1}{2}, \frac{\omega_1}{2}+i\omega_2, -\frac{\omega_1}{2}+i\omega_2$$

其中 ω_1 和 ω_2 是已给正实数. 取这个平行四边形的右边一半, 其顶点为

$$0, \frac{\omega_1}{2}, \frac{\omega_1}{2}+i\omega_2, i\omega_2$$

假设这一半被保角变换为上半 t 平面的右边一半, 即实数部分为正的那一部分, 这时我们可以假定顶点 $0, \frac{\omega_1}{2}$ 和 $i\omega_2$ 对应于实轴上的 $0, 1$ 和 ∞. 在此对应之下, 顶点 $\frac{\omega_1}{2}+i\omega_2$ 对应于实轴上 1 和 ∞ 之间某一点, 设以 $\frac{1}{k}$ 记之, 则 $0<k<1$. 由对称原理长方形的左边一半应对应于上半 t 平面的左边一半, 而顶点 $-\frac{\omega_1}{2}$, $-\frac{\omega_1}{2}+i\omega_2$ 则对应于 $t=-1$ 和 $t=-\frac{1}{k}$. 照这样说来, 我们知道将上半平面变为长方形 B 的保角变换常可如此规范, 使得 $t=-1, 0, 1, \infty$ 诸点依次对应于 $z=-\frac{\omega_1}{2}, 0, \frac{\omega_1}{2}, i\omega_2$ 诸点, 而同时 $t=\frac{1}{k}$ 及 $t=-\frac{1}{k}$ 则对应于 $z=\frac{\omega_1}{2}+i\omega_2$ 及 $z=-\frac{\omega_1}{2}+i\omega_2$. 现在可以应用公式 (45), 置 $a_1=-\frac{1}{k}, a_2=-1, a_3=1, a_4=\frac{1}{k}$, 又 $\alpha_1=\alpha_2=\alpha_3=\alpha_4=\frac{1}{2}$. 又当 $t=0$ 时 $z=0$, 故得

$$z=A'\int_0^t \frac{\mathrm{d}t}{\sqrt{(1-t^2)\left(\frac{1}{k^2}-t^2\right)}}$$

或可改写为

$$z=A\int_0^t \frac{\mathrm{d}t}{\sqrt{(1-t^2)(1-k^2t^2)}} \tag{52}$$

当 t 在实轴上的线段 $-1<t<1$ 中变动时, 对应的 z 在实轴上的线段 $\left(-\frac{\omega_1}{2}, \frac{\omega_1}{2}\right)$ 之中. 由此知在式 (52) 中 A 可设为正常数, 而当 $t=0$ 时应取 $\sqrt{(1-t^2)(1-k^2t^2)}$ 等于 1. 因为 $\sqrt{(1-t^2)(1-k^2t^2)}$ 在上半平面中需是正则函数并且没有支点, 故这个根式在该上半平面中之其他的值可以唯一的方法决定之. 因顶点 $\frac{\omega_1}{2}$ 和 $\frac{\omega_1}{2}+i\omega_2$ 对应于 $t=1$ 和 $t=\frac{1}{k}$, 故得

$$\begin{cases} \dfrac{\omega_1}{2}=A\int_0^1 \dfrac{\mathrm{d}t}{\sqrt{(1-t^2)(1-k^2t^2)}} \\ \omega_2=A\int_1^{\frac{1}{k}} \dfrac{\mathrm{d}t}{\sqrt{(t^2-1)(1-k^2t^2)}} \end{cases} \tag{53}$$

长方形的边长等于 ω_1 和 ω_2,若已知边长的比,则可由下面的方程决定被积函数中之参数 k

$$\omega_1 : \omega_2 = 2\int_0^1 \frac{\mathrm{d}t}{\sqrt{(1-t^2)(1-k^2t^2)}} : \int_1^{\frac{1}{k}} \frac{\mathrm{d}t}{\sqrt{(t^2-1)(1-k^2t^2)}} \tag{54}$$

由这样决定的 k(理论上说)我们用(53)中任一式即可决定 A.

式(52)中的积分不能用初等函数来表示,称为第一类李商特椭圆积分. 我们以后还要谈到这种积分,但现在不拟再说由方程(54)决定 k 的问题了. 我们说了以上这一些,只是为了更确切地解释决定克里斯托弗公式中常数的问题.

现在再看一个特别情形. 设在 z 平面中有一正 n 角形 $A_1A_2\cdots A_n$,其中心为 $z=0$(图 43 是 $n=6$ 的情形). 取一保角变换将 $\triangle OA_1A_2$ 变为单位圆中心角为 $\dfrac{2\pi}{n}$ 的扇形 $O'A'_1A'_2$,使顶点 O, A_1, A_2 依次对应于圆心 O' 及圆弧的端点 A'_1 和 A'_2. 将 $\triangle OA_1A_2$ 关于其一边 OA_2 反射可得 $\triangle OA_2A_3$,由对称原理,和 OA_2A_3 对应的应该是由扇形 $O'A'_1A'_2$ 关于半径 $O'A'_2$ 反射而得的扇形 $O'A'_2A'_3$. 这样借解析延拓可将整个正多角形照象于整个单位圆. 在这个照象之下,和多角形顶点对应的 n 个点分单位圆圆周为 n 等分. 此外,在公式(48)中现在应置

$$\alpha_1 = \alpha_2 = \cdots = \alpha_n = \frac{n-2}{n} = 1 - \frac{2}{n}$$

将单位圆绕着原点旋转,可使和 A_1 对应的点为 $w=1$,于是和多角形其他顶点对应的圆周上的点就是 $\mathrm{e}^{\mathrm{i}\frac{2\pi k}{n}} (k=1,2,\cdots,n-1)$,而式(48)中的被积函数就是

$$\left[(w-1)(w-\mathrm{e}^{\mathrm{i}\frac{2\pi}{n}})(w-\mathrm{e}^{\mathrm{i}\frac{4\pi}{n}})\cdots(w-\mathrm{e}^{\mathrm{i}(n-1)\frac{2\pi}{n}})\right]^{-\frac{2}{n}}$$

设多角形的中心为原点,则将正 n 多角形变为单位圆的变换便可写为

$$z = A''\int_0^w \frac{\mathrm{d}w}{\sqrt[n]{(w^n-1)^2}} \tag{55}$$

常数 A'' 的模由多角形的面积决定,其辐角表示多角形关于中心的旋转角.

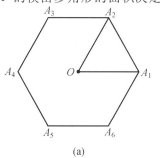
(a)

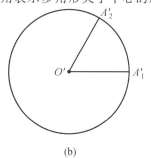
(b)

图 43

§38 多角形的外部

现在再看平面上在一条关闭折线以外的部分(图44). 这个区域也可称为多角形,但包含无限远点在其内. 设 $z=f(w)$ 将单位圆保角变换为这个无限多角形. 这个多角形各顶角之和等于 $\pi(n+2)$, 设以 $\alpha_k\pi$ 记各顶角的角度,则代替(46)而有下面的关系

$$\alpha_1+\alpha_2+\cdots+\alpha_n=n+2 \quad (56)$$

假设原点 $w=0$ 对应于 $z=\infty$, 则函数 $f(w)$ 以原点为单极点,故函数 $f'(w)$ 在原点邻近可展开为

$$f'(w)=\frac{c_{-2}}{w^2}+c_0+c_1w+\cdots \quad (57)$$

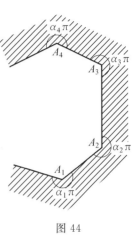

图 44

又设单位圆周上对应于多角形顶点的是 a''_k. 如前作函数 $\dfrac{f''(w)}{f'(w)}$ 和[36]中一般可证这个函数以 a''_k 为单极点,其留数为 α_k-1. 又由式(57)知道它以原点为单极点,其留数为 -2. 除了以上这些极点之外,这个函数处处正则. 现在再看它在无限远点的行为怎样. 已知 $f(w)$ 在原点之值为 ∞, 故当 $f(w)$ 被解析延拓越过单位圆周上某一弧 $a''_k a''_{k+1}$ 而至圆的外部,它在无限远点的值应该和它在原点的值(即 ∞)关于 $a''_k a''_{k+1}$ 的象对称. 但 $a''_k a''_{k+1}$ 的象是一直线段,即多角形的某一边,所以 $f(w)$ 在无限远点的值必等于 ∞, 它把 $w=\infty$ 的邻域变为 $z=\infty$ 的单叶邻域(即多角形中由 $w=0$ 的邻域借 $f(w)$ 而得 $z=\infty$ 的邻域关于一边 A_kA_{k+1} 的反射域). 故由上述解析延拓所得的 $f(w)$ 在无限远点邻域中可展开为

$$f(w)=d_{-1}w+d_0+\frac{d_1}{w}+\cdots \quad (d_{-1}\neq 0) \quad (58)$$

除了前述的极点以外,函数 $\dfrac{f''(w)}{f'(w)}$ 在全平面中为单值正则. 微分式(58)可得 $\dfrac{f''(w)}{f'(w)}$ 在无限远点邻域中的展开式

$$\frac{f''(w)}{f'(w)}=\frac{h_3}{w^3}+\frac{h_4}{w^4}+\cdots \quad (59)$$

因这个函数是单值的,故上之展开式和解析延拓所经过的路线无关. 由式(59)

知 $\dfrac{f''(w)}{f'(w)}$ 在无限远点亦为正则,其值为零.仿[36]中证明式(44)一般可证

$$\frac{f''(w)}{f'(w)} = -\frac{2}{w} + \frac{\alpha_1 - 1}{w - a''_1} + \frac{\alpha_2 - 1}{w - a''_2} + \cdots + \frac{\alpha_n - 1}{w - a''_n} \qquad (60)$$

又由此可证和式(45)相当的

$$z = A \int_1^w (w - a''_1)^{\alpha_1 - 1} (w - a''_2)^{\alpha_2 - 1} \cdots (w - a''_n)^{\alpha_n - 1} \frac{\mathrm{d}w}{w^2} + B \qquad (61)$$

若对 w 施行变换 $w = \dfrac{1}{\tau}$,则单位圆的内部变为单位圆的外部,以这个变换代入式(61)即得将单位圆外部变为关闭折线外部的保角变换,其中无限远点和无限远点相对应

$$z = A' \int_1^\tau (\tau - a_1)^{\alpha_1 - 1} (\tau - a_2)^{\alpha_2 - 1} \cdots (\tau - a_n)^{\alpha_n - 1} \frac{\mathrm{d}\tau}{\tau^2} + B \qquad (62)$$

这个公式在形式上和公式(61)完全一样.

试以正方形的外域为例.因为对称的关系,单位圆周上的点 a_k 分这个圆为四等分.将圆周旋转可使这四点为

$$a_1 = 1, a_2 = \mathrm{i}, a_3 = -1, a_4 = -\mathrm{i}$$

至于正方形的顶角则有

$$\alpha_1 = \alpha_2 = \alpha_3 = \alpha_4 = \frac{3}{2}$$

代入式(62)得

$$z = A' \int_1^\tau \sqrt{\tau^4 - 1} \, \frac{\mathrm{d}\tau}{\tau^2} + B \qquad (63)$$

常数 A' 和 B 的数值由正方形的面积和它在平面中的位置而决定.

注意:[36]前半部所有的结果都是关于将半平面变为多角形的变换的,而在这一节我们用这些结果则是在圆变为多角形的情形.不难知道[36]中的结果确可适用于我们现在的情形.

对式(62)再做一点注意.用式(56)的关系,式(62)中的被积函数可改写为

$$\left(1 - \frac{a_1}{\tau}\right)^{\alpha_1 - 1} \left(1 - \frac{a_2}{\tau}\right)^{\alpha_2 - 1} \cdots \left(1 - \frac{a_n}{\tau}\right)^{\alpha_n - 1}$$

利用牛顿二项式公式,这个函数在无限远点的邻域中有如下之展开式

$$1 - \frac{(\alpha_1 - 1)a_1 + (\alpha_2 - 1)a_2 + \cdots + (\alpha_n - 1)a_n}{\tau} + \frac{c_2}{\tau^2} + \frac{c_3}{\tau^3} + \cdots$$

将上式逐项积分时,第二项的积分含有函数 $\ln \tau$,但已知 $\tau = \infty$ 的邻域对应于 $z = \infty$ 的单叶邻域,故必须(亦为充分)下面的条件成立

$$(\alpha_1-1)a_1+(\alpha_2-1)a_2+\cdots+(\alpha_n-1)a_n=0 \tag{64}$$

因为如果这个条件不满足的话,式(62)就将单位圆的外部 $|\tau|>1$ 变为区域 B,以闭折线为边界,但以无限远点为对数型支点,这是不可能的.

照前面所说过的,公式(62)也适用于将单位圆内部 $|\tau|<1$ 变为无限多角形的情形,这时 $\tau=0$ 对应于无限远点. 若将被积函数在 $\tau=0$ 的附近展开,而置 $\dfrac{1}{\tau}$ 的系数为零,则得

$$(\alpha_1-1)\frac{1}{a_1}+(\alpha_2-1)\frac{1}{a_2}+\cdots+(\alpha_n-1)\frac{1}{a_n}=0$$

这个式子和式(64)完全一样,因为由 $|a_k|=1$ 有 $a_k^{-1}=\bar{a}_k$,而 α_k 是正实数.

§39 变换区域为圆的函数的极小性质

设函数

$$z=f(\tau)=\tau+c_2\tau^2+\cdots \tag{65}$$

在圆 $|\tau|<R$ 中为正则. 它变这个圆为一区域 B,可能是多叶,甚至含有支点在其内. 对 $R_1<R$,圆 $|\tau|<R_1$ 被函数(65)变为区域 B 的一部分,以 B_1 记之. 现在要决定 B_1 的面积. L 由[29]所证,这个面积可以用下面的积分来表示

$$S_1=\iint\limits_{|\tau|<R_1}|f'(\tau)|^2\mathrm{d}s$$

或可改写为

$$S_1=\int_0^{R_1}\int_0^{2\pi}(1+2c_2re^{i\varphi}+3c_3r^2e^{i2\varphi}+\cdots)(1+2\bar{c}_2re^{-i\varphi}+3\bar{c}_3r^2e^{-i2\varphi}+\cdots)r\mathrm{d}r\mathrm{d}\varphi$$

因为上式中的级数在圆 $|\tau|<R_1$ 中绝对且一致收敛,故可逐项相乘以后再逐项积分,又因形式为 $e^{ik\varphi}$(k 是不等于零的整数)的函数在区间 $(0,2\pi)$ 上积分之值为零,故逐项积分后只剩不含 $e^{ik\varphi}$ 各项的积分,这时关于 φ 积分就等于用 2π 来乘. 所以得到

$$S_1=2\pi\int_0^{R_1}(1+2^2|c_2|^2r^2+\cdots+n^2|c_n|^2r^{2n-2}+\cdots)r\mathrm{d}r$$

或

$$S_1=\pi R_1^2+\pi\sum_{n=2}^{\infty}n|c_n|^2R_1^{2n} \tag{66}$$

将 $R_1\to R$,上式右边的和随 R_1 增加或趋向有限的极限,或趋向 ∞. 但无论

如何这个极限值必大于 πR^2，只要在(65)的展开式中有一个 c_k 不等于零。因这个极限值表示区域 B 的面积，而 πR^2 表示圆 $|\tau|<R$ 的面积，故得下之结论：圆 $|\tau|<R$ 中的正则函数(65)常把这个圆变为一个面积较大的区域，只要在(65)中至少有一个系数 c_k 不等于零。

有了这个预备定理以后，我们现在要证明保角变换的一个重要的性质。设 B 为 z 平面中一单通有界区域，不失一般性，可设原点 $z=0$ 也在这个区域之中。又设函数 $F_1(z)$ 将 B 保角变换为单位圆，使原点 $z=0$ 对应于圆心。这个函数在 $z=0$ 的邻域中可展开为

$$F_1(z) = d_1 z + d_2 z^2 + \cdots$$

这里可设 $d_1>0$。现在再引进一个新的函数

$$F(z) = \frac{1}{d_1} F_1(z)$$

这个函数变 B 为圆 $|\tau|<R$，其中 $R=\frac{1}{d_1}$，它在 $z=0$ 邻近的展开式为

$$\tau = F(z) = z + a_2 z^2 + a_3 z^3 + \cdots \tag{67}$$

$F(z)$ 的反函数在圆 $|\tau|<R$ 之内为正则，并可展开为

$$z = f(\tau) = \tau + c_2 \tau^2 + c_3 \tau^3 + \cdots \tag{68}$$

二重积分

$$\iint_B |F'(z)|^2 \mathrm{d}s \tag{69}$$

表示圆 $|\tau|<R$ 的面积，故其值为 πR^2。今取另一在 B 中为正则的函数 $\varphi(z)$，它在 $z=0$ 的邻域中有形如(67)的展开式。以式(68)代入 $\varphi(z)$ 之中，得到一个 τ 的函数，它在 $|\tau|<R$ 中为正则，并可展开为

$$\varphi(z) = \varphi[f(\tau)] = \tau + e_2 \tau^2 + e_3 \tau^3 + \cdots = f_1(\tau) \tag{70}$$

对函数 $\varphi(z)$ 计算和(69)相当的积分。变 z 为 τ，并记住 τ 平面中的面积单元和 z 平面中的面积单元间存在下面的关系[29]

$$\mathrm{d}s_z = |f'(\tau)|^2 \mathrm{d}s_\tau$$

可得

$$\iint_B |\varphi'(z)|^2 \mathrm{d}s_z = \iint_{|\tau|<R} |\varphi'(z)\cdot f'(\tau)|^2 \mathrm{d}s_\tau = \iint_{|\tau|<R} |f'_1(\tau)|^2 \mathrm{d}s_\tau$$

由前面证明过的定理知道这个积分的值大于 πR^2，只要(70)的展开式中至少有一个 e_k 不等于零。如果所有的 e_k 都等于零，即 $\varphi(z)=\tau$，则显然有 $\varphi(z)=F(z)$。因此下面的定理成立：

定理 对于所有在 B 内为正则，且于 $z=0$ 的邻近有形如(67)的展开式的

函数作二重积分(69),则将 B 保角变换为以原点为中心的圆的函数使积分(69)取极小值.

我们可以用这个定理来求变 B 为圆的函数 $F(z)$ 的迫近多项式. 为此,假定 $F(z)$ 可以用 n 次多项式迫近表示如下

$$F(z) = z + a_2 z^2 + \cdots + a_n z^n \tag{71}$$

则这个多项式是所有这种形式的多项式中使积分(69)取极小值的那一个. 现在要用这个条件来决定系数 a_k. 任取一多项式

$$\omega(z) = b_2 z^2 + b_3 z^3 + \cdots + b_n z^n$$

再作一个和 $F(z)$ 有相同形式的多项式

$$\Phi(z) = F(z) + \varepsilon \omega(z)$$

其中 ε 假设是个实参数. 对这个多项式作积分(69)

$$\iint_B [F'(z) + \varepsilon \omega'(z)][\overline{F'(z)} + \overline{\varepsilon \omega'(z)}] \mathrm{d}s$$

这是 ε 的函数,当 $\varepsilon = 0$ 时它取极小值. 它对 ε 的导数当 $\varepsilon = 0$ 时等于零,于是得到下面这个条件

$$\iint_B [F'(z) \overline{\omega'(z)} + \overline{F'(z)} \omega'(z)] \mathrm{d}s = 0 \tag{72}$$

上式对任意多项式 $\omega(z)$ 皆成立.

同样以 $i\varepsilon$ 代 ε,其中 ε 是实数,可以得到下面的条件

$$\iint_B [F'(z) \overline{\omega'(z)} - \overline{F'(z)} \omega'(z)] \mathrm{d}s = 0 \tag{72'}$$

两式相加,得

$$\iint_B F'(z) \overline{\omega'(z)} \mathrm{d}s = 0$$

依次取 $\omega(z)$ 为 $z^2, z^3, \cdots, z^n$,又置

$$p_{ik} = \iint_B \bar{z}^i z^k \mathrm{d}s \tag{73}$$

可得下面一组 a_k 的一次方程

$$\begin{cases} p_{10} + 2p_{11}a_2 + 3p_{12}a_3 + \cdots + np_{1,n-1}a_n = 0 \\ p_{20} + 2p_{21}a_2 + 3p_{22}a_3 + \cdots + np_{2,n-1}a_n = 0 \\ \vdots \\ p_{n-1,0} + 2p_{n-1,1}a_2 + 3p_{n-1,2}a_3 + \cdots + np_{n-1,n-1}a_n = 0 \end{cases} \tag{74}$$

因此只要能算出积分(73)的值,我们便可由(74)来决定系数 a_k.

如果区域的边界线是没有重点的单闭曲线,则可证明这样作出的多项式当

$n \to \infty$ 时在 B 中一致地趋向一个变 B 为圆的函数.

最后关于本节所证的第一个定理再说几句话. 函数(65)变圆 $|\tau|<R$ 为区域 B,这个区域的几何性质,如多叶性或边界线的形状,都可能是非常复杂的. 对于它有时甚至没有普遍意义下的面积可言,因此这时区域 B 的面积只能了解作它的部分区域 B_1 的面积的极限,当 B_1 如此扩大,使得 B 中任意一点必有属于 B_1 的时候. 若在普通意义之下 B 有面积,则这个面积显然等于上述 B_1 的面积的极限.

§40 共轭三角级数法

这一节所说的是将单通区域 B 保角变换为圆的函数的另一种迫近构造法. 和前一节不同,我们现在所取的迫近多项式不在区域 B 所属的 z 平面中而在单位圆所属的 τ 平面中. 为简单起见,且不失普遍性,可设圆心和 z 平面中的原点对应,且这个原点含于区域 B 之中. 假设函数

$$z = a_1\tau + a_2\tau^2 + \cdots \tag{75}$$

变单位圆 $C(|\tau|<1)$ 为 B. 若 B 的边界线是单闭曲线,则可证级数(75)在闭圆 C 内为一致收敛. 在 C 的圆周上应有 $\tau = e^{i\varphi}, 0 \leqslant \varphi \leqslant 2\pi$,由此可得区域 B 的边界线 Γ 的方程

$$z = x + iy = a_1 e^{i\varphi} + a_2 e^{i2\varphi} + a_3 e^{i3\varphi} + \cdots \tag{76}$$

或分开实数部分和虚数部分,且设 $a_k = \alpha_k - i\beta_k$,上式可改写为

$$\begin{cases} x = \sum_{k=1}^{\infty}(\alpha_k \cos k\varphi + \beta_k \sin k\varphi) \\ y = \sum_{k=1}^{\infty}(-\beta_k \cos k\varphi + \alpha_k \sin k\varphi) \end{cases} \tag{77}$$

特别地,可设 a_1 是实数,即 $\beta_1 = 0$. 方程(77)是区域 B 的边界线 Γ 的一种特别参数表示,即所谓共轭三角级数的参数表示[25]. 我们称这种表示为曲线的标准参数表示. 式(76)是这种表示的复数形式. 反过来,假如区域 B 的边界线 Γ 有形如(76)或(77)的标准参数表示,则以 τ^k 代替式(76)中的 $e^{ik\varphi}$,即得变单位圆为 B 的函数. 这时级数(76)在单位圆中显然为一致收敛. 因此我们的问题就归结到寻求区域 B 的边界线 Γ 的标准参数表示式了.

先假设 Γ 的方程是隐函数的形式,并且可以写成下面的形式

$$x^2 + y^2 - 1 + \lambda P(x^2, y^2) = 0 \tag{78}$$

其中 λ 是个常数, $P(x^2,y^2)$ 是只含 x 和 y 的偶数幂的多项式. 式(78)可以改写为复数形式. 注意: $P(x^2,y^2)$ 可以看作

$$x^2+y^2=z\bar{z} \text{ 和 } 2(x^2-y^2)=z^2+\bar{z}^2$$

的多项式, 从而方程(78)就可改写为

$$z\bar{z}-1+\lambda\sum_{l=0}^{l_0}\sum_{k=0}^{k_0}A_{kl}(z\bar{z})^k(z^2+\bar{z}^2)^l=0 \tag{79}$$

其中 A_{kl} 是实系数. 因为 Γ 关于坐标轴对称, 和[37]中处理正多角形的办法相仿, 我们可以证明在式(77)中应该有 $\beta_k=0, \alpha_{2k}=0$, 因此复数形式的 Γ 的方程就变成

$$z=\alpha_1 e^{i\varphi}+\alpha_3 e^{i3\varphi}+\cdots \quad (\alpha_1>0) \tag{80}$$

这里 α_{2k+1} 是实系数, 故

$$\bar{z}=\alpha_1 e^{-i\varphi}+\alpha_3 e^{-i3\varphi}+\cdots \tag{81}$$

从而

$$\begin{cases} z\bar{z}=\sum_{p=-\infty}^{+\infty}\left[\sum_{j-j'=p}\alpha_{2j+1}\alpha_{2j'+1}\right]e^{2ip\varphi} \\ z^2+\bar{z}^2=\sum_{p=0}^{+\infty}\left[\sum_{j+j'=p}\alpha_{2j+1}\alpha_{2j'+1}\right]e^{i(2p+2)\varphi}+\sum_{p=0}^{+\infty}\left[\sum_{j+j'=p}\alpha_{2j+1}\alpha_{2j'+1}\right]e^{-i(2p+2)\varphi} \end{cases} \tag{82}$$

以上关于 j 和 j' 相加时, 其范围仍各从 0 到 $+\infty$, 但需要满足式中所写的条件. 将式(82)代入式(79)的左边, 把级数逐项乘开再依 $e^{i\varphi}$ 的幂次归并在一起, 因为右边是零, 所以左边每一项中 $e^{ik\varphi}$ 的系数都应该等于零. 注意: 在式(82)中只出现 $e^{i\varphi}$ 的偶数幂次, 并且 $e^{i2p\varphi}$ 和 $e^{-i2p\varphi}$ 的系数相同. 因此在式(79)左边也有同样的情形, 而我们只需置 $e^{i2p\varphi}(p\geqslant 0)$ 的系数为零就可得出全部的 α_i 应该满足的条件了.

现在不拟写出在一般情形时的全部计算, 但由(82)的第一式知道可以得出下面一组的方程来

$$\begin{cases} \alpha_1^2+\alpha_3^2+\alpha_5^2+\cdots+\lambda T_0(\alpha_{2j+1})=1 \\ \alpha_1\alpha_3+\alpha_3\alpha_5+\cdots+\lambda T_1(\alpha_{2j+1})=0 \\ \alpha_1\alpha_5+\alpha_3\alpha_7+\cdots+\lambda T_2(\alpha_{2j+1})=0 \\ \vdots \end{cases} \tag{83}$$

其中 $T_p(\alpha_{2j+1})$ 是含有系数 A_{kl} 和 α_{2j+1} 的某种一定形式. 将(83)各式移项, 第一式开平方, 其余各式用 α_1 来除, 可得

$$\alpha_1=\sqrt{1-[\alpha_3^2+\alpha_5^2+\cdots+\lambda T_0(\alpha_{2j+1})]}$$

$$\alpha_3 = -\frac{\alpha_3\alpha_5}{\alpha_1} - \frac{\alpha_5\alpha_7}{\alpha_1} - \cdots - \frac{1}{\alpha_1}\lambda T_1(\alpha_{2j+1})$$

$$\alpha_5 = -\frac{\alpha_3\alpha_7}{\alpha_1} - \frac{\alpha_5\alpha_9}{\alpha_1} - \cdots - \frac{1}{\alpha_1}\lambda T_2(\alpha_{2j+1})$$

$$\vdots$$

将根式依牛顿二项式定理展开,得

$$\begin{cases} \alpha_1 = 1 - \frac{1}{2}[\alpha_3^2 + \alpha_5^2 + \cdots + \lambda T_0(\alpha_{2j+1})] + \\ \qquad \frac{\frac{1}{2}(\frac{1}{2}-1)}{2!}[\alpha_3^2 + \alpha_5^2 + \cdots + \lambda T_0(\alpha_{2j+1})]^2 + \cdots \\ \alpha_3 = -\frac{\alpha_3\alpha_5}{\alpha_1} - \frac{\alpha_5\alpha_7}{\alpha_1} - \cdots - \frac{1}{\alpha_1}\lambda T_1(\alpha_{2j+1}) \\ \alpha_5 = -\frac{\alpha_3\alpha_7}{\alpha_1} - \frac{\alpha_5\alpha_9}{\alpha_1} - \cdots - \frac{1}{\alpha_1}\lambda T_2(\alpha_{2j+1}) \\ \vdots \end{cases} \quad (84)$$

现在要用逐次迫近法来解这一组方程. 我们取 α_j 的初始值如下

$$\alpha_1^{(0)} = 1, \alpha_3^{(0)} = \alpha_5^{(0)} = \cdots = 0 \quad (85)$$

将(85)代入(84)各式的右边,略去所有含 λ 高于一次的各项,即得首次近似值

$$\alpha_{2j+1}^{(0)} + \lambda \alpha_{2j+1}^{(1)} \quad (86)$$

再将(86)代入(84)各式的右边,然后略去所有含 λ 高于二次的各项,即得二次近值

$$\alpha_{2j+1}^{(0)} + \lambda \alpha_{2j+1}^{(1)} + \lambda^2 \alpha_{2j+1}^{(2)}$$

和前面一样,当 j 相当大以后上式之值为零,其余依此类推. 可以证明这样得到的无穷级数对于所有相当接近于零的 λ 收敛,并且确是我们所要的解.

例 1 为说明上述方法起见,可以用一个变单位圆为椭圆内部的函数作为例子. 这个函数的方程是

$$x^2 + y^2 - 1 - \lambda(x^2 - y^2) = 0 \quad (87)$$

这个方程也可改写为复数形式

$$z\bar{z} - \lambda \frac{z^2 + \bar{z}^2}{2} = 1$$

利用公式(82),可得下面一组无限个方程

$$\begin{cases} \alpha_1^2 + \alpha_3^2 + \alpha_5^2 + \alpha_7^2 + \alpha_9^2 + \alpha_{11}^2 + \cdots = 1 \\ \alpha_1\alpha_3 + \alpha_3\alpha_5 + \alpha_5\alpha_7 + \alpha_7\alpha_9 + \cdots = \lambda\left(\frac{1}{2}\alpha_1^2\right) \\ \alpha_1\alpha_5 + \alpha_3\alpha_7 + \alpha_5\alpha_9 + \alpha_7\alpha_{11} + \cdots = \lambda(\alpha_1\alpha_3) \\ \alpha_1\alpha_7 + \alpha_3\alpha_9 + \alpha_5\alpha_{11} + \cdots = \lambda\left(\frac{1}{2}\alpha_3^2 + \alpha_1\alpha_5\right) \\ \alpha_1\alpha_9 + \alpha_3\alpha_{11} + \cdots = \lambda(\alpha_1\alpha_7 + \alpha_3\alpha_5) \\ \alpha_1\alpha_{11} + \alpha_3\alpha_{13} + \cdots = \lambda\left(\alpha_1\alpha_9 + \alpha_3\alpha_7 + \frac{1}{2}\alpha_5^2\right) \\ \vdots \end{cases} \quad (88)$$

引进新的变数 ρ_k，置

$$\rho_0 = \alpha_1, \rho_1 = \frac{\alpha_3}{\alpha_1}, \rho_2 = \frac{\alpha_5}{\alpha_1}, \cdots \quad (89)$$

于是(88)就可改写为

$$\begin{cases} \rho_0 = (1 + \rho_1^2 + \rho_2^2 + \cdots)^{-\frac{1}{2}} \\ \rho_1 = \frac{1}{2}\lambda - \rho_1\rho_2 - \rho_2\rho_3 - \rho_3\rho_4 - \rho_4\rho_5 - \cdots \\ \rho_2 = \lambda\rho_1 - \rho_1\rho_3 - \rho_2\rho_4 - \rho_3\rho_5 - \cdots \\ \rho_3 = \lambda\left(\frac{1}{2}\rho_1^2 + \rho_2\right) - \rho_1\rho_4 - \rho_2\rho_5 - \cdots \\ \rho_4 = \lambda(\rho_1\rho_2 + \rho_3) - \rho_1\rho_5 - \cdots \\ \rho_5 = \lambda\left(\rho_4 + \rho_1\rho_3 + \frac{1}{2}\rho_2^2\right) - \rho_1\rho_6 - \cdots \\ \vdots \end{cases} \quad (90)$$

第一个方程暂且不管,其余的方程可用前面所说的逐次迫近法解之. 这样,如果算到 λ^5 为止,可得

$$\rho_1 = \frac{1}{2}\lambda - \frac{1}{4}\lambda^3 + \frac{3}{32}\lambda^5, \rho_2 = \frac{1}{2}\lambda^2 - \frac{9}{16}\lambda^4$$

$$\rho_3 = \frac{5}{8}\lambda^3 - \frac{9}{8}\lambda^5, \rho_4 = \frac{7}{8}\lambda^4, \rho_5 = \frac{21}{16}\lambda^5$$

而所有其余的 ρ_k 都等于零. 这里我们取初始值为 $\rho_1^{(0)} = \rho_2^{(0)} = \cdots = 0$. 将上面诸式代入(90)的第一式的右边,再用牛顿二项式公式展开,可以得到 ρ_0 的近似值,准确到 λ^5

$$\rho_0 = 1 - \frac{1}{8}\lambda^2 + \frac{3}{128}\lambda^4$$

知道 ρ_k 以后,由(89)可得 α_k
$$\alpha_1 = \rho_0, \alpha_3 = \rho_0\rho_1, \alpha_5 = \rho_0\rho_2, \cdots$$

我们所求的变单位圆为椭圆内部的函数(87)的近似多项式(到十次为止)如下

$$z = \left(1 - \frac{1}{8}\lambda^2 + \frac{3}{128}\lambda^4\right)\tau\left[1 + \left(\frac{1}{2}\lambda - \frac{1}{4}\lambda^3 + \frac{3}{32}\lambda^5\right)\tau^2 + \right.$$
$$\left. \left(\frac{1}{2}\lambda^2 - \frac{9}{16}\lambda^4\right)\tau^4 + \left(\frac{5}{8}\lambda^3 - \frac{9}{8}\lambda^5\right)\tau^6 + \frac{7}{8}\lambda^4\tau^8 + \frac{21}{16}\lambda^5\tau^{10}\right] \quad (91)$$

例 2 再看变单位圆为平行于坐标轴的直线 $x=\pm 1$ 和 $y=\pm 1$ 所包围的正方形内部的保角变换.正方形的方程可写为
$$(1-x^2)(y^2-1) = 0$$
或
$$x^2 + y^2 - 1 - x^2y^2 = 0$$
引进参数 λ,可得一族的曲线
$$x^2 + y^2 - 1 - \lambda x^2 y^2 = 0$$
其复数形式为
$$z\bar{z} - 1 + \lambda\left(\frac{z^2 - \bar{z}^2}{4}\right)^2 = 0$$

因为正方形不但关于坐标轴对称,并且对于坐标轴间的角平分线也是对称的,仿[37]的论断,可知正方形的标准参数表示必定是下面的形式
$$z = \alpha_1 e^{i\varphi} + \alpha_5 e^{i5\varphi} + \alpha_9 e^{i9\varphi} + \cdots \quad (\alpha_1 > 0)$$
这里 α_{4k+1} 就是我们所要求的系数.用前面一样的办法可得一无限方程组

$$\begin{cases} \alpha_1^2 + \alpha_5^2 + \alpha_9^2 + \cdots = \\ 1 + \frac{\lambda}{2}\left[\left(\frac{\alpha_1^2}{2}\right)^2 + (\alpha_1\alpha_5)^2 + \left(\alpha_1\alpha_9 + \frac{1}{2}\alpha_5^2\right)^2 + (\alpha_1\alpha_{13} + \alpha_5\alpha_9)^2 + \cdots\right] \\ \alpha_1\alpha_5 + \alpha_5\alpha_9 + \alpha_9\alpha_{13} + \cdots = \\ \frac{\lambda}{2}\left[-\frac{1}{2}\left(\frac{\alpha_1^2}{2}\right)^2 + (\alpha_1\alpha_5)\left(\frac{1}{2}\alpha_1^2\right) + \left(\alpha_1\alpha_9 + \frac{1}{2}\alpha_5^2\right)(\alpha_1\alpha_5) + \cdots\right] \\ \alpha_1\alpha_9 + \alpha_5\alpha_{13} + \cdots = \\ \frac{\lambda}{2}\left[-\left(\frac{\alpha_1^2}{2}\right)(\alpha_1\alpha_5) + \left(\alpha_1\alpha_9 + \frac{1}{2}\alpha_5^2\right)\left(\frac{1}{2}\alpha_1^2\right) + \cdots\right] \\ \alpha_1\alpha_{13} + \cdots = \\ \frac{\lambda}{2}\left[-\left(\frac{\alpha_1^2}{2}\right)\left(\alpha_1\alpha_9 + \frac{1}{2}\alpha_5^2\right) - \frac{1}{2}(\alpha_1\alpha_5)^2 + (\alpha_1\alpha_{13} + \alpha_5\alpha_9)\left(\frac{1}{2}\alpha_1^2\right) + \cdots\right] \\ \vdots \end{cases} \quad (92)$$

但我们现在所感兴趣的是 $\lambda=1$ 的情形,故可在(92)中置 $\lambda=1$,再取 α_{4k+1} 的初始值为
$$\alpha_1=1, \alpha_5=\alpha_9=\cdots=0$$
然后用逐次迫近法来解这个方程组.把上面的初始值代入(92),可得
$$\alpha_1^2=1+\frac{1}{2}\left(\frac{1}{2}\right)^2, \alpha_5=\frac{1}{2}\left[-\frac{1}{2}\left(\frac{1}{2}\right)^2\right], \alpha_9=\alpha_{13}=\cdots=0$$
或
$$\alpha_1=1.060\ 7, \alpha_5=-0.062\ 5, \alpha_9=\alpha_{13}=\cdots=0$$
把这些近似值代入(92)中,可得
$$\alpha_1^2+(-0.062\ 5)^2=1+\frac{1}{2}\left[\frac{(1.060\ 7)^4}{4}+(1.060\ 7)^2\times\right.$$
$$\left.(-0.062\ 5)^2+\frac{1}{4}(-0.062\ 5)^4\right]$$
$$1.060\ 7\alpha_5=\frac{1}{2}\left[-\frac{1}{2}\times\frac{(1.060\ 7)^4}{4}+\frac{1}{2}(1.060\ 7)^3\times(-0.062\ 5)+\right.$$
$$\left.\frac{1}{2}(-0.062\ 5)^2\times 1.060\ 7\right]$$
$$1.060\ 7\alpha_9=\frac{1}{2}\left[-\frac{1}{2}(1.060\ 7)^3\times(-0.062\ 5)+\frac{1}{4}(-0.062\ 5)^2\times(1.060\ 7)^2\right]$$
$$1.060\ 7\alpha_{13}=\frac{1}{2}\left[-\frac{3}{4}(1.060\ 7)^2\times(-0.062\ 5)^2\right]$$
$$1.060\ 7\alpha_{17}=0$$
故得以下诸近似值
$$\alpha_1=1.067, \alpha_5=-0.092\ 2, \alpha_9=0.018\ 1, \alpha_{13}=-0.001\ 6, \alpha_{17}=0$$
显然,这个逐次迫近法还可以继续做下去,但要计算下一次的近似值时,必须把(92)中的展开式写得更详细一点,并且加进一些(92)中尚未写出的新方程.在求新的近似值时,(92)各方程中除等式左边第一项以外,其余各项中的 α_i 都用已得的近似值代进去,又从第二个方程起,等式左边第一项中的 α_1 也用已得的近似值代进去.

我们这个例题中 α_i 的近似值准确到小数第四位的为
$$\alpha_1=1.080\ 7, \alpha_5=-0.108\ 1, \alpha_9=0.045\ 0$$
$$\alpha_{13}=-0.024\ 2, \alpha_{17}=0.017\ 4, \alpha_{21}=-0.012\ 5$$
注意下面的事实:当我们应用逐次迫近法而取初始值为 $\alpha_1=1, \alpha_5=\alpha_9=\cdots=0$ 时,所得到的无论哪一次的近似值从某一个 α_i 起必定全部等于零.

除了上述的方法以外还有另一种方法,就是不求系数 α_{2j+1} 关于 λ 的展开

式,而求式(77)或式(76)右边关于 λ 的展开式.这样再用逐次迫近法可得稍稍不同的结果.因此,现在要求曲线(78)的展开为参数 λ 的正整数幂的级数的标准参数表示

$$\begin{cases} x = x_0(\varphi) + x_1(\varphi)\lambda + x_2(\varphi)\lambda^2 + \cdots \\ y = y_0(\varphi) + y_1(\varphi)\lambda + y_2(\varphi)\lambda^2 + \cdots \end{cases} \tag{93}$$

其中 $x_0(\varphi)$ 和 $y_0(\varphi)$ 是曲线(78)当 $\lambda=0$ 时的标准参数表示,即圆 $x^2+y^2-1=0$ 的标准参数表示.换言之,在式(93)中有

$$x_0(\varphi) = \cos\varphi, y_0(\varphi) = \sin\varphi$$

其他的系数 $x_k(\varphi)$ 和 $y_k(\varphi)$ 应该是共轭函数,即可以用共轭三角级数来表示.将(93)代入式(78)的左边,然后置 λ 的各次幂的系数为零,即可决定展开式中 λ 的系数.

例 试看前面已经研究过的椭圆的情形

$$z\bar{z} - \frac{\lambda}{2}(z^2 + \bar{z}^2) = 1 \tag{94}$$

现在要求如下形式的标准参数表示

$$z = x + iy = e^{i\varphi} + z_1(\varphi)\lambda + z_2(\varphi)\lambda^2 + \cdots \tag{95}$$

其中

$$z_k(\varphi) = \alpha_1^{(k)} e^{i\varphi} + \alpha_3^{(k)} e^{i3\varphi} + \cdots \tag{96}$$

将式(95)代入式(94)左边,得

$$(e^{i\varphi} + z_1\lambda + z_2\lambda^2 + \cdots)(e^{-i\varphi} + \bar{z}_1\lambda + \bar{z}_2\lambda^2 + \cdots) - \frac{\lambda}{2}[(e^{i\varphi} + z_1\lambda + \cdots)^2 + (e^{-i\varphi} + \bar{z}_1\lambda + \cdots)^2] = 1 \tag{97}$$

置 λ 的系数为零,得

$$e^{i\varphi}\bar{z}_1 + e^{-i\varphi}z_1 = \frac{1}{2}(e^{i2\varphi} + e^{-i2\varphi})$$

或

$$\text{Re}[e^{-i\varphi}z_1] = \frac{1}{2}\cos 2\varphi$$

这里 Re 表示实数部分.由(96)知上式即

$$\text{Re}[\alpha_1^{(1)} + \alpha_3^{(1)} e^{i2\varphi} + \cdots] = \frac{1}{2}\cos 2\varphi$$

从而

$$\alpha_3^{(1)} = \frac{1}{2}, \alpha_1^{(1)} = \alpha_5^{(1)} = \alpha_7^{(1)} = \cdots = 0$$

代入式(96)得
$$z_1 = \frac{1}{2}e^{i3\varphi} \tag{98}$$

回到式(97),置 λ^2 的系数为零,得
$$e^{-i\varphi}z_2 + e^{i\varphi}\bar{z}_2 + z_1\bar{z}_1 = e^{i\varphi}z_1 + e^{-i\varphi}\bar{z}_1$$

或
$$\text{Re}[e^{-i\varphi}z_2] = \text{Re}[e^{i\varphi}z_1] - \frac{1}{2}z_1\bar{z}_1$$

由式(93)有
$$\text{Re}[e^{-i\varphi}z_2] = -\frac{1}{8} + \frac{1}{2}\cos 4\varphi$$

由式(96)知上式即
$$\text{Re}[\alpha_1^{(2)} + \alpha_3^{(2)}e^{i2\varphi} + \cdots] = -\frac{1}{8} + \frac{1}{2}\cos 4\varphi$$

因此 $\alpha_1^{(2)} = -\frac{1}{8}$, $\alpha_5^{(2)} = \frac{1}{2}$,而其他的 $\alpha_{2j+1}^{(2)}$ 等于零.故
$$z_2 = -\frac{1}{8}e^{i\varphi} + \frac{1}{2}e^{i5\varphi}$$

仿此再做下去,可得
$$z_3 = -\frac{5}{16}e^{i3\varphi} + \frac{5}{8}e^{i7\varphi}, \quad z_4 = \frac{3}{128}e^{i\varphi} - \frac{5}{8}e^{i5\varphi} + \frac{7}{8}e^{i9\varphi}$$

最后,把这些结果代入式(95),并改 $e^{ik\varphi}$ 为 τ^k,可得所求的保角变换的近似式
$$z = \tau + \frac{1}{2}\tau^3\lambda + \left(-\frac{1}{8}\tau + \frac{1}{2}\tau^5\right)\lambda^2 + \left(-\frac{5}{16}\tau^3 + \frac{5}{8}\tau^7\right)\lambda^3 +$$
$$\left(\frac{3}{128}\tau - \frac{5}{8}\tau^5 + \frac{7}{8}\tau^9\right)\lambda^4 \tag{99}$$

上面所说的方法为康托洛维奇教授所创,其详情与收敛性的证明可以在他的原著中找到(数学业报卷40;3).注意:若在式(91)中略去含 λ 四次以上各项即得式(99).

§41 稳定平面液流

已经讲过保角变换的基本理论,现在再谈复变数函数论在流体力学上的应用.设有稳定平面液流,其速势为 $\varphi(x,y)$,流函数为 $\psi(x,y)$[Ⅱ,74].这时液流

在每一点的速度可由下式来表示

$$v_x = \frac{\partial \varphi(x,y)}{\partial x}, v_y = \frac{\partial \varphi(x,y)}{\partial y} \tag{100}$$

又

$$\psi(x_1,y_1) - \psi(x_0,y_0) = \psi(M_1) - \psi(M_0) \tag{101}$$

表示在单位时间内穿过联结两点 M_0 和 M_1 的任意曲线的液量. 我们假设液流不因时间而变,并且在所有和 xOy 平面平行的平面上都是一样的. 严格地说,式(101)表示在单位时间内穿过平行于 z 轴,高度为 1 的柱面的液量,这个柱面的底线是 xOy 平面上一条联结 $M_0(x_0,y_0)$ 和 $M_1(x_1,y_1)$ 两点的曲线 l. 如我们所知,函数 $\varphi(x,y)$ 和 $\psi(x,y)$ 之间存在下面的关系

$$\frac{\partial \varphi}{\partial x} = \frac{\partial \psi}{\partial y}, \frac{\partial \varphi}{\partial y} = -\frac{\partial \psi}{\partial x}$$

这两个式子实际上就是柯西-黎曼方程. 由此可知复变数函数

$$f(z) = \varphi(x,y) + i\psi(x,y) \tag{102}$$

在液流所经过的区域中有导函数. 函数(102)通常称为流的复势.

以前曾提到过,函数 $\varphi(x,y)$ 和 $\psi(x,y)$ 可能是多值的,即当绕过区域内部某一点,或更一般地,绕过某一孔时,函数值可能会增加一个常数. 对于函数 $\psi(x,y)$ 而言,其多值性表明在这点有源头,而对于函数 $\varphi(x,y)$,其多值性则表示在这点有初等涡旋. 在这些场合之下 $f(z)$ 也就成为多值函数,即当绕过这点(或孔)时其值可以增加一个常数.

由式(100)知道速度向量对应于复数

$$\frac{\partial \varphi}{\partial x} + i\frac{\partial \varphi}{\partial y} = \frac{\partial \varphi}{\partial x} - i\frac{\partial \psi}{\partial x}$$

后面这个复数显然就是 $\overline{f'(z)}$ [2],故知 $f(z)$ 的导数的共轭复数表示流速向量.

再看对应于函数(102)的等温网

$$\varphi(x,y) = C_1, \psi(x,y) = C_2 \tag{103}$$

第一曲线族即所谓等势曲线族,在这族中属于同一曲线的点,液流的速势都相等. 第二族(流线)易知即为液体质点的轨道. 实际上,我们知道第二族和第一族是正交的,而流速向量(等于 grad $\varphi(x,y)$)的方向恰好合于第一曲线族的法线方向. 因此稳定液流在每一点的流速向量常合于经过这点的第二族曲线的切线方向,就是说,第二曲线族即流线族,而这些流线在稳定液流中即为液体质点的轨道.

直到现在我们只限于动力学方面的讨论,并且知道液流的任一可能分布状

况可以借一个称为流的复势的正则函数来表示.反之,任一复势决定液流的一个可能分布状况.现在我们证明由流体动力方程的满足可以求出压力的大小.写出对于稳定平面液流的基本流体动力方程,假设体力有势为$U(x,y)$.记住式(100),可得下列两个流体运动方程和一个连续方程[Ⅱ,115]

$$\frac{\partial \varphi}{\partial x}\frac{\partial^2 \varphi}{\partial x^2}+\frac{\partial \varphi}{\partial y}\frac{\partial^2 \varphi}{\partial x\partial y}=\frac{\partial U}{\partial x}-\frac{1}{\rho}\frac{\partial p}{\partial x}$$

$$\frac{\partial \varphi}{\partial x}\frac{\partial^2 \varphi}{\partial x\partial y}+\frac{\partial \varphi}{\partial y}\frac{\partial^2 \varphi}{\partial y^2}=\frac{\partial U}{\partial y}-\frac{1}{\rho}\frac{\partial p}{\partial y}$$

$$\frac{\partial^2 \varphi}{\partial x^2}+\frac{\partial^2 \varphi}{\partial y^2}=0$$

这里ρ是液体的密度,$p(x,y)$是压力.连续方程显然满足,因为正则函数的实数部分是调和函数.前两个方程可以改写为

$$\frac{\partial}{\partial x}\left\{\frac{1}{2}\left[\left(\frac{\partial \varphi}{\partial x}\right)^2+\left(\frac{\partial \varphi}{\partial y}\right)^2\right]-U+\frac{1}{\rho}p\right\}=0$$

$$\frac{\partial}{\partial y}\left\{\frac{1}{2}\left[\left(\frac{\partial \varphi}{\partial x}\right)^2+\left(\frac{\partial \varphi}{\partial y}\right)^2\right]-U+\frac{1}{\rho}p\right\}=0$$

因此上式花括号中的式子应该是个常数,故得下面的积分

$$\frac{1}{2}\left[\left(\frac{\partial \varphi}{\partial x}\right)^2+\left(\frac{\partial \varphi}{\partial y}\right)^2\right]-U+\frac{1}{\rho}p=C \tag{104}$$

由这个式子可以决定压力$p(x,y)$.在没有体力的场合,置$\rho=1$,得

$$p=C-\frac{1}{2}|V|^2=C-\frac{1}{2}|f'(z)|^2 \tag{105}$$

其中$|V|$表示速度的大小.

注意:若代替$f(z)=\varphi+\mathrm{i}\psi$而取$\mathrm{i}f(z)=-\psi+\mathrm{i}\varphi$为复势,则等势曲线变为流线,流线变为等势曲线.因此任一正则函数的等温网在本质上决定液流的两种不同分布状况.

§42 例 题

Ⅰ.所有我们以前看过的等温网的例子现在都可用流体力学的眼光来看它.如上节所证,每一个这种例子给我们两种液流分布状况图.

现在再看几个新的例子.先从初等函数

$$f(z)=A\ln(z-a)=A\ln|z-a|+\mathrm{i}A\arg(z-a)$$

的情形开始,这里a是平面上一点,A是实常数.现在等势曲线是以a为中心的

圆,流线是经过点 a 的直线. 绕点 a 一周函数 $f(z)$ 增加一个常数 $i2\pi A$, 因此复势的虚数部分(流函数)就增加 $2\pi A$, 即以点 a 为源头, 其强度为 $2\pi A$. 流速向量由复数

$$\overline{f'(z)} = \frac{A}{z-a}$$

决定之. 若以 ρ 和 φ 记复数 $z-a$ 的模和辐角, 则流速向量对应于复数 $\frac{A}{\rho}e^{i\varphi}$. 由此立刻可知当液流接近源头时, 其速度趋向无限, 而当 A 为正实数时, 速度的方向从源头出发向无限远点, 即点 a 确为源头而非尾闾.

再看比较一般的函数

$$f(z) = A\ln\frac{z-a}{z-b} = A\ln\left|\frac{z-a}{z-b}\right| + iA\arg\frac{z-a}{z-b} \tag{106}$$

这里 a 和 b 是平面上两个不同的点, A 是实常数. 此时等温网由下面两个方程决定

$$\left|\frac{z-a}{z-b}\right| = C_1, \arg\frac{z-a}{z-b} = C_2$$

如我们所知, 第一个方程表示一族圆, 关于其中每一个圆 a 和 b 是对称点, 而第二个方程表示经过 a 和 b 的圆族[31]. 这时点 a 是一个强度为 $2\pi A$ 的源头, 而点 b 是个有同样强度的尾闾.

Ⅱ. 今设 a 和 b 两点处在实轴上的 $-h$ 和 O, 又取 $A=\frac{1}{h}$. 则函数(106)成为

$$f(z) = \frac{1}{h}[\ln(z+h) - \ln z]$$

当 $h \to 0$ 时得到表征位于原点的重源的复势

$$f_1(z) = \frac{1}{z}$$

不难知道现在的等温网是由经过原点而切于 y 轴的曲线族(等势曲线)和经过原点而切于 x 轴的曲线族(流线)所组成(图45)[31].

Ⅲ. 现在看函数

$$f(z) = iA\ln(z-a) = -A\arg(z-a) + iA\ln|z-a|$$

其中 A 仍为实常数. 现在流线是以 a 为中心的圆, 而等势曲线是从 a 出发的直线. 由正方向绕点 a 一周, $f(z)$ 的实数部分(速势)得到的改变量为 $-2\pi A$, 故在点 a 有一个强度为 $-2\pi A$ 的初等涡旋.

Ⅳ. 取函数

$$f(z) = \frac{k}{2}\left(z + \frac{1}{z}\right) \tag{107}$$

这在[38]中已经讨论过. 分开实数部分和虚数部分, 得到流线的方程

$$\frac{k}{2}\left(y - \frac{y}{x^2 + y^2}\right) = C$$

或

$$ky(x^2 + y^2 - 1) - 2C(x^2 + y^2) = 0$$

一般这是三次曲线. 特别地, 当 $C=0$ 时得到圆 $x^2+y^2=1$ 和坐标轴 $y=0$. 现在只看平面在这个圆以外的部分. 我们可以说, 有一条流线是由 $y=0$ 上的线段 $(-\infty, -1)$ 和 $(1, +\infty)$ 以及上面所说的圆周所组合而成的, 这样我们就有了一个在圆周外部的液流, 它在这个圆周上有个环流. 求 $f(z)$ 的导数

$$f'(z) = \frac{k}{2}\left(1 - \frac{1}{z^2}\right)$$

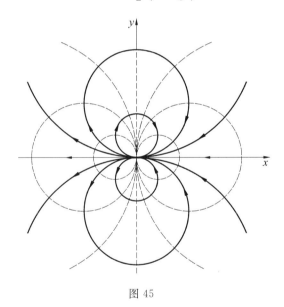

图 45

知液流在无限远点的速度等于 $\frac{k}{2}$ (k 是实数), 而在 $z=\pm 1$ 的速度为零, 这两点是前述流线中直线段和圆周相接之点.

在函数 $f(z)$ 上加一个对数函数, 则得另一函数

$$f_1(z) = \frac{k}{2}\left(z + \frac{1}{z}\right) - iA\ln z \tag{108}$$

上式右边第二项的虚数部分在圆周 $x^2+y^2=1$ 上的值常为 $-A\ln 1=0$, 所以当液流的复势为(108)时, 这个圆也是流线之一, 但这时绕圆一周后, 速势得到改

变量 $2\pi A$,所以在它的周围有一个初等涡旋.图 46(a),46(b)和 46(c)表示当常数 $\dfrac{A}{k}$ 取不同的数值时流线的分布.图 46(b)所表示的液流在圆周 $x^2+y^2=1$ 上流线的入口和出口合于同一点.

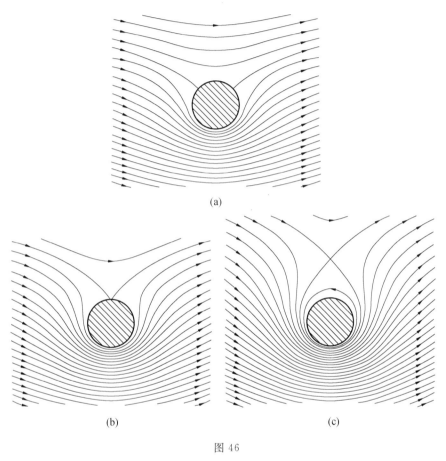

图 46

Ⅴ.我们在[33]中已知函数 $f(z)=\arccos\dfrac{z}{k}$ 的等温网是以实轴上的 $\pm k$ 为焦点的共焦点椭圆和双曲线,如图 47 所示.若取双曲线为流线,则所得液流分布以实轴上的 $(-k,+k)$ 为水门.若取椭圆为流线,则所得液流分布以 $(-k,+k)$ 为环流.

Ⅵ.有时研究流体力学的流线图从复势的反函数 $z=\varphi(w)$ 着手比从复势 $w=f(z)$ 着手更为方便.举一个例子来看.设复势的反函数为
$$z=w+e^w$$
分开实数部分和虚数部分

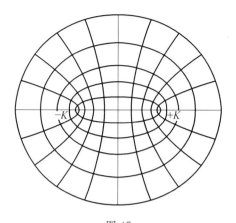

图 47

$$z = x + \mathrm{i}y, w = \varphi + \mathrm{i}\psi$$

就有

$$x = \varphi + \mathrm{e}^\varphi \cos \psi, y = \psi + \mathrm{e}^\varphi \sin \psi$$

令 $\psi = C$ 就得到流线的参数式方程

$$x = \varphi + \mathrm{e}^\varphi \cos C, y = C + \mathrm{e}^\varphi \sin C$$

其中 φ 是个变参数. 试看两条特别的流线,即对应于 $C=\pi$ 和 $C=-\pi$ 的流线. 第一条的方程是

$$x = \varphi - \mathrm{e}^\varphi, y = \pi$$

易知道流线是直线 $y=\pi$ 上的二重线段 $-\infty < x \leqslant -1$. 同样,对应于 $C=-\pi$ 的流线是二重线段 $-\infty < x \leqslant -1, y=-\pi$. 此外,当 $C=0$ 时,流线是坐标轴 $y=0$(图 48).

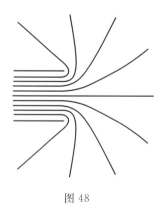

图 48

§43 完全环流的问题

假设已知平面上一单闭曲线 l，我们要找寻在这条曲线外部并且满足下面两个条件的液流：(1) 曲线 l 应该是流线之一；(2) 液流在无限远点的速度的大小和方向应有一定。此外再要求复势 $f(z)$ 是单值函数。不失一般性，可设在无限远点的速度借一个正实数 c 来决定（即取速度的方向为实轴正方向，而其大小就等于 c）。

假设已知一函数将 z 平面上曲线 l 以外的部分保角变换为 τ 平面上单位圆的外部 $|\tau|>1$。这种函数有无数之多，我们取的那一个是把无限远点变为它自己，并且不改变在这点的方向。对这个函数 $\omega(z)$，$\omega'(\infty)$ 是正实数，故在 $z=\infty$ 邻近有如下的展开式

$$\tau = \omega(z) = bz + b_0 + \frac{b_1}{z} + \cdots \quad (b>0) \tag{109}$$

在上一节中我们已经知道，对于圆的环流的问题复势是

$$f_1(\tau) = \frac{k}{2}\left(\tau + \frac{1}{\tau}\right) \tag{110}$$

其中 k 是个实数，我们以后再决定它的数值。若将式 (109) 中的 τ 代入式 (110)，则得到一个在曲线 l 外部的单值正则函数，它的虚数部分在曲线 l 上常为定值，因为 (110) 的虚数部分在圆周 $|\tau|=1$ 上的数值不变

$$f(z) = f_1[\omega(z)] = \frac{k}{2}\left[\omega(z) + \frac{1}{\omega(z)}\right] \tag{111}$$

剩下来只要决定常数 k，使得在无限远点的速度等于 c 就好了。由式 (109) 和式 (110) 知在无限远点显然有

$$f'(z) = \frac{k}{2}\left[1 - \frac{1}{\omega^2(z)}\right]\omega'(z) \text{ 及 } f'(\infty) = \frac{k}{2} \cdot b$$

由此立刻知道我们应该取 $k=\dfrac{2c}{b}$。所以在某一曲线上的完全环流的问题可以归结到将这个曲线外部的平面区域保角变换为单位圆外部的问题。

可以证明若 $f(z)$ 为单值，并且在 l 外部除单极点 $z=\infty$ 以外没有其他奇异点，则问题的解答是唯一的。

§44 茹科夫斯基公式

设 $f(z)$ 为复势,以曲线 l 为环流,而在无限远点的速度等于正实数 c. 又设 $f(z)$ 不是单值函数,当环绕 l 一周时 $f(z)$ 的实数部分 $\varphi(x,y)$ 得到改变量 γ. 液流在被环物上的压力在两坐标轴方向的分力显然可用下面的线积分来表示

$$F_x = \int_l p(x,y)\cos(\boldsymbol{n},x)\mathrm{d}s, F_y = \int_l p(x,y)\cos(\boldsymbol{n},y)\mathrm{d}s \tag{112}$$

其中 $p(x,y)$ 表示压力, $\boldsymbol{n}$ 是 l 的内法线的方向.

曲线的单元 $\vec{\mathrm{d}s}$ 看作向量时对应于复数 $\mathrm{d}z = \mathrm{e}^{\mathrm{i}\theta}\mathrm{d}s$,这里 θ 是曲线的切线和 Ox 轴的交角. 因为以 i 乘一复数等于把它的辐角增加 $\dfrac{\pi}{2}$,所以复数 $\mathrm{i}\mathrm{e}^{\mathrm{i}\theta}\mathrm{d}s$ 对应于长为 $\mathrm{d}s$ 而方向是 l 的内法线方向的向量. 故得

$$F_x + \mathrm{i}F_y \equiv \int_l p\,\mathrm{i}\,\mathrm{d}z \tag{113}$$

由公式(105)

$$p = C - \frac{1}{2}|f'(z)|^2 = C - \frac{1}{2}\left|\frac{\mathrm{d}f}{\mathrm{d}z}\right|^2$$

所以

$$F_x + \mathrm{i}F_y = \mathrm{i}\int_l C\,\mathrm{d}z - \frac{\mathrm{i}}{2}\int_l \left|\frac{\mathrm{d}f}{\mathrm{d}z}\right|^2 \mathrm{d}z$$

但是显然

$$\int_l \mathrm{d}z = 0$$

又为便利起见,把前面的等式两边都改写为它的共轭复数,得

$$F_x - \mathrm{i}F_y = \frac{\mathrm{i}}{2}\int_l \left|\frac{\mathrm{d}f}{\mathrm{d}z}\right|^2 \overline{\mathrm{d}z} = \frac{\mathrm{i}}{2}\int_l \frac{\mathrm{d}f}{\mathrm{d}z}\cdot\overline{\frac{\mathrm{d}f}{\mathrm{d}z}}\overline{\mathrm{d}z} = \frac{\mathrm{i}}{2}\int_l \frac{\mathrm{d}f}{\mathrm{d}z}\overline{\mathrm{d}f} \tag{114}$$

因曲线 l 是流线,故在其上 $\psi(x,y)$ 为常数: $\psi(x,y) = C_1$,因此在 l 上有

$$f(z) = \varphi(x,y) + \mathrm{i}C_1, \overline{f(z)} = \varphi(x,y) - \mathrm{i}C_1$$

从而 $\mathrm{d}f = \overline{\mathrm{d}f}$. 将式(114)的两边乘以 i,即得

$$R = F_y + \mathrm{i}F_x = -\frac{1}{2}\int_l \frac{\mathrm{d}f}{\mathrm{d}z}\mathrm{d}f$$

这个式子完全决定了被环物所受到的一般压力向量. 它也可改写为

$$R = F_y + \mathrm{i}F_x = -\frac{1}{2}\int_l \left(\frac{\mathrm{d}f}{\mathrm{d}z}\right)^2 \mathrm{d}z \tag{115}$$

我们假设 $f'(z)$ 已经在 l 外部为正则单值. 在无限远点邻近它应该有下面的展开式

$$f'(z) = c + \frac{b_1}{z} + \frac{b_2}{z^2} + \cdots \tag{116}$$

其中 c 就是已给的在无限远点的速度. 函数 $f(z)$ 在无限远点邻近当然就有下面的展开式

$$f(z) = C + cz + b_1 \ln z - \frac{b_2}{z} + \cdots$$

故当沿正方向环绕 l 一周时 $f(z)$ 的改变量显然为 $\mathrm{i}2\pi b_1$, 而这就是我们前面的 γ. 所以应该有 $b_1 = \frac{1}{2\pi \mathrm{i}}\gamma$, 代入式(116) 得

$$f'(z) = c + \frac{\gamma}{2\pi \mathrm{i} z} + \frac{b_2}{z^2} + \cdots$$

平方得

$$[f'(z)]^2 = c^2 + \frac{c\gamma}{\pi \mathrm{i} z} + \frac{d_2}{z^2} + \cdots \tag{117}$$

由柯西定理[5] 我们知道要计算积分(115), 不必沿曲线 l 去积分而只要沿一条环绕曲线 l, 在无限远点邻域中的闭曲线积分就好了. 对这个积分, 由式(117) 不难知道[21]

$$R = F_y + \mathrm{i}F_x = -\frac{c\gamma}{2\pi \mathrm{i}} \cdot 2\pi \mathrm{i} = -c\gamma$$

即

$$F_y = -c\gamma, \quad F_x = 0 \tag{118}$$

这个公式最先由茹科夫斯基所得.

§45 平面静电问题

现在来看复变数函数论在静电学上的应用. 我们这里所研究的问题大部分和以上各节相类似. 首先解释平面静电问题的内容. 我们知道一个带有电量 e 的电荷在空间产生一个电场. 由库仑定律电场强度可用公式

$$f = \frac{e}{\rho^2}$$

来表示,这里 ρ 是要测定电场强度之点 M 和电荷之间的距离. 在点 M 所受到的力是沿着两点的连线从电荷向 M 的. 现在假设有一条和 z 轴平行的带电直线和 xOy 平面交于一点 O,且在其上电量是均匀分布的. 以 e 表示直线上单位长度所带的电量. 显然,在所有和 xOy 平面平行的平面上,静电场的分布是完全一样的,所以只要讨论 xOy 平面上的就好了. 由于对称性,平面上任一点 M 所受到的力是一个仍在这个平面上的向量,从点 O 沿线段 OM 向 M. 直线上线段 $\mathrm{d}z$ 所带的电量是 $e \cdot \mathrm{d}z$. 要知道坐标为 $(x,y,0)$ 的点 M 所受到的力,我们应该计算所有这些线段 $\mathrm{d}z$ 作用于 M 的力在 $\overrightarrow{OM}$ 上的分力的总和.

作用力的大小可表示为
$$\frac{e\mathrm{d}z}{x^2+y^2+z^2}$$
这里我们假设 O 是原点. 上式尚需以 $\cos\varphi$ 乘之,其中 φ 为 z 轴上变动点 N 至点 M 之向量 $\overrightarrow{NM}$ 与向量 $\overrightarrow{OM}$ 间之交角. 因 $\triangle ONM$ 原为直角三角形,故得
$$\cos\varphi=\frac{r}{\sqrt{x^2+y^2+z^2}},\ z=r\tan\varphi$$
其中 $r=\sqrt{x^2+y^2}$. 含点 N 的甚小线段 $\mathrm{d}z$ 作用于 M 的力在 $\overrightarrow{OM}$ 上的分力是
$$\frac{e\cos\varphi\mathrm{d}z}{x^2+y^2+z^2}$$
而点 M 所受到的力的总和是
$$\int_{-\infty}^{+\infty}\frac{e\cos\varphi\mathrm{d}z}{x^2+y^2+z^2}$$
改变数 z 为 φ,即得
$$f=\frac{e}{r}\int_{-\frac{\pi}{2}}^{+\frac{\pi}{2}}\cos\varphi\mathrm{d}\varphi$$
或
$$f=\frac{2e}{r}\quad (r=\sqrt{x^2+y^2}) \tag{119}$$
对应的势函数为
$$V(x,y)=2e\ln\frac{r_0}{r} \tag{120}$$
这里 r_0 是任意常数,假定是正的. 这样对数势(120)就成为平面静电问题中的基势,好像是由一个质点电荷所产生的一般,如果我们忽略空间其他部分而只看 xOy 平面的话. 注意:基势(120)和三度空间中的通常牛顿势函数 $\frac{1}{r}$ 不同,前

者在无限远点之值为 ∞，而后者在无限远点之值为零，这就是平面静电问题的基本特点. 若带电体不是一条直线而是一个以 xOy 平面上的区域 B 为底的圆柱体，则代替基势(120)而有下面的势函数

$$V(x,y) = 2\iint_B \rho(\xi,\eta)\ln\frac{r_0}{r}\,\mathrm{d}\xi\mathrm{d}\eta \tag{121}$$

其中 $\rho(\xi,\eta)$ 是密度，r 是区域 B 中的变动点 (ξ,η) 到 $M(x,y)$ 这点的距离

$$r = \sqrt{(\xi-x)^2 + (\eta-y)^2}$$

同样，如果带电体是一个圆柱面，则电势可用线积分来表示. 又我们知道函数 $\ln r$ 和(120)都满足拉普拉斯方程[Ⅱ,119]

$$\frac{\partial^2 V}{\partial x^2} + \frac{\partial^2 V}{\partial y^2} = 0$$

势函数(121)在带电体外部，即在区域 B 的外部也满足上面的方程.

但我们可以把任一调和函数看作一个正则复函数的实数部分或虚数部分. 因此现在的电势 $V(x,y)$ 也可以当作某一正则函数的虚数部分

$$f(z) = U(x,y) + \mathrm{i}V(x,y) \tag{122}$$

这样，任一带电体外部的静电分布决定一个正则函数 $f(z)$（复势），反之，任一正则函数也决定平面电场的一种静电分布.

在前面的场合之下，函数的两族等温网

$$U(x,y) = C_1, \quad V(x,y) = C_2 \tag{123}$$

都有简单的物理意义.(123)的第二曲线族即等势曲线族，而和它正交的第一曲线族则为力线族，即曲线上每点的切线方向就是力的作用方向. 这时作用力的两个分力向量如下

$$F_x = -\frac{\partial V(x,y)}{\partial x}, \quad F_y = -\frac{\partial V(x,y)}{\partial y}$$

或由柯西－黎曼方程有

$$F_x = -\frac{\partial V}{\partial x}, \quad F_y = -\frac{\partial U}{\partial x}$$

因此它就对应于复数

$$F_x + \mathrm{i}F_y = -\frac{\partial V}{\partial x} - \mathrm{i}\frac{\partial U}{\partial x} = -\overline{\mathrm{i}f'(z)} \tag{124}$$

假如我们有一个闭的有界的导体，则在其内部电势常一定不变，静电学中证明导体表面电量的密度可由下面的公式来计算，除了符号不能确定外

$$\rho = \frac{1}{4\pi}\sqrt{F_x^2 + F_y^2}$$

或由式(124)可改写为

$$\rho = \frac{1}{4\pi}\,|\,f'(z)\,| \tag{125}$$

容易看出所有这些概念和平面流体力学方面对应概念之间类似的地方来.

§ 46 例 题

I. 所有我们以前看过的等温网的例子现在都可以用静电学的眼光去解释它们. 例如函数

$$f(z) = \mathrm{i}2e\ln\frac{z-a}{z-b} \tag{126}$$

在任何 a 和 b 关于它成对称点的圆周上,这个函数的虚数部分常取定值[31]. 现在取两个这种圆周 C_1 和 C_2,并设函数(126)的虚数部分在其上分别取定值 V_1 和 V_2. 若以这两个圆周作底线,而母线平行于 z 轴作两个圆柱面,则复势(126)决定两柱面之间一静电场的分布,而 V_1 和 V_2 是在这两个圆柱面上电势的值.

注意:一般定义两导线 l_1 和 l_2 之间的环域中的静电场时,复势的虚数部分在 l_1 和 l_2 上应该取定值. 这样,复势 $f(z)$ 应该将上述环域变为在两条平行于实轴的直线之间的带域. 这个变换当然不会是单值的,因为环是二重连通区域,而带是单通区域. 在前面这个例子中函数(126)在圆周 C_1 和 C_2 之间的环域内显然是多值函数.

函数(126)所决定的电场还有一个特点可以注意. 这个函数可以改写成

$$f(z) = \mathrm{i}2e\ln(z-a) - \mathrm{i}2e\ln(z-b)$$

用这个式子可以证明两条导线带有相同的电量,但其一为正电,另一为负电. 与此相符,函数(126)

$$f(z) = \mathrm{i}2e\ln\frac{1-\dfrac{a}{z}}{1-\dfrac{b}{z}}$$

将在无限远点 $z=\infty$ 为正则.

II. 如果我们想定义在两条无限导线之间的静电场(图49),则因两导线间的区域为单通的,问题就归结到找一个变换,将这个区域变为两条平行于实轴的直线之间的带域. 例如,若这两条导线是直线 $y=\pi$ 和 $y=-\pi$ 上的线段

$-\infty < x \leqslant -1$,则函数 $z = w + e^w$ 的反函数就是我们所要的变换,而图 48 则表示这个静电场中的等势曲线.注意:两条导线的端点 $(-1, \pi)$ 和 $(-1, -\pi)$ 对应于 $w = \pm \pi i$,而 $e^w = -1$.但由公式(124)所决定的作用力的大小是

$$\sqrt{F_x^2 + F_y^2} = |f'(z)| = \left|\frac{\mathrm{d}w}{\mathrm{d}z}\right| = \left|\frac{\mathrm{d}z}{\mathrm{d}w}\right|^{-1}$$

在我们的情形

$$\sqrt{F_x^2 + F_y^2} = |1 + e^w|^{-1}$$

故在导线的端点作用力为无限大.

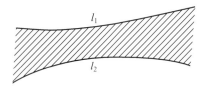

图 49

这个例子是下面我们要说得更一般的例子的一个特殊情形.假设有两条导线如图 50 所示:AB 和 AC 是两条平行的半射线,其中 B 和 C 的连线要和这两条半射线垂直.又 BD 和 AB 的交角,CD 和 AC 的交角都等于 $\alpha = \mu\pi$.再画一条和 AB, AC 两线平行且距离相等的直线 PQ,在 PQ 和折线 ABD 之间的平面区域可以看作一个三角形,其在顶点 B 和 P 的角度等于 $(\mu+1)\pi$ 和零.把这个三角形变换为上半平面,使得顶点 B, P, Q 对应于 $\tau = -1, 0, \infty$.由公式(47)有

$$z = a \int_0^\tau (\tau + 1)^\mu \tau^{-1} \mathrm{d}\tau \tag{127}$$

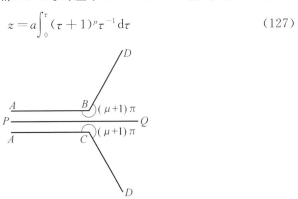

图 50

把 z 平面转动我们可以使得常数 a 是正实数.这里 z 平面就是图 50 所示的平面,而 τ 平面就是和前述这个三角形对应的上半平面所属的平面.由对称原理,$\triangle BPQ$ 关于 PQ 的反射,即 $\triangle CPQ$ 的象是上半 τ 平面关于实轴上的线段 $0 <$

$\tau<+\infty$ 的反射,即下半 τ 平面.因此在两个导线之间的平面区域变换为全 τ 平面除去实轴上的割线 $(-\infty,0)$.若置
$$\tau=\mathrm{e}^w$$
则由指数函数的性质[19]知道 τ 平面在这个变换之下对应于 w 平面上的带域
$$-\pi\leqslant\mathrm{Im}[w]\leqslant\pi$$
这里 Im 表示虚数部分.因此若把 w 看作 z 的函数,则在上面所说的两条导线上 w 的虚数部分取定值 $\mp\pi$,故可当作两条导线间平面静电场的复势.由 $\tau=\mathrm{e}^w$ 可将式(127)改写为
$$z=a\int^w(\mathrm{e}^w+1)^\mu\mathrm{d}w \qquad (128)$$

常数 a 的值显然可由半射线 AB 和 AC 的距离来决定.假设这个距离等于 $2b$.在 z 平面和无限远点 $z=-\infty$ 邻近的地方,由等势曲线族和力线族所组成的等温网易知和直角坐标网很类似,这个等温网对应于 w 平面上宽度为 2π 的带域中的直角坐标网.点 $z=-\infty$ 对应于 $\tau=0$,故对应于 $w=-\infty$.因 z 平面中 AB 和 AC 间的半带域的宽度为 $2b$,又当 $w\to-\infty$ 时 $\mathrm{e}^w\to0$,故由(128),$\dfrac{\mathrm{d}z}{\mathrm{d}w}\to a$,由此可知常数 a 应该等于 $\dfrac{b}{\pi}$.现在试看 $\mu=\dfrac{1}{2}$ 的特别情形,即当 BD 和 CD 垂直于 AB 和 AC 的时候.

这时
$$z=\frac{b}{\pi}\int^w\sqrt{\mathrm{e}^w+1}\,\mathrm{d}w \qquad (129)$$
这个积分可借变换 $\mathrm{e}^w+1=t^2$ 计算出来.

积分的下限变动时 z 的值有一常数之增减,即相当于 z 平面上的一个平行移动,所以在式(129)中不写出积分下限也没有什么大关系.

Ⅲ.设一柱形导体在 xOy 平面上的痕迹是单闭曲线 l,沿 z 轴方向单位长度的导体上所带的电量设为 e.现在要求 l 外部的平面静电场.先把 z 平面上 l 的外部照象于 τ 平面上单位圆的外部 $|\tau|>1$,使得无限远点和它自己对应.则在 $z=\infty$ 的邻域中这个保角函数有如下的展开式
$$\tau=\omega(z)=cz+c_0+\frac{c_1}{z}+\frac{c_2}{z^2}+\cdots \qquad (130)$$

现在要证明由上面这个保角函数可以决定一个复势,因而得到 l 外部的一个静电分布.实际上,作函数
$$f(z)=\mathrm{i}2e\ln\frac{\tau_0}{\tau} \quad (\tau=\omega(z))$$

其中 τ_0 是个无关紧要的常数. 这个函数的虚数部分是

$$\mathrm{Im}[f(z)] = 2e[\ln|\tau_0| - \ln|\tau|]$$

因为在曲线 l 上 $|\tau|=1$,可知虚数部分在 l 上也取一定常数值. 现在要决定这个势函数在无限远点邻近的值. 由(130)的展开式,知道 $f(z)$ 在 $z=\infty$ 邻近可展开为

$$f(z) = -\mathrm{i}2e\ln z + d_0 + \frac{d_1}{z} + \cdots$$

这个展开式中的主要部分给出势函数 $-2e\ln|z|$,由式(120)知道它恰对应于导体上已给的电量. 依照公式(125),l 上电量分布的密度为

$$\rho = \frac{1}{4\pi}|f'(z)| = \frac{e}{2\pi}\left|\frac{1}{\tau}\frac{\mathrm{d}\tau}{\mathrm{d}z}\right|$$

或因 $|\tau|=1$,有

$$\rho = \frac{e}{2\pi}\left|\frac{\mathrm{d}\tau}{\mathrm{d}z}\right| = \frac{e}{2\pi}\left|\frac{\mathrm{d}z}{\mathrm{d}\tau}\right|^{-1} \tag{131}$$

若 l 为正方形,则 τ 和 z 的关系如下[37]

$$z = a\int^{\tau}\frac{\sqrt{\tau^4+1}}{\tau^2}\mathrm{d}\tau \tag{132}$$

这时圆周 $|\tau|=1$ 上的点

$$\mathrm{e}^{\frac{(\pi+2k\pi)\mathrm{i}}{4}} \quad (k=0,1,2,3)$$

和正方形的顶点对应.

由式(132)有

$$\frac{\mathrm{d}z}{\mathrm{d}\tau} = a\frac{\sqrt{\tau^4+1}}{\tau^2}$$

而式(131)这时可写为

$$\rho = \frac{e}{2\pi a}\left|\frac{\tau^2}{\sqrt{\tau^4+1}}\right|$$

其中 a 是个常数,要由正方形的边长来决定. 在正方形的边上有 $\tau=\mathrm{e}^{\mathrm{i}\varphi}$,这里 φ 是单位圆中的中心角. 正方形的一边对应于 φ 在 $\left(\frac{\pi}{4},\frac{3\pi}{4}\right)$ 中变动时单位圆上的弧,因此正方形的边长可以用下面的式子来表示

$$s = a\int_{\frac{\pi}{4}}^{\frac{3\pi}{4}}\frac{\sqrt{\mathrm{e}^{\mathrm{i}4\varphi}+1}}{\mathrm{e}^{\mathrm{i}2\varphi}}\mathrm{i}\mathrm{e}^{\mathrm{i}\varphi}\mathrm{d}\varphi$$

经过简单的变换可得

$$s = a\sqrt{2}\int_0^{\frac{\pi}{2}}\sqrt{\cos\theta}\,\mathrm{d}\theta \tag{133}$$

它决定正方形的边长 s 和常数 a 之间的关系. 上式右边的积分不能用初等函数来表示, 是一个椭圆积分.

§47 平 面 磁 场

以上两节所讲的是解析复变数函数和平面电场的关系. 同样, 我们也可以去研究由一条和 xOy 平面垂直的无限直线上的电流在这个平面上所产生的磁场. 下面举一些这方面最基础的结果, 证明从略.

对磁力向量有下面的公式

$$H_x = \frac{\partial \varphi}{\partial y}, H_y = -\frac{\partial \varphi}{\partial x} \tag{134}$$

函数 φ 在磁源以外的磁场中应该满足拉普拉斯方程, 因此是某一解析函数的实数部分

$$f(z) = \varphi + \mathrm{i}\psi \tag{135}$$

由柯西－黎曼方程可将式(184)改写为

$$H_x = -\frac{\partial \psi}{\partial x}, H_y = -\frac{\partial \psi}{\partial y}$$

或

$$\boldsymbol{H} = -\operatorname{grad} \psi$$

所以 ψ 是磁场的无向势.

曲线 $\varphi(x,y) = C_1$ 和曲线 $\psi(x,y) = C_2$ 正交, 故为磁力线. 当强度为 q 的电流在一条位于 z 轴的导线上通过时, 对应的函数(135)是

$$f(z) = -2q \ln z$$

从而 $\varphi = -2q \ln r, \psi = -2q \arg z$. 磁力线是以原点为中心的圆周, 又当绕原点一周时无向势 ψ 得到改变量 $-4\pi q$. 在这种情形之下, 导磁体的表面(磁导率等于无穷大)应该合于某一曲线 $\psi(x,y) = C_2$.

§48 施瓦兹公式

以上几节所讲的解析复函数在流体力学和静电学上的应用根本上还是基于调和函数与解析复函数间的一个密切关系, 这个关系我们早已在[2]中指出

过了.

现在把这个关系的要点再说一遍:解析函数的实数部分和虚数部分都是调和函数,反之,任一调和函数可以看作是某一解析函数的实数部分,这时解析函数的虚数部分除了一个常数项以外可以完全决定,换言之,除了一个虚常数项之外,解析函数可由其实数部分完全决定.我们以前曾经说过[Ⅱ,194],有界区域中的调和函数由其在边界线上的函数值唯一决定(狄利克雷问题).所以和上面所说的关系合在一起,知道下面的结果成立:在一个以 l 为边界线的区域 B 中,除了一个虚常数项之差以外,可以唯一决定一正则函数 $f(z)$,使得它的实数部分在 l 上取已定的数值.一般当 B 是任意区域时,这个问题的解答不能用简单的公式来表示,就是说,不能用实数部分在边界线上的值来表示区域 B 中的正则函数.但是对于圆这种公式不难求得,下面就是求这个公式的方法.

设有一圆以原点为中心,半径等于 R,设 $u(x,y)$ 是所求的解析函数的实数部分.这个调和函数可以由它在圆周上的数值 $u(\varphi)$ 借泊松积分完全决定,其式如下[Ⅱ,196]

$$u(x,y)=u(r,\theta)=\frac{1}{2\pi}\int_{-\pi}^{+\pi}u(\varphi)\frac{R^2-r^2}{R^2-2rR\cos(\varphi-\theta)+r^2}\mathrm{d}\varphi \quad (r<R) \tag{136}$$

易知泊松积分的核,即积分符号之内的分式,是某一解析函数的实数部分

$$\frac{R^2-r^2}{R^2-2rR\cos(\varphi-\theta)+r^2}=\text{实数部分}\left[\frac{R\mathrm{e}^{\mathrm{i}\varphi}+z}{R\mathrm{e}^{\mathrm{i}\varphi}-z}\right] \quad (z=r\mathrm{e}^{\mathrm{i}\theta}=x+\mathrm{i}y)$$

如果在泊松积分中把它的核换成上面这个解析函数,则这个积分就成为复变数 z 的函数,其实数部分恰好就是 $u(x,y)$.这个函数的形式如下

$$f(z)=u(x,y)+\mathrm{i}v(x,y)=\frac{1}{2\pi}\int_{-\pi}^{+\pi}u(\varphi)\frac{R\mathrm{e}^{\mathrm{i}\varphi}+z}{R\mathrm{e}^{\mathrm{i}\varphi}-z}\mathrm{d}\varphi \tag{137}$$

在这个式中置 $z=0$,得到 $f(z)$ 的值为实数,故知公式(137)所决定的解在原点取实数值.若以 Ci 表示所求的函数在原点的值的虚数部分,则我们的问题的一般解为

$$f(z)=\frac{1}{2\pi}\int_{-\pi}^{+\pi}u(\varphi)\frac{R\mathrm{e}^{\mathrm{i}\varphi}+z}{R\mathrm{e}^{\mathrm{i}\varphi}-z}\mathrm{d}\varphi+\mathrm{Ci} \tag{138}$$

这个公式通常称为施瓦兹公式.

若将上式积分符号内的分式分为实数部分和虚数部分,则知

$$\text{虚数部分}\left[\frac{R\mathrm{e}^{\mathrm{i}\varphi}+z}{R\mathrm{e}^{\mathrm{i}\varphi}-z}\right]=\frac{2rR\sin(\theta-\varphi)}{R^2-2rR\cos(\varphi-\theta)+r^2}$$

因此可将正则函数的虚数部分在圆内用实数部分在圆周上的数值来表示

$$v(x,y) = \frac{1}{2\pi}\int_{-\pi}^{+\pi} u(\varphi) \frac{2rR\sin(\theta-\varphi)}{R^2 - 2rR\cos(\theta-\varphi) + r^2} d\varphi + C \qquad (139)$$

以上所说的这些和共轭三角级数的概念有密切的关系.

假定

$$\frac{a_0}{2} + \sum_{n=1}^{\infty}(a_n \cos n\varphi + b_n \sin n\varphi)$$

是 $f(z)$ 的实数部分的边界值 $u(\varphi)$ 的傅里叶级数. 这时, 如[Ⅱ,195]中所证, $f(z)$ 的实数部分在圆内可以用下面的三角级数来表示

$$u(x,y) = u(r,\theta) = \frac{a_0}{2} + \sum_{n=1}^{\infty}(a_n \cos n\theta + b_n \sin n\theta)r^n \qquad (140)$$

而虚数部分则可以用共轭三角级数来表示

$$v(x,y) = v(r,\theta) = C + \sum_{n=1}^{\infty}(-b_n \cos n\theta + a_n \sin n\theta)r^n \qquad (141)$$

如果函数 $u(\varphi)$ 满足适当的条件, 例如, 有一次导数并且满足狄利克雷条件, 则级数(140)和(141)在整个闭圆中为一致收敛, 而函数 $v(r,\theta)$ 在圆内为调和, 且在闭圆中为连续. $v(r,\theta)$ 通常称为 $u(r,\theta)$ 的共轭函数[2], 它的边界值 $v(1,\varphi)$ 也称为 $u(\varphi)$ 的共轭函数.

假设有两个施瓦兹积分在圆内决定同一的正则函数

$$\frac{1}{2\pi}\int_{-\pi}^{+\pi} u_1(\varphi) \frac{Re^{i\varphi}+z}{Re^{i\varphi}-z} d\varphi = \frac{1}{2\pi}\int_{-\pi}^{+\pi} u_2(\varphi) \frac{Re^{i\varphi}+z}{Re^{i\varphi}-z} d\varphi \qquad (142)$$

其中 $u_1(\varphi)$ 和 $u_2(\varphi)$ 是连续实函数. 易知这两个函数 $u_1(\varphi)$ 和 $u_2(\varphi)$ 必定全同, 因为它们是同一个调和函数的边界值, 这个调和函数即正则函数的实数部分. 这样, 关于 z 的恒等式(142)和关于 φ 的恒等式 $u_1(\varphi) = u_2(\varphi)$ 完全相抵. 实际上, 这就是[8]中已说过的哈纳克定理.

§49 核 $\cot\dfrac{s-t}{2}$

现在我们要把关于柯西型积分的边界值的基本定理应用到单位圆圆周 $|z|=1$ 的情形. 设在这个圆周上已给一个满足李普希兹条件的实函数 $u(\tau)$, 这里 $\tau = e^{is}$. 我们可以用施瓦兹公式[48]作一个在圆周内部的正则函数, 其实数部分在圆周上的值即 $u(\tau)$

$$u(re^{i\varphi}) + iv(re^{i\varphi}) = \frac{1}{2\pi}\int_{-\pi}^{+\pi} u(\tau) \frac{\tau+z}{\tau-z} ds \quad (z = re^{i\varphi}) \qquad (143)$$

或由 $d\tau = i\tau ds$, 得

$$u(re^{i\varphi}) + iv(re^{i\varphi}) = \frac{1}{2\pi i}\int_{|\tau|=1} u(\tau)\frac{\tau+z}{\tau(\tau-z)}d\tau$$

记 $\tau + z = (\tau - z) + 2z$, 再把积分分为两部分, 得

$$u(re^{i\varphi}) + iv(re^{i\varphi}) = \frac{1}{2\pi}\int_{-\pi}^{+\pi} u(\tau)ds + \frac{2z}{2\pi i}\int_{|\tau|=1}\frac{u(\tau)}{\tau}\cdot\frac{1}{\tau-z}d\tau$$

设 $z = re^{i\varphi}$ 趋向圆周 $|z|=1$ 上的点 $\xi = e^{it}$ 为极限. 应用关于柯西型积分的边界值的定理[28], 即得上式中的函数在圆周上点 $\xi = e^{it}$ 的极限值

$$u(e^{it}) + iv(e^{it}) = \frac{1}{2\pi}\int_{-\pi}^{+\pi} u(\tau)ds + \xi\frac{u(\xi)}{\xi} + \frac{2\xi}{2\pi i}\int_{|\tau|=1}\frac{u(\tau)}{\tau}\frac{1}{\tau-\xi}d\tau$$

或

$$u(e^{it}) + iv(e^{it}) = \frac{1}{2\pi}\int_{-\pi}^{+\pi} u(\tau)ds + u(\xi) + \frac{1}{2\pi}\int_{-\pi}^{+\pi} u(\tau)\frac{2\xi}{\tau-\xi}ds \quad (144)$$

但

$$\frac{2\xi}{\tau-\xi} = \frac{2e^{it}}{e^{is}-e^{it}} = -1 + i\cot\frac{t-s}{2}$$

代入式(144)中即得函数的虚数部分的边界值借实数部分的边界值来表示的公式

$$v(e^{it}) = \frac{1}{2\pi}\int_{-\pi}^{+\pi} u(e^{is})\cot\frac{t-s}{2}ds$$

这时积分取主值. 改写 $u(e^{is})$ 和 $v(e^{it})$ 为 $u(s)$ 和 $v(t)$

$$v(t) = \frac{1}{2\pi}\int_{-\pi}^{+\pi} u(s)\cot\frac{t-s}{2}ds \quad (145)$$

公式(143)所定义的单位圆内的正则函数在圆心 $z=0$ 取实值, 故其虚数部分在圆心之值为零. 但由[Ⅱ, 194], 调和函数在圆心的值等于它在圆周上的值的算术平均值, 故知

$$\int_{-\pi}^{+\pi} v(t)dt = 0 \quad (146)$$

函数 $u(s)$ 是周期为 2π 的周期函数, 故 $v(t)$ 也是周期函数, 因此在式(145)中可取任一长为 2π 的区间作积分的区间. 函数 $\cot z$ 以 $z=0$ 为单极点, 留数为 1[21]. 故(145)中积分的核可用柯西核来表示

$$\frac{1}{2}\cot\frac{t-s}{2} = -\frac{1}{s-t} + P(t-s) \quad (147)$$

其中 $P(z)$ 是线段 $-2\pi < z < 2\pi$ 中的解析正则函数. 和在[27]中一样, 可以证明若周期函数 $u(s)$ 满足指数 α 的李普希兹条件, 则当 $\alpha < 1$ 时, $v(t)$ 也满足指数

α 的李普希兹条件;当 $\alpha=1$ 时,$v(t)$ 满足任意指数小于 1 的李普希兹条件.由式(147)知道这个事实也可由[27]中对应的事实导出.

对函数 $v(t)$ 我们又可由线性变换(145)得到另一满足李普希兹条件的函数 $w(t_1)$

$$w(t_1)=\frac{1}{2\pi}\int_{-\pi}^{+\pi}v(t)\cot\frac{t_1-t}{2}\mathrm{d}t$$

如果把 $v(t)$ 当作某一正则函数的实数部分在圆周上的边界值,则函数 $w(t_1)$ 就是这个函数的虚数部分的边界值,且有

$$\int_{-\pi}^{+\pi}w(t_1)\mathrm{d}t_1=0 \tag{148}$$

另一方面,若以 $-\mathrm{i}$ 乘正则函数(143),则得正则函数 $v(re^{\mathrm{i}\varphi})-u(re^{\mathrm{i}\varphi})\mathrm{i}$.但当正则函数的实数部分已定时,其虚数部分除了一个常数项以外可以完全决定,故有

$$w(t_1)=-u(t_1)+C$$

要决定常数 C 可将上式两边在区间 $(-\pi,+\pi)$ 上积分,由式(148)有

$$0=-\int_{-\pi}^{+\pi}u(t_1)\mathrm{d}t_1+2\pi C$$

从而

$$w(t_1)=\frac{1}{2\pi}\int_{-\pi}^{+\pi}v(t)\cot\frac{t_1-t}{2}\mathrm{d}t=-u(t_1)+\frac{1}{2\pi}\int_{-\pi}^{+\pi}u(s)\mathrm{d}s \tag{149}$$

即两次应用变换(145)所得的函数除一常数项外是原来的函数变一符号.上式也可改写为

$$\frac{1}{4\pi^2}\int_{-\pi}^{+\pi}\left[\int_{-\pi}^{+\pi}u(s)\cot\frac{t-s}{2}\mathrm{d}s\right]\cot\frac{t_1-t}{2}\mathrm{d}t=-u(t_1)+\frac{1}{2\pi}\int_{-\pi}^{+\pi}u(s)\mathrm{d}s \tag{150}$$

这是著名的希尔伯特公式,而变换(145)的核也就称为希尔伯特核.注意:在公式(150)的左边积分次序不能变更,好像在傅里叶积分中一样.设以 h 表示变换(145),则该式可写为下之形式

$$v(s)=h[u(s)]$$

这里等式两边函数的变数都用 s 记之.用这个记号,希尔伯特公式(150)可改写为

$$h^2[u(s)]=u(s)-\frac{1}{2\pi}\int_{-\pi}^{+\pi}u(s)\mathrm{d}s$$

当 $v(t)$ 已给时式(145)可以看作 $u(s)$ 的积分方程.由上所证知道这个方程有解的必要条件是 $v(t)$ 要满足(146)的关系.由式(149)可以知道函数

$$u(s) = -\frac{1}{2\pi}\int_{-\pi}^{+\pi} v(t)\cot\frac{s-t}{2}\mathrm{d}t \qquad (151)$$

是(145)的一个解.它同时也是满足条件

$$\int_{-\pi}^{+\pi} u(s)\mathrm{d}s = 0$$

的方程(149)的解.换言之,函数(151)是正则函数 $v(re^{i\varphi}) - iu(re^{i\varphi})$ 的虚数部分,并且在原点等于零.如果函数 $u(re^{i\varphi})$ 在原点等于 C,则

$$u(s) = C - \frac{1}{2\pi}\int_{-\pi}^{+\pi} v(t)\cot\frac{s-t}{2}\mathrm{d}t \qquad (152)$$

这时 $u(s) = \mathrm{const}$ 是齐次方程

$$\frac{1}{2\pi}\int_{-\pi}^{+\pi} u(s)\cot\frac{t-s}{2}\mathrm{d}t = 0$$

的解.因为如果 $u(s) = \mathrm{const}$,则虚数部分 $v(s) = \mathrm{const}$,但已知 v 在原点等于零,故由(146)知 $v(s) = 0$.式(152)是方程(145)的解的一般形式,因为除了一个常数项以外,实数部分可以完全决定虚数部分.在以上的论断中我们假设已给的和所求的函数都满足李普希兹条件.

和[26]中对柯西型积分一样,我们可以把变换(145)写成普通的广义积分.实际上,因为当 $u(s) = c$ 时 $v(s) = 0$,故

$$\frac{1}{2\pi}\int_{-\pi}^{+\pi}\cot\frac{t-s}{2}\mathrm{d}s = 0$$

而式(145)便可改写为

$$v(t) = \frac{1}{2\pi}\int_{-\pi}^{+\pi}[u(s) - u(t)]\cot\frac{t-s}{2}\mathrm{d}s \qquad (153)$$

今设 $u(s)$ 有连续的导数,又因

$$\cot\frac{t-s}{2} = -\frac{\mathrm{d}}{\mathrm{d}s}\ln\left(\sin^2\frac{t-s}{2}\right)$$

将(153)在区间 $(-\pi, t-\varepsilon)$ 和 $(t+\varepsilon, \pi)$ 上施行分部积分,并用

$$\lim_{\varepsilon\to 0^+}[u(t+\varepsilon) - u(t-\varepsilon)]\ln\left(\sin^2\frac{\varepsilon}{2}\right) =$$

$$\lim_{\varepsilon\to 0^+}u'(\xi)2\varepsilon\ln\left(\sin^2\frac{\varepsilon}{2}\right) = 0 \quad (t-\varepsilon < \xi < t+\varepsilon)$$

的事实,可知

$$v(t) = \frac{1}{2\pi}\int_{-\pi}^{+\pi}u'(s)\ln\left(\sin^2\frac{t-s}{2}\right)\mathrm{d}s$$

这时等式右边是个广义积分.

若 $u(\tau)$ 满足李普希兹条件,则由式(143)所定义的复变数 $z = re^{i\varphi}$ 的函数

在闭圆 $|z|=1$ 中为连续. 假设

$$\frac{a_0}{2} + \sum_{k=1}^{\infty}(a_k\cos ks + b_k\sin ks) \tag{154}$$

是 $u(s)$ 的傅里叶级数,则 $v(s)$ 的傅里叶级数为[48]

$$\sum_{k=1}^{\infty}(-b_k\cos ks + a_k\sin ks) \tag{154'}$$

由封闭性方程[Ⅱ,147]

$$\frac{1}{\pi}\int_{-\pi}^{+\pi}u^2(s)\mathrm{d}s = \frac{a_0^2}{2} + \sum_{k=1}^{\infty}(a_k^2 + b_k^2),\ \frac{1}{\pi}\int_{-\pi}^{+\pi}v^2(s)\mathrm{d}s = \sum_{k=1}^{\infty}(b_k^2 + a_k^2)$$

因此

$$\int_{-\pi}^{+\pi}v^2(s)\mathrm{d}s \leqslant \int_{-\pi}^{+\pi}u^2(s)\mathrm{d}s$$

这里等号当且仅当 $a_0=0$ 时成立. 所以变换(145)常使函数的平方在区间 $(-\pi,+\pi)$ 上的积分数值减少. 注意:这时 $u(s)$ 假设是实函数. 这样,我们看到变换(145)就相抵于将傅里叶级数(154)变为傅里叶级数(154').

§50 边值问题

狄利克雷问题是调和函数的边值问题中最简单的. 现在我们先说一般的边值问题,狄利克雷问题只不过是它的特别情形而已.

设区域 B 为单通的,其边界线为 l,现在要找一个 B 内的调和函数 u,使在 l 上满足下面的条件

$$au + b\frac{\partial u}{\partial x} + c\frac{\partial u}{\partial y} = d \tag{155}$$

其中 a,b,c,d 是已给的 l 上的实函数,其变数为 l 的弧长 s. 我们可以把 u 看作某一正则函数

$$f(z) = u(x,y) + \mathrm{i}v(x,y)$$

的实数部分. 由此易知

$$f'(z) = \frac{\partial u}{\partial x} - \mathrm{i}\frac{\partial u}{\partial y}$$

从而

$$b\frac{\partial u}{\partial x} + c\frac{\partial u}{\partial y} = \mathrm{Re}[(b + \mathrm{i}c)f'(z)]$$

Re 表示实数部分.

条件(155)现在可以改写为
$$\operatorname{Re}[af(z)+(b+\mathrm{i}c)f'(z)]=d \tag{156}$$
因此问题变为找寻一个在 B 内为正则的函数,它在边界线 l 上满足条件(156).

设已知一函数 $z=\omega(\tau)$ 将区域 B 保角变换为单位圆 $|\tau|<1$. 我们可以把要寻求的函数当作 τ 的函数 $F(\tau)$,它应该在单位圆内为正则
$$F(\tau)=f[\omega(\tau)], f'(z)=F'(\tau)\frac{1}{\omega'(\tau)}$$
这时式(156)可以改写成
$$\operatorname{Re}\left[aF(\tau)+\frac{b+\mathrm{i}c}{w'(\tau)}F'(\tau)\right]=d \quad (|\tau|=1)$$
因为经过变换 $z=\omega(\tau),a,b,c,d$ 可以看作是单位圆周 $|\tau|=1$ 上所定义的实函数. 所以问题就归结到圆的情形.

我们来研究一个特别情形,即当边界条件(155)中不含函数 a 的情形. 这时问题变成下面的样子:找寻一个单位圆内的调和函数 $u(x,y)$,使在圆周上满足条件
$$b\frac{\partial u}{\partial x}+c\frac{\partial u}{\partial y}=d$$

函数 u 可以看作某一正则函数 $f(z)$ 的实数部分,于是 $\frac{\partial u}{\partial x}$ 和 $-\frac{\partial u}{\partial y}$ 就是正则函数 $f'(z)$ 的实数部分和虚数部分,而上面的问题就和下面通常称为希尔伯特的问题相抵:

找一个单位圆内部的正则函数,使其实数部分和虚数部分在圆周上满足边值条件
$$l(\varphi)u(\varphi)+m(\varphi)v(\varphi)=d(\varphi) \quad (0\leqslant\varphi\leqslant 2\pi) \tag{157}$$
其中 $l(\varphi),m(\varphi)$ 和 $d(\varphi)$ 是单位圆周上中心角 φ 的已给函数. 我们假设这些系数都是 φ 的连续函数,并且 $l(\varphi)$ 和 $m(\varphi)$ 不同时等于零. 这时可以用 $\sqrt{l^2(\varphi)+m^2(\varphi)}$ 除式(157)的两边,而仍记所得的系数为 $l(\varphi),m(\varphi)$ 和 $d(\varphi)$,则
$$l^2(\varphi)+m^2(\varphi)=1 \tag{158}$$
因此可设
$$l(\varphi)=\cos\omega(\varphi), m(\varphi)=-\sin\omega(\varphi) \tag{159}$$
其中 $\omega(\varphi)$ 是 φ 的函数,即
$$\omega(\varphi)=-\arctan\frac{m(\varphi)}{l(\varphi)} \tag{160}$$

先研究一个特别情形,即当(159)所决定的 $\omega(\varphi)$ 为单值函数时. 例如若 $l(\varphi)$ 或 $m(\varphi)$ 在区间 $(-\pi,+\pi)$ 中不等于零,则 $\omega(\varphi)$ 为单值. 借 $\omega(\varphi)$ 可将边值条件(157)写为

$$\operatorname{Re}[\mathrm{e}^{\mathrm{i}\omega(\varphi)}f(z)]=d(\varphi)\quad(z=\mathrm{e}^{\mathrm{i}\varphi})\tag{161}$$

依照实数部分为 $\omega(\varphi)$ 作一个函数 $\pi(z)$,由施瓦兹公式

$$\pi(z)=\frac{1}{2\pi}\int_{-\pi}^{+\pi}\omega(\varphi)\frac{\mathrm{e}^{\mathrm{i}\varphi}+z}{\mathrm{e}^{\mathrm{i}\varphi}-z}\mathrm{d}\varphi\tag{162}$$

以 $\omega_1(\varphi)$ 记 $\pi(z)$ 的虚数部分的边值,函数

$$\mathrm{e}^{\mathrm{i}\pi(z)}f(z)$$

在单位圆周 $z=\mathrm{e}^{\mathrm{i}\varphi}$ 上的实数部分等于

$$\mathrm{e}^{-\omega_1(\varphi)}\operatorname{Re}[\mathrm{e}^{\mathrm{i}\omega(\varphi)}f(z)]_{z=\mathrm{e}^{\mathrm{i}\varphi}}$$

因此边值条件(161)和下面的边值条件相抵

$$\operatorname{Re}[\mathrm{e}^{\mathrm{i}\pi(z)}f(z)]=d(\varphi)\mathrm{e}^{-\omega_1(\varphi)}$$

已知这个函数的实数部分的边值,又可用施瓦兹公式决定在圆内的函数值

$$\mathrm{e}^{\mathrm{i}\pi(z)}f(z)=\frac{1}{2\pi}\int_{-\pi}^{+\pi}d(\varphi)\mathrm{e}^{-\omega_1(\varphi)}\frac{\mathrm{e}^{\mathrm{i}\varphi}+z}{\mathrm{e}^{\mathrm{i}\varphi}-z}\mathrm{d}\varphi+\mathrm{C}\mathrm{i}$$

其中 $\omega_1(\varphi)$ 是函数(162)的虚数部分的边值

$$\omega_1(\varphi)=\lim_{r\to 1}\operatorname{Im}\left[\int_{-\pi}^{+\pi}\omega(\psi)\frac{\mathrm{e}^{\mathrm{i}\psi}+r\mathrm{e}^{\mathrm{i}\varphi}}{\mathrm{e}^{\mathrm{i}\psi}-r\mathrm{e}^{\mathrm{i}\varphi}}\mathrm{d}\psi\right]\tag{163}$$

Im 表示虚数部分.

最后对 $f(z)$ 有下面的式子

$$f(z)=\mathrm{e}^{-\mathrm{i}\pi(z)}\left[\frac{1}{2\pi}\int_{-\pi}^{+\pi}d(\varphi)\mathrm{e}^{-\omega_1(\varphi)}\frac{\mathrm{e}^{\mathrm{i}\varphi}+z}{\mathrm{e}^{\mathrm{i}\varphi}-z}\mathrm{d}\varphi+\mathrm{C}\mathrm{i}\right]\tag{164}$$

再看一个特别情形,即当沿单位圆周走一周时函数 $\omega(\varphi)$ 得到改变量 $-2n\pi$,这里 n 是个正整数

$$\omega(\pi)-\omega(-\pi)=-2n\pi\tag{165}$$

作一个在单位圆周上为单位的函数

$$\chi(\varphi)=\omega(\varphi)+n\varphi$$

由这个函数又可作一个复变数函数 $\sigma(z)$,其实数部分的边值即 $\chi(\varphi)$. 函数

$$\sigma_1(z)=\sigma(z)+\mathrm{i}n\ln z$$

的实数部分的边值是 $\omega(\varphi)$,而虚数部分的边值显然就是 $\sigma(z)$ 的虚数部分的边值. 我们仍以 $\omega_1(\varphi)$ 记之. 和前面一样可证函数

$$\mathrm{e}^{\mathrm{i}\sigma_1(z)}f(z)=z^{-n}\mathrm{e}^{\mathrm{i}\sigma(z)}f(z)$$

的实数部分的边值等于
$$\operatorname{Re}[z^{-n}e^{i\sigma(z)}f(z)] = d(\varphi)e^{-\omega_1(\varphi)} \tag{166}$$

因这个函数中有 z^{-n} 的因子,故可能以原点为不高于 n 阶的极点.借施瓦兹公式我们现在先作一个单位圆内的正则函数,它的实数部分的边值即 $d(\varphi)e^{-\omega_1(\varphi)}$
$$\frac{1}{2\pi}\int_{-\pi}^{+\pi}d(\varphi)e^{-\omega_1(\varphi)}\frac{e^{i\varphi}+z}{e^{i\varphi}-z}d\varphi + iC \tag{167}$$

对这个函数我们现在应该加上另一函数,它的实数部分在单位圆周上等于零,但在原点则可能有 n 阶极点.易知这种函数的形式如下
$$\sum_{k=1}^{n}\left[A_k\left(\frac{1}{z^k}-z^k\right)+iB_k\left(\frac{1}{z^k}+z^k\right)\right]$$

A_k 和 B_k 是任意的实常数.

把上式加到式(167),即得问题的一般解
$$f(z) = z^n e^{-i\sigma(z)}\left\{Ci + \sum_{k=1}^{n}\left[A_k\left(\frac{1}{z^k}-z^k\right)+iB_k\left(\frac{1}{z^k}+z^k\right)\right] + \right.$$
$$\left. \frac{1}{2\pi}\int_{-\pi}^{+\pi}d(\varphi)e^{-\omega_1(\varphi)}\frac{e^{i\varphi}+z}{e^{i\varphi}-z}d\varphi\right\} \tag{168}$$

当式(165)中的 n 是负整数时,问题的解答和上面的不同.因为这时以式(166)左边为实数部分的复变数函数不仅应在单位圆内部为正则,并且应该以原点作为不低于 n 阶的零点.由式(166)右边的函数借施瓦兹公式作出一个正则函数以后,我们还需要得出使这个函数以原点作为不低于 n 阶零点的条件.事实上,这时函数 $d(\varphi)$ 应满足几个条件,而后问题才能有解答.

再看一个特别情形,即当调和函数在单位圆周上满足边值条件
$$\frac{\partial u}{\partial \boldsymbol{n}} + l\frac{\partial u}{\partial \boldsymbol{s}} + mu = d(\varphi) \tag{169}$$

其中 l 和 m 是常数,$d(\varphi)$ 是已知的函数,$\boldsymbol{n}$ 是圆周的外法线方向,s 是圆周的切线方向,这种情形和以前不同的地方在于不取坐标轴方向的导数而改取边界线的切线和法线方向的导数.如[Ⅱ,108]所证,这两种导数中的任一种都可以用另一种表示出来.在理论物理中比较常用式(169)所示的边值条件.沿 $\boldsymbol{n}$ 方向的微分显然和沿动径 r 方向的微分一样,而沿 s 的微分则和当 $r=1$ 时沿中心角的微分一样.一般置 $z = re^{i\varphi}$ 及 $u = \operatorname{Re}[f(z)]$,且可设 $\operatorname{Im}[f(0)] = 0$,易知有
$$\frac{\partial u}{\partial \boldsymbol{n}} = \operatorname{Re}[z'f'(z')], \frac{\partial u}{\partial \boldsymbol{s}} = \operatorname{Re}[z'if'(z')] \quad (z' = e^{i\varphi})$$

而边值条件(169)就可以改写为

$$\operatorname{Re}[(1+\mathrm{i}l)z'f'(z') + mf(z')] = d(\varphi) \quad (z' = \mathrm{e}^{\mathrm{i}\varphi})$$

以

$$\frac{1}{2\pi} \frac{z'+z}{z'-z} \mathrm{d}\varphi$$

乘等式的两边,再关于 φ 积分,这样就得到一个和上式相抵的新的边值条件[48]. 由施瓦兹公式易知这个条件是

$$(1+\mathrm{i}l)zf'(z) + mf(z) = F(z) \tag{170}$$

其中

$$F(z) = \frac{1}{2\pi} \int_{-\pi}^{+\pi} d(\varphi) \frac{\mathrm{e}^{\mathrm{i}\varphi}+z}{\mathrm{e}^{\mathrm{i}\varphi}-z} \mathrm{d}\varphi = \frac{1}{2\pi\mathrm{i}} \int_{|z'|=1} d(\varphi) \frac{z'+z}{z'(z'-z)} \mathrm{d}z' \tag{171}$$

方程(170)是一阶线性微分方程,用通常的公式求其解[Ⅱ,4]可得

$$f(z) = z^{-k}\left[C + \frac{k}{m}\int_{z_0}^{z} z^{k-1} F(z)\mathrm{d}z\right] \tag{172}$$

其中

$$k = \frac{m}{1+\mathrm{i}l}$$

积分常数 C 应如此决定,使得 $f(z)$ 在 $z=0$ 为正则. 若

$$d(\varphi) = A_0 + \sum_{s=1}^{n}(A_s\cos s\varphi + B_s\sin s\varphi)$$

则

$$F(z) = A_0 + \sum_{s=1}^{n}(A_s - \mathrm{i}B_s)z^s$$

代入式(172)然后积分,即得 $f(z)$ 的展开式

$$f(z) = \frac{A_0}{m} + \sum_{s=1}^{n}\frac{A_s - \mathrm{i}B_s}{m+s(1+\mathrm{i}l)}z^s$$

§51 重调和函数

现在再看解析复函数论和所谓重调和函数的理论之间的关系. 所谓重调和函数就是满足方程

$$\Delta\Delta u(x,y) = 0 \tag{173}$$

的函数,这里 Δ 是通常的拉普拉斯算子,以关于变数 x 和 y 的二次导数的和来表示(我们看平面的情形). 方程(173)可展开为

$$\left(\frac{\partial^2}{\partial x^2}+\frac{\partial^2}{\partial y^2}\right)\left(\frac{\partial^2 u}{\partial x^2}+\frac{\partial^2 u}{\partial y^2}\right)=0$$

或

$$\frac{\partial^4 u}{\partial x^4}+2\frac{\partial^4 u}{\partial x^2 \partial y^2}+\frac{\partial^4 u}{\partial y^4}=0 \tag{174}$$

设 u 为有界单通区域 B 中的连续函数, 有连续的导数, 且在这个区域中满足条件(174). 由(173), 函数

$$\Delta u = p(x,y) \tag{175}$$

是调和函数. 设 $q(x,y)$ 是 $p(x,y)$ 的共轭函数, 则

$$p(x,y)+\mathrm{i}q(x,y)=f(z) \tag{176}$$

是复变数 $z=x+\mathrm{i}y$ 的解析函数.

再作一解析函数

$$\varphi(z)=\frac{1}{4}\int f(z)\mathrm{d}z=r(x,y)+\mathrm{i}s(x,y) \tag{177}$$

则显有

$$\Delta r=\Delta s=0,\frac{\partial r}{\partial x}=\frac{\partial s}{\partial y}=\frac{1}{4}\mathrm{Re}[f(z)]=\frac{1}{4}p \tag{178}$$

应用这些式子可以算出

$$\Delta[u-(rx+sy)]=p-2\frac{\partial r}{\partial x}-2\frac{\partial s}{\partial y}=0$$

即 $u-(rx+sy)$ 是调和函数, 以 p_1 记之. 引进 p_1 的共轭函数 q_1 和对应于它们的复变数函数 $\psi(z)=p_1+\mathrm{i}q_1$, 可写

$$u-(rx+sy)=p_1, u=(rx+sy)+p_1=\mathrm{Re}[(x-\mathrm{i}y)(r+\mathrm{i}s)]+p_1$$

或

$$u=\mathrm{Re}[\bar{z}\varphi(z)+\psi(z)] \tag{179}$$

因此任一重调和函数可以借式(179)用两个复变数函数来表示. 易证其逆: 由任两个解析函数 $\varphi(z)$ 和 $\psi(z)$ 借公式(179)所决定的 $u(x,y)$ 是重调和函数, 当其中的 φ 和 ψ 是任意的解析函数时, 即公式(179)表示一般的重调和函数. 这个公式通常称为古尔萨公式.

当重调和函数 u 已给时, 式(179)中的 $\varphi(z)$ 和 $\psi(z)$ 并不能完全决定, 而是可以包含几个任意常数. 首先, 决定实函数 $q(x,y)$ 时可能有一常数项之差, 即当决定函数 $f(z)$ 时可能有一虚常数项之差. 其次, 由式(177)决定函数 $\varphi(z)$ 时也有一个任意复常数项. 因此 $\varphi(z)$ 中所含的任意部分为

$$C+\mathrm{i}az$$

其中 C 是任意复常数，a 是任意实常数．我们可以加几个补充条件来决定这些任意常数．例如要求
$$\varphi(0)=0, \operatorname{Im}\left[\varphi'(0)\right]=0 \tag{180}$$
Im 表示虚数部分．同样，决定函数 $\psi(z)$ 时也得到任意部分为一虚常数，如果使 $\psi(z)$ 满足一个补充条件，例如
$$\operatorname{Im}[\psi(0)]=0 \tag{181}$$
则这个任意虚常数亦可决定．

方程(180)和(181)已可完全决定函数 $\varphi(z)$ 和 $\psi(z)$，但这时当然假定 $z=0$ 在区域 B 之中．

现在试看关于重调和函数的一个最基础的边值问题，这个问题的内容如下：

找一个闭曲线 l 内部的重调和函数，假如在 l 上这个函数的值和法线方向导数的值已知为
$$u=\omega_1(s), \frac{\partial u}{\partial n}=\omega_2(s) \quad \text{(在 } l \text{ 上)} \tag{182}$$

易证由边值条件(182)可以得出函数 u 关于 x 和 y 的导数的边值．事实上，因为
$$\frac{\partial u}{\partial x}=\frac{\partial u}{\partial s}\cos(\boldsymbol{s},x)+\frac{\partial u}{\partial n}\cos(\boldsymbol{n},x), \frac{\partial u}{\partial y}=\frac{\partial u}{\partial s}\cos(\boldsymbol{s},y)+\frac{\partial u}{\partial n}\cos(\boldsymbol{n},y)$$
其中 s 是 l 的切线方向．将式(182)代入上式，即得
$$\begin{cases} \dfrac{\partial u}{\partial x}=\omega'_1\cos(\boldsymbol{s},x)+\omega_2\cos(\boldsymbol{n},x)=\omega_3(s) \\ \dfrac{\partial u}{\partial y}=\omega'_1\cos(\boldsymbol{s},y)+\omega_2\cos(\boldsymbol{n},y)=\omega_4(s) \end{cases} \tag{183}$$

但在这个边值条件中函数 $\omega_3(s)$ 和 $\omega_4(s)$ 不能是完全任意的，因为由假设函数 u 在 l 内部为单值，绕 l 一周后 u 的改变量应等于零，即
$$\int_l \frac{\partial u}{\partial x}\mathrm{d}x+\frac{\partial u}{\partial y}\mathrm{d}y=0 \tag{184}$$
将式(183)中的关系代入上式可得 $\omega_3(s)$ 和 $\omega_4(s)$ 应满足的条件
$$\int_l [\omega_3(s)\cos(\boldsymbol{s},x)+\omega_4(s)\cos(\boldsymbol{s},y)]\mathrm{d}s=0 \tag{185}$$
除满足这个条件之外，$\omega_3(s)$ 和 $\omega_4(s)$ 不再受任何限制了．

现在要用古尔萨公式(179)来寻求重调和函数．以 z 和 $\bar{z}$ 为媒介将式(179)关于 x 和 y 微分，得

$$\begin{cases}\dfrac{\partial u}{\partial x}=\mathrm{Re}[\varphi(z)+\bar{z}\varphi'(z)+\psi'(z)]\\ \dfrac{\partial u}{\partial y}=\mathrm{Re}[-\mathrm{i}\varphi(z)+\mathrm{i}\bar{z}\varphi'(z)+\mathrm{i}\psi'(z)]=\mathrm{Im}[\varphi(z)-\bar{z}\varphi'(z)-\psi'(z)]\end{cases} \tag{186}$$

由此可得函数 $\varphi(z)$ 和 $\psi(z)$ 应该在 l 上满足的两个恒等式

$$\begin{cases}\dfrac{\partial u}{\partial x}-\mathrm{i}\dfrac{\partial u}{\partial y}=\overline{\varphi(z)+\bar{z}\varphi'(z)+\psi'(z)}=\omega_3(s)-\mathrm{i}\omega_4(s)\\ \dfrac{\partial u}{\partial x}+\mathrm{i}\dfrac{\partial u}{\partial y}=\varphi(z)+z\overline{\varphi'(z)}+\overline{\psi'(z)}=\omega_3(s)+\mathrm{i}\omega_4(s)\end{cases} \tag{187}$$

这两个恒等式中的第二个显然可以从第一个作共轭值而导出. 这样, 问题就变为两个解析函数的边值问题了.

和调和函数的情形一样, 我们只看以曲线 l 的内部为对象的边值问题.

在平面弹性学问题中应变 X_x, Y_y 和 X_y 可借下列公式用重调和函数 (埃黎函数) 来表示

$$X_x=\dfrac{\partial^2 u}{\partial y^2},\ Y_y=\dfrac{\partial^2 u}{\partial x^2},\ X_y=-\dfrac{\partial^2 u}{\partial x\partial y} \tag{188}$$

再由古尔萨公式可以用两个解析函数表示应变. 下面只述结果, 不拟证明. 由式 (179) 可知

$$\begin{cases}X_x+Y_y=4\mathrm{Re}[\varphi'(z)]\\ 2X_y+\mathrm{i}(X_x-Y_y)=-2\mathrm{i}[\psi''(z)+\bar{z}\varphi''(z)]\end{cases} \tag{189}$$

借这个公式可证当边界上的应变已给时, 平面弹性静力学问题也可以归结到复变数函数论的边值问题.

关于复变数函数论和平面弹性静力学问题间的关系在哥洛束夫教授的著作《复变数函数论在平面弹性学问题上的一个应用》中可以找到. 复变数函数论在弹性学方面有系统的应用可以在慕斯哈利舒维尔的书《理论弹性学的几个基本问题》中找到.

§52 波动方程和解析函数

在第二卷中已经说过方程

$$\dfrac{\partial^2 u}{\partial t^2}=c^2\left(\dfrac{\partial^2 u}{\partial x^2}+\dfrac{\partial^2 u}{\partial y^2}+\dfrac{\partial^2 u}{\partial z^2}\right) \tag{190}$$

对于音波或电磁波的传播具有极大的重要性,它通常被称为波动方程.现在我们要看的只是平面的情形,即当所求的函数 u 和某一坐标(设为 z 坐标)为独立时.这时波动方程为

$$a^2 \frac{\partial^2 u}{\partial t^2} = \frac{\partial^2 u}{\partial x^2} + \frac{\partial^2 u}{\partial y^2} \quad \left(c^2 = \frac{1}{a^2}\right) \tag{191}$$

其中 u 是 t, x 和 y 的函数.利用解析复函数我们可以得出一类在物理学中有重要应用的方程(191)的解来,同时利用解析函数又可以大大地简化这一类解之间所有的运算.

先作一个以后有重要用处的辅助方程

$$l(\tau)t + m(\tau)x + n(\tau)y + p(\tau) = 0 \tag{192}$$

其中 $l(\tau), m(\tau), n(\tau)$ 和 $p(\tau)$ 是复变数 τ 的解析函数.方程(192)定义 τ 为变数 t, x 和 y 的函数.今设 $f(\tau)$ 为 τ 的解析函数,则 $f(\tau)$ 当然是 t, x 和 y 的函数.要求这个函数的导数,先以 δ' 记方程(192)左边关于 τ 的偏导数,利用稳函数和复合函数的微分公式,易知下列 τ 关于 t, x 和 y 的偏导数

$$\frac{\partial \tau}{\partial t} = -\frac{l(\tau)}{\delta'}, \frac{\partial \tau}{\partial x} = -\frac{m(\tau)}{\delta'}, \frac{\partial \tau}{\partial y} = -\frac{n(\tau)}{\delta'} \tag{193}$$

要计算二阶导数时先注意

$$\delta' = l'(\tau)t + m'(\tau)x + n'(\tau)y + p'(\tau) \tag{194}$$

是和 t, x, y 等直接关联,而同时也借 τ 和它们间接关联的,因此

$$\frac{\partial^2 \tau}{\partial t^2} = \frac{\partial}{\partial t}\left[\frac{l(\tau)}{\delta'}\right]\frac{l(\tau)}{\delta'} + \frac{l(\tau)l'(\tau)}{\delta'^2} = \frac{2l(\tau)l'(\tau)}{\delta'^2} - \frac{l^2(\tau)}{\delta'^3}\delta'' \tag{195}$$

或可写为

$$\frac{\partial^2 \tau}{\partial t^2} = \frac{1}{\delta'}\frac{\partial}{\partial \tau}\left[\frac{l^2(\tau)}{\delta'}\right] \tag{196}$$

同样可得

$$\begin{cases} \dfrac{\partial^2 \tau}{\partial x^2} = \dfrac{1}{\delta'}\dfrac{\partial}{\partial \tau}\left[\dfrac{m^2(\tau)}{\delta'}\right] \\[2mm] \dfrac{\partial^2 \tau}{\partial y^2} = \dfrac{1}{\delta'}\dfrac{\partial}{\partial \tau}\left[\dfrac{n^2(\tau)}{\delta'}\right] \\[2mm] \dfrac{\partial^2 \tau}{\partial x \partial y} = \dfrac{1}{\delta'}\dfrac{\partial}{\partial \tau}\left[\dfrac{m(\tau)n(\tau)}{\delta'}\right] \end{cases} \tag{197}$$

解析函数 $f(\tau)$ 借 τ 和 t, x, y 等间接关联,其偏导数可由复合函数的微分公式求得.用以上诸结果可得

$$\frac{\partial^2 f(\tau)}{\partial t^2} = f''(\tau)\left(\frac{\partial \tau}{\partial t}\right)^2 + f'(\tau)\frac{\partial^2 \tau}{\partial t^2} =$$

$$f''(\tau)\frac{l^2(\tau)}{\delta'^2} + f'(\tau)\frac{1}{\delta'}\frac{\partial}{\partial\tau}\left[\frac{l^2(\tau)}{\delta'}\right] \tag{198}$$

或可写为

$$\frac{\partial^2 f(\tau)}{\partial t^2} = \frac{1}{\delta'}\frac{\partial}{\partial\tau}\left[f'(\tau)\frac{l^2(\tau)}{\delta'}\right] \tag{199}$$

完全相仿

$$\begin{cases}\dfrac{\partial^2 f(\tau)}{\partial x^2} = \dfrac{1}{\delta'}\dfrac{\partial}{\partial\tau}\left[f'(\tau)\dfrac{m^2(\tau)}{\delta'}\right]\\[4pt]\dfrac{\partial^2 f(\tau)}{\partial y^2} = \dfrac{1}{\delta'}\dfrac{\partial}{\partial\tau}\left[f'(\tau)\dfrac{n^2(\tau)}{\delta'}\right]\\[4pt]\dfrac{\partial^2 f(\tau)}{\partial x\partial y} = \dfrac{1}{\delta'}\dfrac{\partial}{\partial\tau}\left[f'(\tau)\dfrac{m(\tau)n(\tau)}{\delta'}\right]\end{cases} \tag{200}$$

置 $u = f(\tau)$，代入式(191)可得下面的方程

$$\frac{1}{\delta'}\frac{\partial}{\partial\tau}\left[f'(\tau)\frac{m^2(\tau)+n^2(\tau)-a^2l^2(\tau)}{\delta'}\right] = 0$$

由此知道如果式(192)的系数满足关系

$$m^2(\tau) + n^2(\tau) = a^2 l^2(\tau) \tag{201}$$

则 $f(\tau)$ 是方程(191)的解.

要想得到(191)的实解，只需把 $f(\tau)$ 分开为实数部分和虚数部分，则显然两部分都必满足式(191).

今设 (S) 为三维空间，以 (t,x,y) 为坐标. 若在空间某一区域 B 内方程(192)所决定的 τ 为实数，则在以上的论断中不必假设 $f(\tau)$ 是解析函数，因为变数 τ 只取实值. 这时只需假设 $f(\tau)$ 是任意有连续的一阶和二阶导数的实函数即可.

以上的论断给出了下节的定理，它规定了我们上面所说的这一类方程(191)的解.

§53　基　本　定　理

若在空间(S)中某一区域 B 之内方程(192)在条件(201)之下定义 τ 为变数 t,x 和 y 的复函数，则任一解析函数 $f(\tau)$ 的实数部分和虚数部分都是方程(191)的解. 若 τ 在某一区域中是个(t,x,y)的实函数，则任意一个具有连续的一阶和二阶导数的 τ 的实函数必定是方程(191)的解.

若 $l(\tau)\neq 0$,可用 $l(\tau)$ 除式(192)的两边,所以不妨设 $l(\tau)=1$. 此外,可以将 $m(\tau)$ 看作另一复变数 $-\theta$. 这时由条件(201)有 $n^2(\tau)=a^2-\theta^2$,而方程(192)便可改写为

$$t-\theta x+\sqrt{a^2-\theta^2}\,y+p(\theta)=0 \tag{202}$$

$p(\theta)$ 是 θ 的任意解析函数. 显然这时应写 $f(\theta)$ 以替代 $f(\tau)$.

现在来研究 $p(\theta)=0$ 的特别情形. 方程(202)成为

$$t-\theta x+\sqrt{a^2-\theta^2}\,y=0 \text{ 或 } 1-\theta\frac{x}{t}+\sqrt{a^2-\theta^2}\,\frac{y}{t}=0 \tag{203}$$

它定义 θ 为两个变数

$$\xi=\frac{x}{t},\eta=\frac{y}{t} \tag{204}$$

的函数. 因此方程(191)的解 $f(\theta)$ 也是这两个变数的函数,即 $f(\theta)$ 是 t,x 和 y 的零次齐次函数. 如[Ⅰ,154]所知,这种函数以恒等式

$$u(kt,kx,ky)=u(t,x,y)$$

为特征. 可证其逆:方程(191)的任一个这种解必可由上面的方法得到. 以后我们简称这种解为齐次解.

再来仔细研究一下方程(203). 如[19]所证,其中的根式 $\sqrt{a^2-\theta^2}$ 在具有沿实轴的割线 $(-a,+a)$ 的 θ 平面上为单值函数. 我们如此固定它的值,使在虚轴的上半部取正值,就是当 $\theta=ib,b>0$ 时,根式取正值. 由于其辐角是连续地变动着的,可知这个条件和规定当 $\theta>a$ 时根式为负虚数,当 $\theta<-a$ 时根式为正虚数相抵. 方程(203)可改写为

$$1-\theta\xi+\sqrt{a^2-\theta^2}\,\eta=0 \tag{205}$$

去根号再依 θ 解所得的二次方程,得

$$\theta=\frac{\xi-\mathrm{i}\eta\sqrt{1-a^2(\xi^2+\eta^2)}}{\xi^2+\eta^2}=\frac{xt-\mathrm{i}y\sqrt{t^2-a^2(x^2+y^2)}}{x^2+y^2} \tag{206}$$

先假设 ξ 和 η 满足不等式

$$\xi^2+\eta^2<\frac{1}{a^2} \tag{207}$$

或

$$x^2+y^2<\frac{1}{a^2}t^2 \tag{208}$$

利用方程(205)中根式应有定值的性质,易证式(206)中的根式常取正值. 实际上,若在方程(205)中设 $\xi=0$,则 θ 应取纯虚数值,且 $\sqrt{a^2-\theta^2}$ 的符号应和 η 的

符号相反,就是如果 $\eta<0$,则 $\sqrt{a^2-\theta^2}>0$. 由前面的条件,θ 应位于虚轴的上半部,因此在(206)中的根式应取正值. 同样当 $\eta>0$ 时 $\sqrt{c^2-\theta^2}<0$,θ 应位于虚轴的下半部,故(206)中的根式也取正值.

当 ξ 和 η 取定值时,由(204)我们得到空间(S)中经过原点的一条直线. 现在只看相当于 $t>0$ 的半直线,称之为放射线. 由条件(207)或(208)这些放射线的全体构成一锥形束,以原点为顶点,顶角等于 $\arctan\dfrac{1}{a}$,其轴合于 t 轴. 利用式(206)不难证明和这些放射线对应的 θ 全体是整个 θ 平面除了割线$(-a,+a)$. 注意由式(206)立刻可以导出的几件事实. 首先,锥形束的表面上的放射线,即满足等式

$$\xi^2+\eta^2=\frac{1}{a^2} \text{ 或 } x^2+y^2=\frac{1}{a^2}t^2$$

的放射线对应于 θ 平面中割线$(-a,+a)$上的点. 锥形束的轴由 $x=y=0$ 或 $\xi=\eta=0$ 所决定,故对应于 θ 平面上的无限远点. 又在平面 $y=0$ 上的放射线全体使 $\eta=0$,故对应于 θ 平面中实轴上绝对值大于 a 的点,即实轴上割线$(-a,+a)$以外的点. 若以 $y=0$ 平面分这个锥形束为两半,则一半对应于上半 θ 平面,另一半对应于下半 θ 平面,即 $y>0$ 的放射线全体和下半 θ 平面对应,$y<0$ 的放射线全体和上半 θ 平面对应.

若照以前讲过的方法来取(191)的解,即可以当作某一解析函数 $f(\theta)$ 的实数部分的解,那么它在上述每一条放射线上当然取常数值.

再研究空间(S)中锥形束以外的点所对应的 θ. 这种点满足不等式

$$\xi^2+\eta^2>\frac{1}{a^2} \text{ 或 } x^2+y^2>\frac{1}{a^2}t^2$$

这时方程(205)有两个实根,都在线段$(-a,+a)$之上

$$\theta=\frac{\xi\pm\eta\sqrt{a^2(\xi^2+\eta^2)-1}}{\xi^2+\eta^2}=\frac{xt\pm yt\sqrt{a^2(x^2+y^2)-t^2}}{x^2+y^2} \tag{209}$$

线段$(-a,+a)$是平面的割线,在割线的两岸根式 $\sqrt{a^2-\theta^2}$ 有不同的符号,因此在方程(205)中根式应有两种符号,同样在(209)中根式也应取两种符号. 设 $M_0(t_0,x_0,y_0)$ 为锥形束以外的一点,θ_1 和 θ_2 为对应于这点的 θ 的值. 若以 $\theta=\theta_1$ 和 θ_2 代入式(205)的左边,则得关于 t,x 和 y 的两个实的一次方程,这表示通过点 M_0 的两个平面. 我们也可以换一种说法,即任一位于割线$(-a,+a)$上的 θ 的值 θ_0 必对应于空间(S)中的一个平面 P. 设 λ 为锥形束中对应于 $\theta=\theta_0$ 的放射线. 平面 P 显然应包含 λ 在其内. 易证平面 P 必定是锥面的切平

面,并且彼此沿 λ 相切.实际上,如果 P 不和锥面沿 λ 相切,则必和它相交,而 P 中就有一部分是在锥面的内部.但是这样就会有锥形束中的点和区间 $(-a, +a)$ 中的点 $\theta = \theta_0$ 对应,这是不可能的.因此割线 $(-a, +a)$ 上每一点 θ 借式 (205) 对应于一个和锥面相切的平面,它们相切的直线即锥面上和 θ 对应的放射线.

我们也可以用平面图形来表示上述的锥形束以及和锥面相切的平面,只需拿一个和 t 轴垂直的平面去截这个锥形束就行了.这时可用截面上的圆代表锥形束,这个圆周上的切线代表锥形束的切平面.特别地,我们可以借变数 ξ 和 η 来叙述这个既得的平面图形.和锥形束对应的是 (ξ, η) 平面上的圆 K

$$\xi^2 + \eta^2 \leqslant \frac{1}{a^2} \tag{210}$$

这时圆内每一点对应于束中一定放射线,反之亦然.圆周的切线对应于锥面的切平面.半平面 $\eta > 0$ 对应于半空间 $y > 0$,轴 $\eta = 0$ 对应于平面 $y = 0$.

设 $f(\theta)$ 是具有割线 $(-a, +a)$ 的 θ 平面上的单值解析函数.对应的方程 (191) 的解是

$$u = \operatorname{Re}[f(\theta)] \quad (\operatorname{Re} \text{ 表示实数部分}) \tag{211}$$

这个解在锥形束内有定义,或对平面 (ξ, η) 的情形,在圆 (210) 中有定义.我们要说一个在应用上很重要的把这个解解析延拓到锥形束外部的方法.为此可作一族的半平面和这个锥面相切,它们都沿一方向绕着锥面前进,就是说,对应的圆周

$$\xi^2 + \eta^2 = \frac{1}{a^2} \tag{212}$$

的切线是如图 51 所示的一般.这些半切平面互不相交,并且充满空间 (S) 中锥形束以外的部分.在每一张半切平面上 $f(\theta)$ 取常数值,因此我们可以利用式 (211) 在锥形束外部单值地确定 (191) 的解 u,它是已给锥形束内的解的解析延拓.这个锥形束外部的解不但在放射线上取常数值,并且在半平面上取常数值.注意:我们显然有两种方法定义圆周 (212) 的切线的方向,因此也就有两种不同的解析延拓方法可以得到.

对应于锥面上的放射线的 θ 是在割线 $(-a, +a)$ 上.这时可将由式 (211) 所确定的 u 分开为两个实数项 $u = u_1(\theta) + u_2(\theta)$,而把 $u_1(\theta)$ 沿半切线 I 延拓出去,把 $u_2(\theta)$ 沿半切线 II 延拓出去(图 51).这样也得到方程在圆外的一个解.由此可知实际上存在无数多种解析延拓的方法,任一延拓都能在越过圆周时保持 u 的连续性.在具体的问题中这种解析延拓会在研究波的运动时遇到.

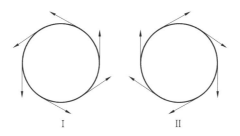

图 51

以上所说的都是在求全空间(S)中有定义的(191)的解.现在假设我们所感兴趣的只是半空间$y \geqslant 0$,或在平面(ξ, η)上只是半平面$\eta \geqslant 0$.假设公式(211)在半圆内确定方程(191)的一个解,并且在半圆周的弧AB上这个解等于零,如图 52 所示.在许多和振动传播有关的问题中我们常利用如图 52 中所画的半切线,即和锥面的半切平面对应的,将(211)在半圆内所定义的解单值地解析延拓到半平面中去.这个解在曲线$A_1ABB_1A_1$以外的部分应该等于零.

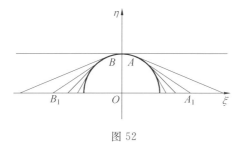

图 52

和以上类似的办法也适用于方程(202)的一般情形,但这时我们所遇到的显然是比锥形束更复杂的和$p(\theta)$有关的几何图形了(有两个参数的直线族).

我们可以在方程(202)或(203)中以另一和θ有解析函数关联的复变数z来替代θ.例如看下面的特别情形.设z和θ借公式

$$\theta = \frac{a}{2}\left(z + \frac{1}{z}\right) \tag{213}$$

相关联.这时,如[33]中所证,和具有割线$(-a, +a)$的θ平面对应的是z平面上的单位圆$|z| \leqslant 1$.利用公式(213)易证对我们前面所选定的根式的值下面的公式成立

$$\sqrt{a^2 - \theta^2} = \mathrm{i}\frac{a}{2}\left(z - \frac{1}{z}\right) \tag{214}$$

在这种情形之下我们再来仔细研究方程(203).它的形式是

$$t - \frac{a}{2}\left(z + \frac{1}{z}\right)x + \mathrm{i}\frac{a}{2}\left(z - \frac{1}{z}\right)y = 0 \tag{215}$$

或
$$1 - \frac{a}{2}\left(z + \frac{1}{z}\right)\xi + \mathrm{i}\,\frac{a}{2}\left(z - \frac{1}{z}\right)\eta = 0$$

这个式子也可改写为
$$1 - \frac{a}{2}z(\xi - \mathrm{i}\eta) - \frac{a}{2}\frac{1}{z}(\xi + \mathrm{i}\eta) = 0 \tag{216}$$

设圆(210)的极坐标由下式决定
$$\xi = \rho\cos\varphi,\ \eta = \rho\sin\varphi \quad \left(0 \leqslant \rho \leqslant \frac{1}{a}\right)$$

于是方程(216)又可改写为
$$a\rho\,\mathrm{e}^{-\mathrm{i}\varphi}z^2 - 2z + a\rho\,\mathrm{e}^{\mathrm{i}\varphi} = 0$$

易见 $z = r\mathrm{e}^{\mathrm{i}\varphi}$ 是上式的解,其中 r 由二次方程
$$a\rho r^2 - 2r + a\rho = 0 \quad (0 \leqslant r \leqslant 1)$$

来决定. 因此圆(210)中每一点(即放射线)所对应的复变数 $z = r\mathrm{e}^{\mathrm{i}\varphi}$ 和这点有相同的辐角, 而圆周(212)上的点则对应于有相同辐角的单位圆周 $|z| = 1$ 上的点. 换句话说, 圆(210)中任一半径对应于单位圆 $|z| \leqslant 1$ 中有相同中心角的半径.

这一节中所说这些应用复变数函数论于波动方程(191)之解的基本概念在和波动方程有关的音波或电磁波传播问题中,以及在更复杂的弹性波的传播问题中都有广泛的应用. 以上的方法只给出方程(191)的某一类的解,但在这一类解之中有具有重要的物理意义的,并且应用这一类解可以把关于波的反射和绕射的问题化成最便于计算的形式.

方程(191)是平面中的波动方程(柱面波),但是利用叠合原理可以从前面得到的那一类的解作出另外的解来,从而研究三维空间中的一般波动方程. 上述方法可于索伯列夫和著者的工作中找到,载于《科学院地震学汇报》中. 它在具体问题上的应用则可于诺留舒金那和索伯列夫的工作中找到. 因为需要很多预备知识,又怕离题太远,所以不拟详细去说它. 下面只略述这种方法在两个问题上的应用,即平面波的绕射问题和弹性振动的反射问题.

§54 平面波的绕射

设在 (x, y) 平面上有一条沿着半直线 $y = x, x > 0$ 的割线. 又设在这条割线除外的平面中当 $t < 0$ 时有速度为 $\frac{1}{a}$,而进行方向平行于 x 轴的平面波,使当

$t=0$ 时波前恰好到达割线的顶点(即原点). 设这个平面波具有如下的初等形式

$$u=1, \text{当 } x<\frac{1}{a}t; u=0, \text{当 } x>\frac{1}{a}t \tag{217}$$

即波前已经到达的地方 u 的值常等于 1, 而波前还没有到达的地方 $u=0$.

当 $t<0$ 时函数 u 满足式(191), 而且它显然是这个方程的齐次解, 只和 ξ, η 有关, 并且由下面的条件来决定

$$u=1, \text{当 } \xi<\frac{1}{a}; u=0, \text{当 } \xi>\frac{1}{a} \tag{218}$$

波前的传播速度为 $\frac{1}{a}$, 这是波动方程(191)成立的必需条件.

现在我们来研究平面波(217)关于上述割线的绕射, 但假设经过绕射以后, 即当 $t>0$ 时, 波动仍可用方程(191)的齐次解表示, 即可用一个解析函数 $f(z)$ 的实数部分来表示, 其中复变数 z 由方程(216)决定. 这种假设是非常自然的, 因为引起绕射的是以原点为顶点的割线. 再假设在割线的两岸成立下之条件

$$u=0 \quad (\text{在割线上}) \tag{219}$$

当 $t=0$ 时平面波到达点 O, 而后就发生了绕射的现象. 现在考虑当 $t>0$ 时的某一瞬间的情形. 因为当波动方程为(191)的场合微扰的传播速度等于 $\frac{1}{a}$, 所以在这一瞬间微扰的状况如下: 首先, 我们有直线形的波前 $ABCD$, 它被波前业已经过的障碍物分成两部分 AB 和 CD. $ABCD$ 垂直于 x 轴, 而 $\overline{OB}=\frac{1}{a}t$. 此外又有从边界线 OG 依照通常的规则反射所得的波, 其波前为平行于 x 轴的直线 EC(图 53). 还有, 端点 O 的存在又产生以该点为中心, 半径等于 $\frac{1}{a}t$ 的外加的微扰. 问题的中心是要决定在这个圆内 u 是什么样的函数. 首先看在这个圆以外 u 的数值如何. 在割线 OG 以下而位于 ABF 右边的平面中显然有 $u=0$. 在这个割线以上而位于 CD 右边的平面中显然也有 $u=0$. 此外, 在线路 $ECFE$ 所围成的区域中除了原来的波以外还有反射波, 由边值条件(219)知其中 $u=0$. 在圆的外部而波动已经到达的区域中除了上述 $ECFE$ 的内部以外处处 $u=1$. 以原点为中心, 半径等于 $\frac{1}{a}t$ 的圆就是式(210)所表示的圆. 只是现在它沿半径 $\arctan\frac{\eta}{\xi}=\frac{\pi}{4}$ 上有一割线.

借方程(216)可得 z 平面上的单位圆 $|z|\leqslant 1$, 沿着半径 $\arg z=\frac{\pi}{4}$ 被割.

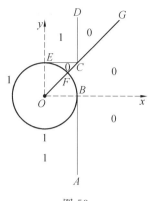

图 53

因为如我们前面已知,圆(210)的半径和单位圆 $|z|<1$ 中有同样中心角的半径相对应.

记住在上述各区域中 u 的数值和边值条件,回过来就在 z 平面上得到下面的问题:找一个在具有割线的圆 $|z|<1, -\dfrac{7\pi}{4} < \arg z < \dfrac{\pi}{4}$ 之内为正则的函数 $f(z)$,使得它的实数部分在割线的两岸等于零,即在半径

$$\arg z = \frac{\pi}{4} \text{ 和 } \arg z = -\frac{7\pi}{4}$$

上等于零. 又在圆周 $|z|=1$ 的圆弧

$$-\frac{7}{4}\pi < \arg z < -\frac{3\pi}{2} \text{ 和 } 0 < \arg z < \frac{\pi}{4}$$

上它也等于零,而在 $|z|=1$ 的其他部分等于1. 这个问题的解答并不难求. 先将 z 平面绕着原点转一角度 $\dfrac{7}{4}\pi$

$$w_1 = e^{i\frac{7}{4}\pi} z$$

我们得到一个圆 $|w_1|<1, 0 \leqslant \arg w_1 \leqslant 2\pi$,割线沿着半径 $\arg w_1 = 0$. 将 w_1 开平方,这条割线变成实轴上的割线 $(-1, +1)$,而圆 $|w|<1$ 变成单位圆的上半部. 故知变换

$$w = \sqrt{w_1} = e^{i\frac{7}{8}\pi} z^{\frac{1}{2}}$$

将 z 平面上具有割线的圆变为 w 平面中的上半单位圆. 所求的函数 $f(w)$ 现在应该满足如下的边值条件: $f(w)$ 的实数部分在实轴上的线段 $(-1, +1)$ 上等于零,又当 $0 < \varphi < \dfrac{\pi}{8}$ 及 $\dfrac{7}{8}\pi < \varphi < \pi$ 时

$$\operatorname{Re}[f(e^{i\varphi})] = 0$$

当 $\frac{\pi}{8}<\varphi<\frac{7}{8}\pi$ 时
$$\mathrm{Re}[f(\mathrm{e}^{\mathrm{i}\varphi})]=1$$
所以 $f(w)$ 把实轴上的线段 $(-1,+1)$ 变为虚轴上的线段,且由对称原理,$f(w)$ 可被解析延拓到下半单位圆,使得在 w 平面中关于实轴对称的两点 $f(w)$ 的值关于虚轴对称[24].

因此得到下面的等式
$$\mathrm{Re}[f(\mathrm{e}^{-\mathrm{i}\varphi})]=-\mathrm{Re}[f(\mathrm{e}^{\mathrm{i}\varphi})]$$
记住这一点,可知 $f(w)$ 在单位圆周上应满足以下的边值条件

$$\mathrm{Re}[f(\mathrm{e}^{\mathrm{i}\varphi})]=\begin{cases}0 & (-\frac{\pi}{8}<\varphi<+\frac{\pi}{8} \text{ 及 } \frac{7}{8}\pi<\varphi<\frac{9}{8}\pi) \\ 1 & (\frac{\pi}{8}<\varphi<\frac{7}{8}\pi) \\ -1 & (-\frac{7}{8}\pi<\varphi<-\frac{\pi}{8})\end{cases} \tag{220}$$

要得到这个边值问题的解答,我们研究函数
$$\frac{1}{\mathrm{i}}\ln\frac{\alpha-w}{\beta-w}=\frac{1}{\mathrm{i}}\ln\left|\frac{\alpha-w}{\beta-w}\right|+\arg\frac{\alpha-w}{\beta-w} \tag{221}$$
其中 α 和 β 是单位圆周上直径 AB 的两个端点(图 54).设 M 表示变动点 w.这个函数的实数部分
$$\arg\frac{\alpha-w}{\beta-w}=\arg(\alpha-w)-\arg(\beta-w)$$

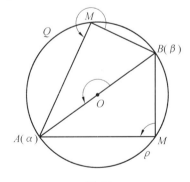

图 54

表示从 $\overrightarrow{MB}$ 逆时针地转到 $\overrightarrow{MA}$ 的角度. 函数 (221) 在圆 $|w|<1$ 中为单值正则,当 $w=0$ 时函数值为 π,但可能差一个 2π 的倍数.我们规定其值为 π,这样就固定了函数 (221) 在圆 $|w|<1$ 中的一个支叶.对于如此选取的支叶我们有

$$\frac{1}{i}\ln\frac{\alpha-w}{\beta-w}=\pi+\frac{1}{i}\ln\frac{1-\alpha^{-1}w}{1-\beta^{-1}w}=\pi+\frac{1}{i}\ln(1-\alpha^{-1}w)-\frac{1}{i}\ln(1-\beta^{-1}w)$$

其中两个对数都取由通常的幂级数所决定的主值. 若 w 落在弧 APB 上, 则 $\angle BMA=\frac{\pi}{2}$; 若 w 落在弧 AQB 上, 则 $\angle BMA=\frac{3\pi}{2}$, 就是说, 如我们以上所选取的函数 (221) 在圆 $|w|<1$ 内的单值支叶, 它的实数部分在弧 APB 上等于 $\frac{\pi}{2}$, 在弧 AQB 上等于 $\frac{3}{2}\pi$.

应用这个结果于函数

$$\psi(w)=\frac{1}{i}\ln\frac{e^{i\frac{7}{8}\pi}-w}{e^{-i\frac{\pi}{8}}-w}+\frac{1}{i}\ln\frac{e^{-i\frac{7}{8}\pi}-w}{e^{i\frac{\pi}{8}}-w}$$

设以 M_1, M_2, M_3 和 M_4 表示下列四点

$$e^{-i\frac{\pi}{8}},e^{i\frac{\pi}{8}},e^{-i\frac{7}{8}\pi},e^{i\frac{7}{8}\pi}$$

则易知 $\psi(w)$ 的实数部分在弧 M_1M_2 和弧 M_3M_4 上等于 2π, 在弧 M_1M_3 上等于 π, 在弧 M_2M_4 上等于 3π. 借此立刻可得边值问题 (220) 的解为

$$f(w)=\frac{1}{\pi}\psi(w)-2$$

回到变数 z, 可知在圆

$$x^2+y^2<\frac{1}{a^2}t^2$$

内部的绕射问题的解为

$$U=\mathrm{Re}\left[\frac{1}{\pi i}\ln\frac{(e^{i\frac{7}{8}\pi}-e^{i\frac{7}{8}\pi}z^{\frac{1}{2}})(e^{-i\frac{7}{8}\pi}-e^{i\frac{7}{8}\pi}z^{\frac{1}{2}})}{(e^{-i\frac{\pi}{8}}-e^{i\frac{7}{8}\pi}z^{\frac{1}{2}})(e^{i\frac{\pi}{8}}-e^{i\frac{7}{8}\pi}z^{\frac{1}{2}})}\right]-2$$

以上的论断似乎不够严格, 又所谓初等平面波 u 的概念, 即在波前已经到达的地方 $u=1$, 波前尚未到达的地方 $u=0$, 初看起来好像有点特别, 但是我们可以证明任何平面波都可表示为包含初等平面波的积分. 借此, 一般平面波的绕射问题就可归结到我们上面已经研究过的问题了.

现在来看平行于 x 轴前进的一般平面波. 这种波由函数 $f\left(\frac{1}{a}t-x\right)$ 决定, 但设当 $\tau<0$ 时 $f(\tau)=0$. 函数 $f\left(\frac{1}{a}t-x\right)$ 显然满足方程 (191). 我们前面所看过的初等平面波对应于特别情形: 当 $\tau>0$ 时, $f(\tau)=1$, 当 $\tau<0$ 时, $f(\tau)=0$. 我们以 $u(\tau)$ 代 $f(\tau)$, 如式 (217) 所示

$$u(\tau) = \begin{cases} 0 & (当\ \tau < 0) \\ 1 & (当\ \tau > 0) \end{cases} \tag{218'}$$

今设 $f(\tau)$ 为连续,有连续的导数,且当 $\tau \leqslant 0$ 时等于零. 那么可写

$$f(\tau) = \int_0^\infty u(\tau - \lambda) f'(\lambda) d\lambda$$

实际上,由 $u(\tau)$ 的定义及 $f(0) = 0$ 的条件,有

$$\int_0^\infty u(\tau - \lambda) f'(\lambda) d\lambda = \int_0^\tau f'(\lambda) d\lambda = f(\tau) - f(0) = f(\tau)$$

从而

$$f\left(\frac{1}{a}t - x\right) = \int_0^\infty u\left(\frac{1}{a}t - x - \lambda\right) f'(\lambda) d\lambda = \int_0^\infty u\left(\frac{t - a\lambda}{a} - x\right) f'(\lambda) d\lambda$$

由这个式子易见所给的一般型平面波是某些初等波

$$u\left(\frac{t - a\lambda}{a} - x\right) f'(\lambda) d\lambda$$

的和(严格地说,是积分).

若以 $U(x, y, t)$ 表示前面所得初等波的绕射的解,则对波函数 $f\left(\frac{1}{a}t - x\right)$ 绕射问题的解就是

$$V = \int_0^\infty U(x, y, t - a\lambda) f'(\lambda) d\lambda$$

以上的研究限于关于原点的绕射,而 $U(x, y, t)$ 即表示这个绕射的结果. 当 $t > 0$ 时它在以原点为中心,半径等于 $\frac{1}{a}t$ 的圆中有效,即当 $t \leqslant 0$ 时对于任意的 (x, y) 应有 $U(x, y, t) = 0$,又当 $t > 0$ 而 $x^2 + y^2 \geqslant \frac{1}{a^2}t^2$ 时也有 $U(x, y, t) = 0$. 这样在 V 的积分表示式中关于 λ 的积分实际上只在有限区间中履行.

借助于上述方法可以解决向任意方向进行的平面波关于任一角域的绕射问题.

§55　弹性波的反射

在平面弹性学问题中,分位移 u 和 v 可用公式

$$u = \frac{\partial \varphi}{\partial x} + \frac{\partial \psi}{\partial y}, \quad v = \frac{\partial \varphi}{\partial y} - \frac{\partial \psi}{\partial x} \tag{222}$$

来表示,其中函数 φ 通常称为纵波势,ψ 称为横波势. 这些势函数应该满足如下

形式的波动方程

$$a^2 \frac{\partial^2 \varphi}{\partial t^2} = \frac{\partial^2 \varphi}{\partial x^2} + \frac{\partial^2 \varphi}{\partial y^2} \tag{223}$$

$$b^2 \frac{\partial^2 \psi}{\partial t^2} = \frac{\partial^2 \psi}{\partial x^2} + \frac{\partial^2 \psi}{\partial y^2} \tag{224}$$

其中

$$a = \sqrt{\frac{\rho}{\lambda + 2\mu}}, b = \sqrt{\frac{\rho}{\mu}} \tag{225}$$

这里 ρ 是介质的密度，λ 和 μ 是拉梅弹性常数．如弹性学中所熟知，$\frac{1}{a}$ 和 $\frac{1}{b}$ 分别表示纵波和横波的传播速度，而式(222)则表示一般型的微扰分解为纵型微扰和横型微扰．

再引进两个以势函数表示弹性体中的张力的公式．我们只看作用于和 y 轴垂直的直线上的张力向量，这个向量的两个支量可用下式表示

$$\begin{cases} Y_x = \mu \left[2 \frac{\partial^2 \varphi}{\partial x \partial y} + \frac{\partial^2 \psi}{\partial y^2} - \frac{\partial^2 \psi}{\partial x^2} \right] \\ Y_y = \mu \left[\left(\frac{b^2}{a^2} - 2 \right) \left(\frac{\partial^2 \varphi}{\partial x^2} + \frac{\partial^2 \varphi}{\partial y^2} \right) + 2 \frac{\partial^2 \varphi}{\partial y^2} - 2 \frac{\partial^2 \psi}{\partial x \partial y} \right] \end{cases} \tag{226}$$

有了这些准备以后我们回到本题来．假设当 $t=0$ 时从 $x=0, y=y_0$ 这点传出一个纯纵型的微扰，其特征势函数满足方程(223)，且为这个方程的关于变数 t, x 和 $y - y_0$ 的齐次解，就是说，它是某一解析函数的实数部分

$$\varphi = \operatorname{Re}[\Phi(\theta)] \tag{227}$$

其中复变数 θ 由方程

$$t - \theta x + \sqrt{a^2 - \theta^2}(y - y_0) = 0 \tag{228}$$

所决定．

上式和式(203)相差的只在改 y 为 $y - y_0$．事实是这样的，势函数(227)对应于一力，当 $t=0$ 时这个力集中作用于 $x=0, y=y_0$ 这点．我们不预备再从力学的观点更详细地解释式(227)所表示的事态了．

现在假设在式(227)中出现的函数 $\Phi(\theta)$ 在具有割线 $(-a, +a)$ 的 θ 平面中为正则，除了无限远点以外；又在割线上 $\Phi(\theta)$ 的实数部分为零．与这个事实相对应，势函数 φ 就在以 $t=0, x=0, y=y_0$ 为顶点，顶角等于 $\arctan \frac{1}{a}$ 的锥形束的表面等于零．这个锥形束的表面对应于微扰传播的波前．当然，我们假设势函数在锥形束以外处处等于零．又设微扰传播不在全平面，而只在半平面 $y > 0$，

微扰的中心 $x=0, y=y_0>0$ 也在这个半平面内. 势函数只在 $t<ay_0$ 时可以完全决定运动状况. 当 $t=ay_0$ 时微扰到达直线 $y=0$, 这条直线是介质的边界线. 从这时开始了波的反射, 反射的规律应由这条直线上的边值条件而得. 假设这条边界线不受张力, 则对应的边值条件可于 $y=0$ 时置(226)中两式为零而得.

经过反射以后对势函数 φ 又应加上另外两个势函数: 一为反射纵波势 φ_1, 另一为反射横波势 ψ_1. 假设这两个势函数都可表示为解析复函数的实数部分

$$\varphi_1 = \mathrm{Re}[\Phi_1(\theta_1)], \psi_1 = \mathrm{Re}[\Psi_1(\theta_2)] \tag{229}$$

我们现在要由已给的势函数 φ 和边值条件来寻求决定复变数 θ_1 和 θ_2 的方程以及解析函数 $\Phi_1(\theta_1)$ 和 $\Psi_1(\theta_2)$. 由[53]中的论断及横波势 ψ 所满足的波动方程中不含常数 a 而含常数 b 这一事实可知 θ_1 和 θ_2 由如下形式的方程来决定

$$\begin{cases} t-\theta_1 x \pm \sqrt{a^2-\theta_1^2}\, y + p_1(\theta_1) = 0 \\ t-\theta_2 x \pm \sqrt{b^2-\theta_2^2}\, y + p_2(\theta_2) = 0 \end{cases} \tag{230}$$

因此首先需决定函数 $p_1(\theta_1)$ 和 $p_2(\theta_2)$ 的形式以及根式的符号, 但根式在具有割线的平面中的值常依照[53]中所指示的来决定.

回头来看对应于方程(228)且以 $t=x=0, y=y_0$ 为顶点的放射线的锥形束. 把现在的问题和[53]来比较, 可知 $y-y_0$ 就对应于[53]中的 y. 平面 $y=y_0$ 把我们的锥形束分成两部分, 而 $y>y_0$ 的那一部分和边界面 $y=0$ 在以 (t, x, y) 为坐标的空间 (S) 中完全不相遇. $y<y_0$ 的那一部分和这个平面要相交, 且束中的直线和这个平面的交点充满了一个平面区域, 由不等式

$$x^2 + y_0^2 < \frac{1}{a^2} t^2 \tag{231}$$

所决定(图 55). 实际上, 现在锥形束的方程是

$$x^2 + (y-y_0)^2 < \frac{1}{a^2} t^2$$

以 $y=0$ 代入立刻得到式(231).

区域(231)显然是空间 (S) 中的平面 $y=0$ 上某一双曲线的内域. 如[53]中所已知, 使 $y-y_0<0$ 的锥形束的那一半恰对应于复变数 θ 的上半平面, 而且沿着其中每一反射线从原点出发时 y 显然在减少, 同时 t 则在增大. 现在取方程(230)中根式的符号和(223)中根式的符号相反, 并且如此决定函数 $p_1(\theta_1)$ 和 $p_2(\theta_2)$ 使当 $y=0$ 时(230)中的两个方程和方程(228)符合. 这样, 对于新的复变数 θ_1 和 θ_2 我们得到下面两个方程

$$t - \theta_1 x - \sqrt{a^2-\theta_1^2}\,(y+y_0) = 0 \tag{232}$$

$$t - \theta_2 x - \sqrt{b^2-\theta_2^2}\, y - \sqrt{a^2-\theta_2^2}\, y_0 = 0 \tag{233}$$

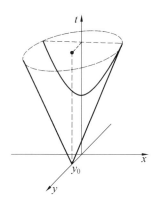

图 55

在平面 $y=0$ 上的区域(231)中取一点 $M_1(t_1,x_1)$. 经过这点有半锥形束中的一条放射线,它对应于 $\theta=\theta'$. 若以点坐标 $t=t_1, x=x_1, y=0$ 代入方程(232)和(233),所得 θ_1 和 θ_2 的值也是 θ'. 现在如果以 $\theta_1=\theta'$ 和 $\theta_2=\theta'$ 代入式(232)和(233),那么就得到两条反射线,我们以后称为纵反射线和横反射线(这些都是在空间(S)中). 注意一件重要的事实,即由方程(232)和(233)中根式的符号的选取可知,沿着这两条反射线当 t 增加时 y 也在增加,就是说,当时间增加时反射线向半平面(或半空间) $y>0$ 的内部进行,换句话说,反射波不改变在反射以前的微扰的状态. 现在由方程(232)来查验这件事. 和方程(228)比较,易知(232)对应于以 $t=x=0, y=-y_0$ 为顶点的锥形束,这个顶点和微扰的中心 $t=x=0, y=y_0$ 关于平面 $y=0$ 对称. 因为方程(232)中根式的符号和方程(228)中根式的符号相反,可知现在上半平面中那些由反射的结果而得到的 θ 值所对应的放射线上有 $t>0, y+y_0>0$,且当 t 增加时 y 也增加. 相类似的事实也在方程(233)所定义的放射线上成立,但这时放射线束不再成锥形了.

这样由区域(231)中每一点 M_1 有两条反射线发出来. 至于反射波的势函数则应依照式(229)去寻求,即势函数应在每一反射线上取常数值. 剩下来要决定式(229)中两函数的形式. 前面已经说过,我们现在要研究如下形式的边值条件

$$2\frac{\partial^2(\varphi+\varphi_1)}{\partial x \partial y}+\frac{\partial^2 \psi_1}{\partial y^2}-\frac{\partial^2 \psi_1}{\partial x^2}\bigg|_{y=0}=0$$

$$\left(\frac{b^2}{a^2}-2\right)\left[\frac{\partial^2(\varphi+\varphi_1)}{\partial x^2}+\frac{\partial^2(\varphi+\varphi_1)}{\partial y^2}\right]+2\frac{\partial^2(\varphi+\varphi_1)}{\partial y^2}-2\frac{\partial^2 \psi_1}{\partial x \partial y}\bigg|_{y=0}=0$$

要计算由式(227)和(229)所定义的函数 φ, φ_1 和 ψ_1 的导数,我们可以利用式(200),以方程(228)(232)和(233)中对应的系数来代替该式中的系数 $l(\tau)$,

$m(\tau)$ 和 $n(\tau)$. 这时需注意,遇到反射横波势 ψ_1 时应该以 b 代 a. 当 $y=0$ 时复变数 $\theta, \theta_1, \theta_2$ 有相同的数值,故可用同一字母 θ 来表示. 这样可得如下形式的边值条件

$$\begin{cases} \text{Re}\left[\dfrac{1}{\delta'}\dfrac{\partial}{\partial\theta}\dfrac{-2\theta\sqrt{a^2-\theta^2}\left[\Phi'(\theta)-\Phi'_1(\theta)\right]+(b^2-2\theta^2)\Psi'_1(\theta)}{\delta'}\right]=0 \\ \text{Re}\left[\dfrac{1}{\delta'}\dfrac{\partial}{\partial\theta}\dfrac{(b^2-2\theta^2)\left[\Phi'(\theta)+\Phi'_1(\theta)\right]-2\theta\sqrt{b^2-\theta^2}\Psi'_1(\theta)}{\delta'}\right]=0 \end{cases}$$
(234)

其中

$$\delta'=-x+\dfrac{\theta}{\sqrt{a^2-\theta^2}}y_0$$

条件(234)应该在整个区域(231)中满足,即在整个上半 θ 平面中满足. 若借下列方程来决定函数 $\Phi_1(\theta)$ 和 $\Psi_1(\theta)$,则显然可得方程(234)的解

$$-2\theta\sqrt{a^2-\theta^2}\left[\Phi'(\theta)-\Phi'_1(\theta)\right]+(b^2-2\theta^2)\Psi'_1(\theta)=0$$
$$(b^2-2\theta^2)\left[\Phi'(\theta)+\Phi'_1(\theta)\right]-2\theta\sqrt{b^2-\theta^2}\Psi'_1(\theta)=0$$

可以证明这两个方程不但是使得(234)满足的充分条件,而且也是必要条件. 解这两个方程,可得

$$\begin{cases} \Phi'_1(\theta)=\dfrac{-(2\theta^2-b^2)^2+4\theta^2\sqrt{a^2-\theta^2}\sqrt{b^2-\theta^2}}{F(\theta)}\Phi'(\theta) \\ \Psi'_1(\theta)=-\dfrac{4\theta(2\theta^2-b^2)\sqrt{a^2-\theta^2}}{F(\theta)}\Phi'(\theta) \end{cases}$$
(235)

其中

$$F(\theta)=(2\theta^2-b^2)^2+4\theta^2\sqrt{a^2-\theta^2}\sqrt{b^2-\theta^2} \tag{236}$$

对于反射问题我们所感兴趣的只是势函数的导数. 由公式(222)可得关于位移的两个公式

$$\begin{cases} u=\text{Re}\left[\Phi'(\theta)\dfrac{\partial\theta}{\partial x}+\Phi'_1(\theta_1)\dfrac{\partial\theta_1}{\partial x}+\Psi'_1(\theta_2)\dfrac{\partial\theta_2}{\partial y}\right] \\ v=\text{Re}\left[\Phi'(\theta)\dfrac{\partial\theta}{\partial y}+\Phi'_1(\theta_1)\dfrac{\partial\theta_1}{\partial y}-\Psi'_1(\theta_2)\dfrac{\partial\theta_2}{\partial x}\right] \end{cases}$$
(237)

如果没有放射线或反射线经过 $M(t,x,y)$ 这点,则在式(237)中应除去对应的项. 注意一件重要的事实:由假设 $\Phi'(\theta)$ 的实数部分当 $-a<\theta<+a$ 时等于零. 由式(225)知 $b>a$. 从这个事实及式(235)立刻可知当 $-a<\theta<+a$ 时 $\Phi'_1(\theta)$ 和 $\Psi'_1(\theta)$ 的实数部分也都等于零,从而反射势 φ_1 和 ψ_1 在位于反射线束

表面的每一条反射线上取常数值,因此我们可以假设在这些线束的表面和外部它们都等于零.

若震源所发出的微扰不是纵型而是横型,即可得另外的结果. 这时已给的是个横波势 ψ,它是某一解析函数的实数部分

$$\psi = \mathrm{Re}[\Psi(\theta)] \tag{238}$$

这个解析函数在具有割线 $(-b, +b)$ 的 θ 平面中正则,其中复变数 θ 由方程

$$t - \theta x + \sqrt{b^2 - \theta^2}\,(y - y_0) = 0 \tag{239}$$

决定,且当 $-b < \theta < +b$ 时 $\Psi(\theta)$ 的实数部分等于零. 我们应该寻求形式如

$$\varphi_1 = \mathrm{Re}[\Phi_1(\theta_1)],\ \psi_1 = \mathrm{Re}[\Psi_1(\theta_2)] \tag{240}$$

的反射纵波势和横波势,其中 θ_1 和 θ_2 由方程

$$t - \theta_1 x - \sqrt{a^2 - \theta_1^2}\, y - \sqrt{b^2 - \theta_1^2}\, y_0 = 0 \tag{241}$$

$$t - \theta_2 x - \sqrt{b^2 - \theta_2^2}\,(y + y_0) = 0 \tag{242}$$

决定.

和前面完全一样,对应于式(235),我们可得下列两个式子

$$\begin{cases} \Phi'_1(\theta) = \dfrac{4\theta(2\theta^2 - b^2)\sqrt{b^2 - \theta^2}}{F(\theta)} \Psi'(\theta) \\[2mm] \Psi'_1(\theta) = \dfrac{-(2\theta^2 - b^2)^2 + 4\theta^2 \sqrt{a^2 - \theta^2}\sqrt{b^2 - \theta^2}}{F(\theta)} \Psi'(\theta) \end{cases} \tag{243}$$

现在对应于锥形束表面上的放射线的是 θ 平面中的割线 $-b < \theta < +b$. 在(243)的两个式子里面 $\Psi'(\theta)$ 的系数都包含根式 $\sqrt{a^2 - \theta^2}$,因此只有当 $-a < \theta < +a$ 时这些系数才是实数,而当 $-b < \theta < -a$ 和 $a < \theta < b$ 时它们就不再是实数了. 这时系数的虚数部分和 $\Psi'(\theta)$ 的虚数部分的乘积给出 $\Phi'_1(\theta)$ 和 $\Psi'_1(\theta)$ 的实数部分,故当

$$-b < \theta < -a\ \text{及}\ a < \theta < b \tag{244}$$

时 $\Phi'_1(\theta)$ 和 $\Psi'_1(\theta)$ 的实数部分不等于零.

若将(244)中的 θ 代入方程(241)的左边,再分开实数部分和虚数部分,则这个方程分解成两个方程

$$t - \theta x - \sqrt{b^2 - \theta^2}\, y_0 = 0,\ y = 0$$

就是说,对于反射纵波势,这些使势函数不等于零的临界反射线不向介质的内部,而在平面 $y=0$ 中进行(图56). 就反射横波势而言,易知由方程(242)所定义的反射线束就是以 $t = x = 0, y = -y_0$ 为顶点的锥形束. 锥面的母线若对应于满足条件(244)的 θ,则反射势在其上不等于零. 在这种情形之下我们自然可以用

[53]中说过的方法把反射横波势延拓到锥形束的外部去. 这个事实具有简单的力学上的意义,即由震源发出的横波到达边界线 $y=0$,产生反射纵波,这个纵波沿边界传播时比横波快,它自己又产生横波,这个横波却进行于依照通常规则所产生的反射横波之前.

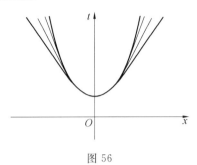

图 56

除以上这些之外,我们不拟再详细地研究式(235)和式(243)在力学上的意义,但有一点要注意的,即其中的分母 $F(\theta)$,由方程(236)所定义,它有实零点 $\theta=\pm c$,满足不等式 $c>b$. 这个零点的存在产生我们通常称为所谓的曲面波的现象.

留数理论的应用,整函数和分函数

§56 菲涅尔积分

在[21]中我们证明过关于留数的基本定理,这个定理是解析函数论应用于各种演算过程以及函数的解析表示的出发点.我们此后要致力于定积分的计算,线性微分方程的积分,函数的无穷级数展开和函数的路积分表示等问题的研究.

首先,我们来计算下面的定积分[Ⅱ,83]

$$\int_0^\infty \sin x^2 \, \mathrm{d}x \tag{1}$$

通常称为菲涅尔积分,在光的折射问题中会遇到它.先看积分

$$\int_l \mathrm{e}^{-z^2} \, \mathrm{d}z \tag{2}$$

其中 l 是一闭线路,由实轴上的线段 OA(O 是原点),以 O 为中心,$R=OA$ 为半径的圆周上的弧 AB 以及线段 BO 所组成,并且 $\angle AOB = \dfrac{\pi}{4}$.在这条闭线路的内部被积函数 e^{-z^2} 没有奇异点,因此积分(2)的值为零.把这个积分依前述的三部分分作三个积分.在 OA 上 z 取实值,可置 $z=x, 0 \leqslant x \leqslant R$.在 BO 上有 $z = x\mathrm{e}^{\mathrm{i}\frac{\pi}{4}}, z^2 = \mathrm{i}x^2$ 及 $\mathrm{d}z = \mathrm{e}^{\mathrm{i}\frac{\pi}{4}} \mathrm{d}x$.最后在弧 AB 上有

$$z = Re^{i\varphi} \quad (0 \leqslant \varphi \leqslant \frac{\pi}{4})$$

由此 $z^2 = R^2 e^{i2\varphi}$ 及 $dz = iRe^{i\varphi}d\varphi$. 这样就得到下面的等式

$$\int_0^R e^{-x^2}dx + e^{i\frac{\pi}{4}}\int_R^0 e^{-ix^2}dx + \int_0^{\frac{\pi}{4}} iRe^{-R^2(\cos 2\varphi + i\sin 2\varphi) + i\varphi}d\varphi = 0 \qquad (3)$$

现在证明上式第三个积分当 $R \to \infty$ 时趋向零. 注意：当 τ 为纯虚数时 e^τ 的模等于 1. 故将被积函数以其模代替, 可得下之不等式

$$\left|\int_0^{\frac{\pi}{4}} iRe^{-R^2(\cos 2\varphi + i\sin 2\varphi) + i\varphi}d\varphi\right| < R\int_0^{\frac{\pi}{4}} e^{-R^2\cos 2\varphi}d\varphi$$

今证上式右边当 $R \to \infty$ 时极限为零. 以另一变数 $\psi = 2\varphi$ 代 φ 并且略去无关紧要的常数因子, 可得

$$R\int_0^{\frac{\pi}{2}} e^{-R^2\cos\psi}d\psi$$

把积分的区间分为两部分 $(0, \alpha)$ 和 $\left(\alpha, \frac{\pi}{2}\right)$, 这里 α 是 0 和 $\frac{\pi}{2}$ 之间的任一数

$$R\int_0^{\frac{\pi}{2}} e^{-R^2\cos\psi}d\psi = \int_0^\alpha Re^{-R^2\cos\psi}d\psi + \int_\alpha^{\frac{\pi}{2}} Re^{-R^2\cos\psi}d\psi \qquad (4)$$

在第一个积分中取负指数的最大值, 即其绝对值的最小值, 亦即 $-R^2\cos\alpha$. 又以 $\frac{\sin\psi}{\sin\alpha}$ 乘第二个积分的被积函数, 当 $\alpha < \psi < \frac{\pi}{2}$ 时这个因子常常大于 1. 这样就得到

$$\int_0^\alpha Re^{-R^2\cos\alpha}d\psi + \int_\alpha^{\frac{\pi}{2}} R\frac{\sin\psi}{\sin\alpha}e^{-R^2\cos\psi}d\psi$$

其值不比式(4)的右边小. 我们只要证明上式的极限为零即可. 积分出来, 得到

$$\alpha Re^{-R^2\cos\alpha} + \frac{1}{R\sin\alpha}\left[e^{-R^2\cos\psi}\right]\Big|_{\psi=\alpha}^{\psi=\frac{\pi}{2}} = \alpha Re^{-R^2\cos\alpha} + \frac{1 - e^{-R^2\cos\alpha}}{R\sin\alpha}$$

由此立刻可知当 $R \to \infty$ 时它的极限是零. 这样我们就证明了式(3)左边第三项的极限当 $R \to \infty$ 时为零. 式(3)左边的第一项的极限是

$$\int_0^\infty e^{-x^2}dx$$

如[II, 78]所证, 这个积分等于 $\frac{1}{2}\sqrt{\pi}$. 由此可知式(3)左边的第二项也有一定的极限, 故当 $R \to \infty$ 时得

$$\frac{1}{2}\sqrt{\pi} + \left(\frac{\sqrt{2}}{2} + i\frac{\sqrt{2}}{2}\right)\int_\infty^0 e^{-ix^2}dx = 0$$

分开被积函数为实数部分和虚数部分

$$\left(\frac{\sqrt{2}}{2}+\mathrm{i}\frac{\sqrt{2}}{2}\right)\int_0^\infty [\cos x^2 - \mathrm{i}\sin x^2]\mathrm{d}x = \frac{1}{2}\sqrt{\pi}$$

因此等式两边的实数部分和虚数部分应各相等,即得菲涅尔积分的值为

$$\int_0^\infty \cos x^2 \mathrm{d}x = \int_0^\infty \sin x^2 \mathrm{d}x = \frac{1}{2}\sqrt{\frac{\pi}{2}} \tag{5}$$

§57 带有三角函数的积分

试看形式为

$$\int_0^{2\pi} R(\cos x, \sin x)\mathrm{d}x \tag{6}$$

的积分,其中 $R(\cos x, \sin x)$ 是 $\cos x$ 和 $\sin x$ 的有理函数. 引进复变数 $z = \mathrm{e}^{\mathrm{i}x}$ 以代实变数 x. 当 x 在区间 $(0, 2\pi)$ 中变动时复变数 z 显然在单位圆周上变动. 又由欧拉公式可写

$$\cos x = \frac{z + z^{-1}}{2\mathrm{i}}, \sin x = \frac{z - z^{-1}}{2\mathrm{i}}$$

又易见 $\mathrm{d}x = \frac{1}{\mathrm{i}z}\mathrm{d}z$. 把这些关系代入式(6),得到一个有理分式在单位圆周 $|z| = 1$ 上面的积分,以后用 C 记这个圆周.

这个积分等于被积函数在单位圆内各极点的留数之和再以 $2\pi\mathrm{i}$ 乘之.

例1 应用上述方法于积分

$$\int_0^{2\pi} \frac{\mathrm{d}x}{1+\varepsilon\cos x} \quad (0 < \varepsilon < 1)$$

可得

$$\int_C \frac{\mathrm{d}z}{\mathrm{i}z\left(1+\varepsilon\frac{z+z^{-1}}{2}\right)}$$

或

$$\frac{2}{\mathrm{i}}\int_C \frac{\mathrm{d}z}{\varepsilon z^2 + 2z + \varepsilon}$$

被积函数的极点即二次方程

$$\varepsilon z^2 + 2z + \varepsilon = 0 \tag{7}$$

的根,其中有一根的模小于1.这个根由下式决定

$$z_0 = \frac{-1+\sqrt{1-\varepsilon^2}}{\varepsilon}$$

这里根式应取正号. 被积函数的留数可以按照[21]中的规则来求,即留数等于被积函数的分子被除于分母的导数再置 $z=z_0$

$$r = \frac{1}{2\varepsilon z_0 + 2} = \frac{1}{2\sqrt{1-\varepsilon^2}}$$

因此我们得到下面的结果

$$\int_0^{2\pi} \frac{\mathrm{d}x}{1+\varepsilon\cos x} = \frac{2\pi}{\sqrt{1-\varepsilon^2}} \tag{8}$$

例 2　再看一个积分

$$\int_0^{2\pi} \frac{\mathrm{d}x}{(1+\varepsilon\cos x)^2} \quad (0<\varepsilon<1)$$

照前面的变换可得

$$\frac{4}{i}\int_C \frac{z}{(\varepsilon z^2+2z+\varepsilon)^2}\mathrm{d}z$$

现在 $z=z_0$ 是单位圆内唯一的极点,但为二阶极点. 依照[21]中所证,在这点的留数等于被积函数先以 $(z-z_0)^2$ 乘之,然后求一次导数,再置 $z=z_0$. 设 $z=z_1$ 为方程(7)的第二个根,其模大于1

$$z_1 = \frac{-1-\sqrt{1-\varepsilon^2}}{\varepsilon}$$

因此留数为

$$r = \left[\frac{z}{\varepsilon^2(z-z_1)^2}\right]'_{z=z_0} = -\frac{z+z_1}{\varepsilon^2(z-z_1)^3}\bigg|_{z=z_0}$$

置 $z=z_0$ 以后,由 z_0 和 z_1 的数值可知

$$r = \frac{1}{4(1-\varepsilon^2)^{\frac{3}{2}}}$$

最后由留数定理有

$$\int_0^{2\pi} \frac{\mathrm{d}x}{(1+\varepsilon\cos x)^2} = \frac{2\pi}{(1-\varepsilon^2)^{\frac{3}{2}}} \tag{9}$$

§58　有理分式的积分

试看有理分式的积分

$$\int_{-\infty}^{+\infty} \frac{\varphi(x)}{\psi(x)}\mathrm{d}x \tag{10}$$

这个积分要有意义的充要条件[Ⅱ,82]是分母中的多项式 $\psi(x)$ 没有实零点,并且次数至少比多项式 $\varphi(x)$ 的次数高两次. 这时若看复函数

$$f(z)=\frac{\varphi(z)}{\psi(z)}$$

则易见当 $z\to\infty$ 时 $zf(z)\to 0$,并且是一致地趋向零,即和 $z\to\infty$ 的方式无关. 严格地说,这里所谓一致趋向零就是:对于任意小的正数 ε,存在正数 R_ε,使当 $|z|>R_\varepsilon$ 时有 $|zf(z)|<\varepsilon$. 现在要证明:如果函数 $f(z)$ 满足这个条件,则当 $R\to\infty$ 时 $f(z)$ 沿圆周 $|z|=R$ 上任一弧的积分的极限为零.

辅助定理 若 $f(z)$ 在无限远点的邻域中正则,又当 $z\to\infty$ 时 $zf(z)\to 0$,则当 $R\to\infty$ 时 $f(z)$ 沿圆周 $|z|=R$ 上任一弧的积分的极限为零.

对 $f(z)$ 的积分应用通常的估计[4],可得

$$\left|\int_l f(z)\mathrm{d}z\right|=\left|\int_l zf(z)\frac{1}{z}\mathrm{d}z\right|\leqslant \max_{\text{在}l\text{上}}|zf(z)|\frac{s}{R}$$

其中 s 是弧 l 的长,显然 s 不大于 $2\pi R$,因此

$$\left|\int_l f(z)\mathrm{d}z\right|\leqslant 2\pi \max_{\text{在}l\text{上}}|zf(z)|$$

由假设 $zf(z)\to 0$,当 R 无限增大时,立刻得到我们所要证明的结果.

回到前面的例子. 作有理分式 $\varphi(z):\psi(z)$ 沿着下面这条闭线路的积分,即实轴上的线段 $(-R,+R)$ 和以这条线段为直径的上半平面中的上半圆周. 我们可以取 R 如此之大,使得上半平面中函数 $f(z)$ 的全部极点都在这个半圆之内. 设以 C_R 记这个半圆周,则有

$$\int_{-R}^{+R}\frac{\varphi(x)}{\psi(x)}\mathrm{d}x+\int_{C_R}\frac{\varphi(z)}{\psi(z)}\mathrm{d}z=2\pi\mathrm{i}\sum r \tag{11}$$

其中 $\sum r$ 表示函数 $f(z)$ 在上半平面中各极点的留数之和. 当 R 无限增大时等式右边不变其值,而由辅助定理等式左边第二项的极限为零,故得

$$\int_{-\infty}^{+\infty}\frac{\varphi(x)}{\psi(x)}\mathrm{d}x=2\pi\mathrm{i}\sum r$$

即有理分式的积分(10)等于这个分式在上半平面中各极点的留数之和再乘以 $2\pi\mathrm{i}$.

例 试看积分

$$\int_{-\infty}^{+\infty}\frac{\mathrm{d}x}{(x^2+1)^n}$$

现在被积函数在上半平面中只有唯一的 n 阶极点 $z=\mathrm{i}$. 由[21]所证,要决定在这点的留数可先以 $(z-\mathrm{i})^n$ 乘被积函数 $(z^2+1)^{-n}$,然后关于 z 微分 $n-1$

次,再以 $(n-1)!$ 除之,最后置 $z=\mathrm{i}$,即得所求的留数. 故

$$r = \frac{1}{(n-1)!} \frac{\mathrm{d}^{n-1}(z-\mathrm{i})^n}{\mathrm{d}z^{n-1}(z^2+1)^n}\bigg|_{z=\mathrm{i}} = \frac{1}{(n-1)!} \frac{\mathrm{d}^{n-1}(z+\mathrm{i})^{-n}}{\mathrm{d}z^{n-1}}\bigg|_{z=\mathrm{i}}$$

或

$$r = \frac{(-n)(-n-1)\cdots(-n-n+2)(2\mathrm{i})^{-2n+1}}{(n-1)!} = -\frac{n(n+1)\cdots(2n-2)}{(n-1)! \, 2^{2n-1}}\mathrm{i}$$

最后即得

$$\int_{-\infty}^{+\infty} \frac{\mathrm{d}x}{(x^2+1)^n} = \frac{(2n-2)!}{[(n-1)!]^2} \frac{\pi}{2^{2n-2}} \tag{12}$$

§59 几种带有三角函数的新型积分

我们注意在证明上节无限积分的计算规则时并未用到被积函数 $f(z)$ 是有理分式这件事. 我们只要函数 $f(z)$ 满足下列两个条件就够了:第一,它应该在上半平面及实轴上为正则,当然除了在上半平面中的极点以外;第二,当 $z \to \infty$ 在这个区域中时,$zf(z)$ 一致地趋向零. 这时,和上节一样可以得到(11)的等式,而其中左边第二项的极限为零,故取极限后有

$$\lim_{R \to \infty} \int_{-R}^{+R} f(x)\mathrm{d}x = 2\pi\mathrm{i}\sum r \tag{13}$$

其中 $\sum r$ 表示 $f(z)$ 在上半平面中各极点的留数之和. 将积分的区间 $(-R, +R)$ 分为两部分 $(-R, 0)$ 和 $(0, +R)$,再在第一区间的积分中改 x 为 $-x$,可改写等式(13)为

$$\lim_{R \to \infty} \int_0^R [f(x)+f(-x)]\mathrm{d}x = 2\pi\mathrm{i}\sum r$$

或

$$\int_0^\infty [f(x)+f(-x)]\mathrm{d}x = 2\pi\mathrm{i}\sum r \tag{14}$$

现在应用这一结果于一个特别情形,即当被积函数为

$$f(z) = F(z)\mathrm{e}^{\mathrm{i}mz} \quad (m>0) \tag{15}$$

而函数 $F(z)$ 满足前述两个条件. 此时易知函数 $f(z)$ 也满足这两个条件. 要证明这件事只需证明 $\mathrm{e}^{\mathrm{i}mz}$ 在全平面上为正则,又在上半平面和实轴上为有界. 显然

$$\mathrm{e}^{\mathrm{i}mz} = \mathrm{e}^{\mathrm{i}m(x+\mathrm{i}y)}, \ |\mathrm{e}^{\mathrm{i}mz}| = \mathrm{e}^{-my} \quad (m>0, y \geqslant 0)$$

因此当 $y \geqslant 0$ 时 $|e^{imz}| \leqslant 1$. 故若 $F(z)$ 满足前述两个条件,则

$$\int_0^\infty [F(x)e^{imx} + F(-x)e^{-imx}]dx = 2\pi i \sum r \qquad (16)$$

其中 $\sum r$ 表示函数(15)在上半平面中留数之和. 看两个特别情形. 先设 $F(z)$ 为偶函数,即 $F(-z) = F(z)$,由上式有

$$\int_0^\infty F(x)\cos mx\, dx = \pi i \sum r \qquad (17)$$

若 $F(z)$ 为奇函数,即 $F(-z) = -F(z)$,则得

$$\int_0^\infty F(x)\sin mx\, dx = \pi \sum r \qquad (18)$$

例 1 试看积分

$$\int_0^\infty \frac{\cos mx}{x^2 + a^2}dx \quad (a > 0, m > 0)$$

这里函数

$$F(z) = \frac{1}{a^2 + z^2}$$

显然满足前述两个条件,并且是偶函数,故可应用公式(17). 函数

$$f(z) = \frac{e^{imz}}{a^2 + z^2} \qquad (19)$$

在上半平面中唯一的极点为单极点 $z = ia$. 我们可以按照以前用过的规则来求在这个极点的留数. 这个规则简单地说起来即以分母的导数去除分子. 在我们的情形,容易算出函数(19)的留数是

$$r = \frac{e^{-ma}}{i2a}$$

故最后有

$$\int_0^\infty \frac{\cos mx}{x^2 + a^2}dx = \frac{\pi}{2a}e^{-ma} \qquad (20)$$

例 2 再看积分

$$\int_0^\infty \frac{x\sin mx}{(x^2 + a^2)^2}dx$$

这时应该用公式(18),又函数

$$f(z) = \frac{ze^{imz}}{(x^2 + a^2)^2}$$

在上半平面中有唯一的二阶极点 $z = ia$. 在这个极点的留数可由下式决定

$$r = \frac{d}{dz}\left[\frac{ze^{imz}}{(z^2 + a^2)^2}(z - ia)^2\right]\Big|_{z=ia}$$

或
$$r = \frac{d}{dz}\left[\frac{ze^{imz}}{(z+ia)^2}\right]\Big|_{z=ia} = \frac{m}{4a}e^{-ma}$$

由此即得结果
$$\int_0^\infty \frac{x\sin mx}{(x^2+a^2)^2}dx = \frac{\pi m}{4a}e^{-ma} \tag{21}$$

注意：一般而论，我们不能将公式(13)写成
$$\int_{-\infty}^{+\infty} f(x)dx = 2\pi i \sum r \tag{22}$$

实际上，无限积分
$$\int_{-\infty}^{+\infty} f(x)dx$$

的定义就是两个积分
$$\int_0^R f(x)dx \text{ 和 } \int_{-R}^0 f(x)dx$$

当 $R \to +\infty$ 时的极限的和. 若这两个积分各自的极限不存在，但它们的和趋向有限极限值，即
$$\lim_{R \to +\infty} \int_{-R}^{+R} f(x)dx$$

为有限值，则这个极限值称为无限区间上积分的主值，记为
$$\text{V. P.} \int_{-\infty}^{+\infty} f(x)dx = \lim_{R \to +\infty} \int_{-R}^{+R} f(x)dx \tag{23}$$

公式(13)中应该把积分看成主值的意义，但若由某种判断知道这个积分在普通的广义积分的意义下也存在，那么就可以不必如此去了解它，因为这时广义积分和积分主值必定符合. 当 $f(x)$ 的连续性在若干有限远点有间断时，在 [26] 中我们定义了积分的主值.

§60 约当辅助定理

利用一个以后常用的重要的辅助定理我们可以把上节中施于 $F(z)$ 的条件减轻而仍可得到公式(17)和(18).

约当辅助定理 设在上半平面中及实轴上当 $z \to \infty$ 时函数 $F(z)$ 一致地趋向零，又 m 为一正数，则
$$\int_{C_R} F(z)e^{imz}dz \to 0 \tag{24}$$

其中 C_R 是以原点为中心,半径等于 R,位于上半平面中的半圆周.

引进极坐标 $z = Re^{i\varphi}$,可将式(24)改写为

$$\int_0^\pi F(Re^{i\varphi}) e^{imR(\cos\varphi + i\sin\varphi)} iRe^{i\varphi} d\varphi$$

由上式和 $|ie^{imR\cos\varphi + i\varphi}| = 1$ 有

$$\left| \int_{C_R} F(z)e^{imz} dz \right| < \int_0^\pi |F(Re^{i\varphi})| e^{-mR\sin\varphi} R d\varphi$$

或

$$\left| \int_{C_R} F(z)e^{imz} dz \right| \leqslant \max_{\text{在} C_R \text{上}} |F(z)| \int_0^\pi e^{-mR\sin\varphi} R d\varphi \tag{25}$$

由假设当 $R \to \infty$ 时一致地关于 $\varphi(0 \leqslant \varphi \leqslant \pi)$,$|F(Re^{i\varphi})| \to 0$,因此只要证明当 $R \to \infty$ 时积分

$$\int_0^\pi e^{-mR\sin\varphi} R d\varphi \tag{26}$$

的数值为有界即可. 将积分区间分成两半:$\left(0, \dfrac{\pi}{2}\right)$ 和 $\left(\dfrac{\pi}{2}, \pi\right)$,并在第二个区间上的积分中改 φ 为 $\pi - \varphi$,则积分(26)变成

$$2\int_0^{\frac{\pi}{2}} e^{-mR\sin\varphi} R d\varphi$$

现在我们仿照[56]中一样去做. 将积分区间分为两段,并增大被积函数,可得不等式

$$2\int_0^{\frac{\pi}{2}} e^{-mR\sin\varphi} R d\varphi < 2\int_0^{\alpha} e^{-mR\sin\varphi} R \frac{\cos\varphi}{\cos\alpha} d\varphi + 2\int_\alpha^{\frac{\pi}{2}} e^{-mR\sin\alpha} R d\varphi$$

把不等式右边积分出来,得

$$2\int_0^{\frac{\pi}{2}} e^{-mR\sin\varphi} R d\varphi < \frac{2}{m\cos\alpha} \left[-e^{-mR\sin\varphi}\right]\Big|_{\varphi=0}^{\varphi=\alpha} + 2e^{-mR\sin\alpha} R\left(\frac{\pi}{2} - \alpha\right)$$

不等式右边第二项当 $R \to \infty$ 时显然极限为零,而第一项则趋向有限极限值 $\dfrac{2}{m\cos\alpha}$,故当 $R \to \infty$ 时右边之和为有界. 所以(26)的积分亦为有界,而辅助定理即得证明.

利用这个辅助定理我们可以减轻关于函数 $F(z)$ 的假设而证明公式(18).实际上,以前我们假设:在上半平面中和实轴上当 $|z| \to \infty$ 时 $zF(z) \to 0$. 这个要求是要使得当 $R \to \infty$ 时沿上半圆周 C_R 的积分

$$\int_{C_R} F(z)e^{imz} dz$$

以零为极限. 由辅助定理我们只需假设 $F(z) \to 0$ 就够了. 因此原来的条件

$zF(z)\to 0$ 可以改成 $F(z)\to 0$，而公式(18)仍成立．

例 试看积分
$$\int_0^\infty \frac{x\sin mx}{x^2+a^2}\mathrm{d}x \quad (a>0, m>0)$$

这时函数
$$F(z)=\frac{z}{z^2+a^2}$$

满足公式(18)所有的条件，因此和以前一样应该决定函数
$$F(z)\mathrm{e}^{imz}=\frac{z\mathrm{e}^{imz}}{z^2+a^2}$$

在上半平面中的极点 $z=ia$ 的留数．这是个单极点，故可按照通常的规则决定在这点的留数，即以分母的导数去除分子
$$r=\frac{z\mathrm{e}^{imz}}{2z}\bigg|_{z=ia}=\frac{1}{2}\mathrm{e}^{-ma}$$

最后
$$\int_0^\infty \frac{x\sin mx}{x^2+a^2}\mathrm{d}x=\frac{\pi}{2}\mathrm{e}^{-ma} \tag{27}$$

§61 若干函数的路积分表示

利用留数定理可以很容易写出某些不连续函数的路积分表示．

例如设函数 $\varphi(t)$ 当 $t<0$ 时等于零，当 $t>0$ 时等于1，即
$$\varphi(t)=\begin{cases}0 & (t<0) \\ 1 & (t>0)\end{cases} \tag{28}$$

现在要证明这个函数可以用下面的路积分表示
$$\varphi(t)=\frac{1}{2\pi\mathrm{i}}\int_\sim \frac{\mathrm{e}^{itz}}{z}\mathrm{d}z \tag{29}$$

t 是被积函数中的参数．积分线路是全部实轴，但在原点 $z=0$ 的附近不取实轴上的线段而绕道经过以原点为中心半径很小且位于下半平面中的半圆周（图57）．作一辅助线路 l_R，它是由实轴上的线段 $(-R,+R)$ 和以原点为中心半径等于 R 且位于上半平面中的半圆周 C_R 所构成，但线段 $(-R,+R)$ 在原点附近有和前述线段一样的绕道．若 $t>0$，则对积分(29)应用约当辅助定理可知当 R 无

限增大时沿半圆周 C_R 的积分以零为极限,但是被积函数在 l_R 的内部以原点 $z=0$ 为唯一的单极点,其留数等于 1. 故

$$\frac{1}{2\pi\mathrm{i}}\int_{l_R}\frac{\mathrm{e}^{\mathrm{i}tz}}{z}\mathrm{d}z = 1$$

将 R 无限增大即得

$$\frac{1}{2\pi\mathrm{i}}\int_{\sim}\frac{\mathrm{e}^{\mathrm{i}tz}}{z}\mathrm{d}z = 1$$

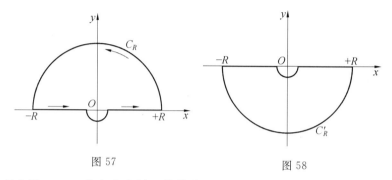

图 57   图 58

现在设 $t<0$. 考察由实轴上的线段 $(-R,+R)$ 在原点附近有和前面一样的绕道,和以原点为中心半径等于 R 且位于下半平面中的半圆周 C'_R 所构成的闭线路(图 58). 在这条闭线路内部函数 $\frac{1}{z}$ 没有奇异点,故沿这条闭线路的积分 (29) 等于零.

现在证明当 R 无限增大时沿下半圆周 C'_R 的积分以零为极限. 实际上,若以另一积分变数 $z'=-z$ 代替 z,则下半圆周变成上半圆周,所以

$$\int_{C'_R}\frac{\mathrm{e}^{\mathrm{i}tz}}{z}\mathrm{d}z = \int_{C_R}\frac{\mathrm{e}^{-\mathrm{i}tz'}}{z'}\mathrm{d}z'$$

因 $t<0$,故 $-t>0$,约当辅助定理告诉我们上式后一积分以零为极限. 故当 $R\to\infty$ 时可得

$$\frac{1}{2\pi\mathrm{i}}\int_{\sim}\frac{\mathrm{e}^{\mathrm{i}tz}}{z}\mathrm{d}z = 0$$

最后看 $t=0$ 的情形,这时 (29) 变为

$$\frac{1}{2\pi\mathrm{i}}\int_{\sim}\frac{1}{z}\mathrm{d}z \tag{30}$$

我们需要计算 $\ln z$ 的改变量,当 z 经过 $(-R,+R)$ 和在原点附近的绕道时. 在这条线路的两头 $\ln z$ 的实数部分都等于 $\ln R$,所以没有得到什么改变量. 又 $\ln z$ 的虚数部分 $\mathrm{i}\arg z$ 当 z 走过原点附近的半圆周绕道时显然得到改变量 $\pi\mathrm{i}$,

而在路线的其他部分它不起变化. 因此沿着线段$(-R, +R)$的积分(30)等于$\frac{1}{2}$. 将$R \to \infty$, 得

$$\frac{1}{2\pi i} \int_{\sim} \frac{1}{z} dz = \frac{1}{2} \tag{31}$$

这个例子中重要的地方是在当积分的上下限同时趋于∞时它们有相同的绝对值, 就是说, 等式(31)应当了解为在区间$(-\infty, +\infty)$中积分的主值, 但在$z=0$有绕道. 当$t \neq 0$时积分(29)在通常的无限积分意义之下亦为收敛. 实际上, 分开实数部分和虚数部分可得两个积分

$$\int_a^\infty \frac{\cos tz}{z} dz \text{ 和 } \int_a^\infty \frac{\sin tz}{z} dz \quad (a > 0)$$

第二个积分的收敛性早在[II, 83]中证明过. 第一个积分的收敛性可用同样方法证明之.

因此当$t \neq 0$时积分(29)表示函数(28), 当$t=0$时仅积分的主值存在, 其值为$\frac{1}{2}$.

现在看第二个例子. 设函数除在某一有界线段上等于1以外处处等于零, 即

$$\psi(t) = \begin{cases} 0 & (\text{当 } t < a \text{ 或 } t > b) \\ 1 & (\text{当 } a < t < b) \end{cases} \tag{32}$$

易证这个函数可以表示为形如前例的两个积分的差, 即

$$\psi(t) = \frac{1}{2\pi i} \int_{\sim} \frac{e^{i(b-t)z}}{z} dz - \frac{1}{2\pi i} \int_{\sim} \frac{e^{i(a-t)z}}{z} dz \tag{33}$$

当$t > b$时上式右边两项都等于零. 在区间$a < t < b$中第一项等于1, 而第二项仍等于零, 故其差为1. 最后, 当$t < a$时两项都等于1, 故其差为零. 所以确实是$\psi(t)$的表示式. 这个函数的图形如图59所示.

现在再看一个函数: 当$t < 0$时它等于零, $t = 0$以后函数从初始值1开始依指数规律逐渐减小

$$\varphi_1(t) = \begin{cases} 0 & (\text{当 } t < 0) \\ e^{-\alpha t} & (\text{当 } t > 0) \end{cases} \quad (\alpha > 0) \tag{34}$$

图60是这个函数的图形. 不难知道这个函数可用下面的路积分来表示

$$\varphi_1(t) = \frac{1}{2\pi i} \int_{-\infty}^{+\infty} \frac{e^{itz}}{z - i\alpha} dz \tag{35}$$

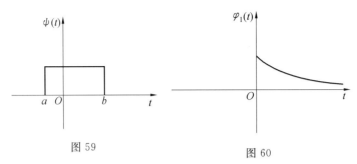

图 59   图 60

这里路积分沿着实轴进行.这个公式的证明可逐字仿照证明公式(29)时一样去做,但现在函数

$$\frac{e^{itz}}{z-i\alpha}$$

在极点 $z=i\alpha$ 的留数等于 $e^{-\alpha t}$.

最后,看一函数当 $t<0$ 时等于零,当 $t>0$ 时等于正弦函数(图61)

$$\psi_1(t)=\begin{cases}0 & (\text{当 } t<0)\\ \sin \alpha t & (\text{当 } t>0)\end{cases} \quad (\alpha \text{ 为实数}) \tag{36}$$

如前一样易证这个函数可表示为

$$\psi_1(t)=R\left[-\frac{1}{2\pi}\int_{\sim}\frac{e^{itz}}{z-\alpha}dz\right] \tag{37}$$

积分线路沿着实轴,但在被积函数的极点 $z=\alpha$ 附近有绕道.这时被积函数在极点的留数等于

$$e^{it\alpha}=\cos \alpha t+i\sin \alpha t$$

因此分开实数部分即得公式(37).

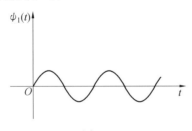

图 61

有时得到的公式写成另一形式,即不沿实轴积分而沿虚轴积分,这时极点附近的绕道取在右边,即在虚轴的那一边,其处复数的实数部分常为正.要得到这种路积分,只需把平面绕着原点逆时针旋转角度 $\frac{\pi}{2}$,即以另一变数 $z'=iz$ 代

替 z，即 $z = \frac{1}{\mathrm{i}}z'$. 经过这个变换, 公式(29)变成

$$\varphi(t) = \frac{1}{2\pi\mathrm{i}}\int_{\rho} \frac{\mathrm{e}^{tz'}}{z'}\mathrm{d}z' \tag{29'}$$

公式(35)经过这个变换后,极点不再是虚轴上的 $\mathrm{i}\alpha$, 而是在负实轴上, 函数 $\varphi_1(t)$ 的表示式如

$$\varphi_1(t) = \frac{1}{2\pi\mathrm{i}}\int_{-\infty\mathrm{i}}^{+\infty\mathrm{i}} \frac{\mathrm{e}^{tz'}}{z' + \alpha}\mathrm{d}z' \tag{35'}$$

同样函数 $\psi_1(t)$ 的表示式为

$$\psi_1(t) = R\left[-\frac{1}{2\pi}\int_{\rho} \frac{\mathrm{e}^{tz'}}{z' - \mathrm{i}\alpha}\mathrm{d}z'\right]$$

这一节的内容和以后将在第四卷中讲到的所谓拉普拉斯变换有直接的关系.

§62 多值函数积分的例子

我们现在来看几个被积函数是多值复函数的积分. 第一个例子是如下形式的积分

$$\int_l (-z)^{a-1} Q(z)\mathrm{d}z \tag{38}$$

其中 a 是实数, $Q(z)$ 是有理函数, 且当 $z \to 0$ 或 $z \to \infty$ 时 $z^a Q(z) \to 0$. 被积函数是多值的, 因为当 z 逆时针绕着 $z = 0$ 走一周时, $-z$ 也这样走了一周, 因此辐角得到改变量 2π, $-z$ 得到一个乘数 $\mathrm{e}^{2\pi\mathrm{i}}$, 而 $(-z)^{a-1}$ 在绕 $z = 0$ 一周后成为 $(-z)^{a-1}\mathrm{e}^{2(a-1)\pi\mathrm{i}}$, 即函数得到一个乘数 $\mathrm{e}^{2(a-1)\pi\mathrm{i}}$, 若 a 不是整数, 则这个乘数不等于 1. 故原点是被积函数的支点. 要使这个函数变为单值, 可以从 $z = 0$ 沿正实轴作一条割线. 在这样被割过的平面 T 中被积函数自然已经是单值了, 但是要完全决定它的话, 还需要在平面 T 中的某一点固定 $-z$ 的辐角. 例如可设在割线的上岸某一 z 取正值的点, 负数 $-z$ 的辐角等于 $-\pi$. 若沿一闭线路绕着原点走一周, 则 $-z$ 从割线的上岸移到割线的下岸, 辐角增加 2π, 因此在割线的下岸我们应确定 $-z$ 的辐角为 π. 设以 x 记 z 的模, 则有

$$-z = x\mathrm{e}^{-\mathrm{i}\pi} \text{(在上岸)}, \quad -z = x\mathrm{e}^{\mathrm{i}\pi} \text{(在下岸)}$$

然而

$$(-z)^{a-1} = \begin{cases} x^{a-1}\mathrm{e}^{-\mathrm{i}(a-1)\pi} & \text{(在上岸)} \\ x^{a-1}\mathrm{e}^{\mathrm{i}(a-1)\pi} & \text{(在下岸)} \end{cases} \tag{39}$$

现在再来规定积分(38)的路线 l. 这是个闭曲线,由下面四部分所构成: 割线上岸的线段 (ε, R);以原点为中心半径等于 R 的圆周 C_R, 逆时针方向进行;割线下岸的线段 (R, ε);以原点为中心半径等于 ε 的圆周 C_ε, 顺时针方向进行 (图 62). 要使积分沿正实轴为可能,必须有理式 $Q(z)$ 在正实轴上没有极点. 由留数定理知积分(38)的值等于以 $2\pi i$ 乘被积函数在 $Q(z)$ 的各极点的留数之和,因为这时 $Q(z)$ 的极点也就是被积函数的极点. 当然我们可以取 ε 如此之小,取 R 如此之大,使得全部的极点都含于 l 的内部. 现在证明当 $R \to \infty$ 及 $\varepsilon \to 0$ 时沿 C_R 及 C_ε 的积分以零为极限. 实际上,用通常的估计有

$$\left| \int_{C_R} (-z)^{a-1} Q(z) \mathrm{d}z \right| \leqslant 2\pi R \cdot R^{a-1} \max_{\text{在}C_R\text{上}} |Q(z)| = 2\pi R^a \max_{\text{在}C_R\text{上}} |Q(z)|$$

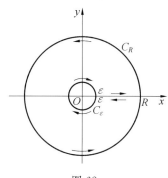

图 62

但由假设当 $|z| \to \infty$ 时 $z^a Q(z) \to 0$, 故上式右边当 $R \to \infty$ 时确以零为极限. 同样在圆周 C_ε 上有

$$\left| \int_{C_\varepsilon} (-z)^{a-1} Q(z) \mathrm{d}z \right| < 2\pi \varepsilon^a \max_{\text{在}C_\varepsilon\text{上}} |Q(z)|$$

由假设当 $z \to 0$ 时 $z^a Q(z) \to 0$, 故上式右边当 $\varepsilon \to 0$ 时以零为极限. 所以取极限以后,仅剩在割线上岸和下岸上的积分,而被积函数在这两岸上的值由公式(39)决定. 我们就得到下面的公式

$$\lim_{\substack{\varepsilon \to 0 \\ R \to \infty}} \int_\varepsilon^R [x^{a-1} \mathrm{e}^{-\mathrm{i}\pi(a-1)} Q(x) - x^{a-1} \mathrm{e}^{\mathrm{i}\pi(a-1)} Q(x)] \mathrm{d}x = 2\pi \mathrm{i} \sum r$$

其中 $\sum r$ 表示函数 $(-z)^{a-1} Q(z)$ 在各个有限远极点的留数之和.

因为 $\mathrm{e}^{-\mathrm{i}\pi} = \mathrm{e}^{\mathrm{i}\pi} = -1$, 上式可改写为

$$(\mathrm{e}^{\mathrm{i}\pi a} - \mathrm{e}^{-\mathrm{i}\pi a}) \int_0^\infty x^{a-1} Q(x) \mathrm{d}x = 2\pi \mathrm{i} \sum r$$

或由欧拉公式有

$$\int_0^\infty x^{a-1} Q(x) \mathrm{d}x = \frac{\pi}{\sin a\pi} \sum r \qquad (40)$$

用公式(40)可以计算许多原函数不能以有限形式来表示的定积分的值. 我们不妨再回顾一下式(40)成立时 $Q(z)$ 应该满足的条件: $Q(z)$ 必须是有理分式, 在正实轴上没有极点, 并且当 $z \to 0$ 和 $z \to \infty$ 时

$$z^a Q(z) \to 0$$

现在举一个特别的积分为例

$$\int_0^\infty \frac{x^{a-1}}{1+x} \mathrm{d}x \tag{41}$$

这时易见函数

$$Q(z) = \frac{1}{1+z}$$

满足以上的条件且有唯一的极点 $z=-1$. 在这个极点函数

$$\frac{(-z)^{a-1}}{1+z}$$

的留数可依下之规则计算: 分子被除于分母的导数, 即

$$r = (-z)^{a-1} \Big|_{z=-1}$$

注意: 当计算函数 $(-z)^{a-1}$ 在 $z=-1$ 的值时, 我们应该遵照前面已给的关于这个多值函数的规定, 即在割线的上岸 $-z$ 的辐角等于 $-\pi$, 因此绕着原点转了半圈而至负实轴上时 $-z$ 的辐角等于零. 换句话说

$$r = 1$$

最后, 由公式(40)知积分(41)的值为

$$\int_0^\infty \frac{x^{a-1}}{1+x} \mathrm{d}x = \frac{\pi}{\sin a\pi} \tag{42}$$

再看第二个多值函数的积分的例子

$$\int_{z_1}^{z_2} \sqrt{A + 2\frac{B}{z} + \frac{C}{z^2}} \mathrm{d}z \tag{43}$$

这里我们假设 $A + 2\frac{B}{z} + \frac{C}{z^2}$ 有实系数, 且有两个不相等的实零点 $z=z_1$ 和 $z=z_2$, $0 < z_1 < z_2$.

再设 $A < 0$, 则当 $z_1 < z < z_2$ 时这个三项式的值为正. 在(43)中积分是沿实轴上的线段 $z_1 \leqslant z \leqslant z_2$ 进行的, 并且在这条线段上根式取正值. 被积函数

$$\sqrt{A + 2\frac{B}{z} + \frac{C}{z^2}} = \frac{\sqrt{A(z-z_1)(z-z_2)}}{z} \tag{44}$$

以 z_1 和 z_2 为一阶支点. 若沿实轴上的线段 (z_1, z_2) 作割线, 则函数(44)在被割的平面 T 中为单值正则[19].

我们假定根式在割线的下岸取正值. 要到达上岸必须绕过一个支点, 而在上岸根式将取负值[19]. 现在假设作这个根式在割线两岸上正方向的积分, 即作函数(44)沿下岸的积分时其方向从 z_1 到 z_2, 沿上岸积分时方向从 z_2 到 z_1. 第一部分显然就是积分(43). 又第二部分在割线的上岸, 这时根式改取负值, 但积分的方向恰好也换过, 因此积分的数值和沿下岸积分的数值相等. 换句话说, 根式在割线两岸上正方向的积分等于积分(43)的两倍.

由柯西定理我们可以在函数(44)为正则的区域中连续将闭线路变形而不至于影响积分的数值. 现在假设 l 是包含前述割线在其内部但是函数(44)的极点 $z=0$ 却在其外部的闭线路, 则有

$$J = \frac{1}{2}\int_l \sqrt{A + 2\frac{B}{z} + \frac{C}{z^2}}\, dz \tag{45}$$

这里 J 表示积分(43)的值.

现在要决定函数(44)在 $z=\infty$ 和 $z=0$ 两点附近的展开式. 在前一场合我们可写

$$\sqrt{A + 2\frac{B}{z} + \frac{C}{z^2}} = \sqrt{A}\left[1 + \left(2\frac{B}{Az} + \frac{C}{Az^2}\right)\right]^{\frac{1}{2}}$$

由牛顿二项式公式有

$$\sqrt{A + 2\frac{B}{z} + \frac{C}{z^2}} = \sqrt{A}\left(1 + \frac{B}{A}\frac{1}{z} + \cdots\right) \tag{46}$$

再决定这个公式中根式 $\sqrt{A}$ 的值. 回到式(44)的右边, 由假定它应在割线 (z_1, z_2) 的下岸取正值. 要从这个下岸到达实轴上的线段 $(z_2, +\infty)$, 必须逆时针绕过 $z=z_2$. 在这个过程中 $z-z_2$ 的辐角增加 π, 故式(44)的辐角增加 $\frac{\pi}{2}$, 即其辐角由零增为 $\frac{\pi}{2}$. 换句话说, 在实轴上的线段 $(z_0, +\infty)$ 中函数(44)应取正虚值 (即形式为 $ai, a > 0$). 由式(46)知根式 $\sqrt{A}$ 应取正虚值.

完全一样, 要从割线 (z_1, z_2) 的下岸到达线段 $(0, z_1)$, 必须顺时针绕过 $z=z_1$, 经过这个步骤以后(44)的辐角是 $-\frac{\pi}{2}$, 即应在 $(0, z_1)$ 上取负虚值.

写出函数(44)在 $z=0$ 附近的展开式

$$\sqrt{A + 2\frac{B}{z} + \frac{C}{z^2}} = \frac{\sqrt{C}}{z}\left[1 + \left(2\frac{Bz}{C} + \frac{Az^2}{C}\right)\right]^{\frac{1}{2}}$$

或由二项式公式

$$\sqrt{A+2\frac{B}{z}+\frac{C}{z^2}} = \frac{\sqrt{C}}{z}\left(1+\frac{B}{C}z+\cdots\right) \tag{47}$$

由上面的论断知道 $\sqrt{C}$ 应取负虚值. 注意:由假设 $A<0$ 及不等式 $z_2>z_1>0$ 可导出 $C<0$.

由柯西定理,函数(44)沿 $z=\infty$ 邻域中甚大的闭线路 L 的积分等于 l 上的积分加上环绕 $z=0$ 的线路 λ 上的积分,其中每一积分都是逆时针方向. 而沿 L 和 λ 的积分等于以 $2\pi i$ 乘(46)和(47)中 z^{-1} 的系数,故得

$$\int_l \sqrt{A+2\frac{B}{z}+\frac{C}{z^2}}\,\mathrm{d}z = 2\pi i\left(\frac{B}{\sqrt{A}}-\sqrt{C}\right)$$

再由式(45)即得积分(43)的值

$$J = \int_{z_1}^{z_2}\sqrt{A+2\frac{B}{z}+\frac{C}{z^2}}\,\mathrm{d}z = \pi i\left(\frac{B}{\sqrt{A}}-\sqrt{C}\right) \tag{48}$$

§63 系数为常数的线性方程组的积分

现在要应用留数理论于系数为常数的线性齐次方程组的积分问题. 设这个方程组为

$$\begin{cases} x'_1 = a_{11}x_1 + a_{12}x_2 + \cdots + a_{1n}x_n \\ x'_2 = a_{21}x_1 + a_{22}x_2 + \cdots + a_{2n}x_n \\ \quad\vdots \\ x'_n = a_{n1}x_1 + a_{n2}x_2 + \cdots + a_{nn}x_n \end{cases} \tag{49}$$

其中系数 a_{ik} 是常数,x'_s 表示所求的函数关于自变数 t 的导数. 我们要找寻这个方程组的形如

$$x_s = \sum_R \varphi_s(z)\mathrm{e}^{tz} \quad (s=1,2,\cdots,n) \tag{50}$$

的解,这里 $\varphi_s(z)$ 是 z 的有理函数,又记号

$$\sum_R f(z)$$

以后常表示函数 $f(z)$ 在其所有有限远奇异点的留数之和. 公式(50)中记号 $\sum_R$ 以内的函数不但和我们要计算留数的复变数 z 有关,并且也和实参数 t 有关,因为,一般而论,留数之和是参数 t 的函数. 因 z 和 t 完全互相独立,当我们关于 t 微分函数(50)时可以把微分符号拿进 $\sum_R$ 以内去,即若先求函数

$$\varphi_s(z)\mathrm{e}^{tz} \tag{51}$$

关于 t 的导数,再把这个导数的留数相加,和先把函数(51)的留数相加,然后再关于 t 微分,结果是一样的. 故将式(50)关于 t 微分,得

$$x'_s = \sum_R z\varphi_s(z)\mathrm{e}^{tz} \quad (s=1,2,\cdots,n) \tag{52}$$

把这些式子代入(49)的方程组并且移项到等式的一边

$$\sum_R [(a_{11}-z)\varphi_1(z) + a_{12}\varphi_2(z) + \cdots + a_{1n}\varphi_n(z)]\mathrm{e}^{tz} = 0$$

$$\sum_R [a_{21}\varphi_1(z) + (a_{22}-z)\varphi_2(z) + \cdots + a_{2n}\varphi_n(z)]\mathrm{e}^{tz} = 0$$

$$\vdots$$

$$\sum_R [a_{n1}\varphi_1(z) + a_{n2}\varphi_2(z) + \cdots + (a_{nn}-z)\varphi_n(z)]\mathrm{e}^{tz} = 0$$

如果令以上诸式中方括号以内的式子等于任意常数,则这些等式当然成立,因为这时在 $\sum_R$ 以内是形式为 $C\mathrm{e}^{tz}$ 的函数,它在全平面中除 ∞ 外没有奇异点. 记这些任意常数为 $-C_1,-C_2,\cdots,-C_n$,可以得到用以决定函数 $\varphi_s(z)$ 的寻常一次代数方程组

$$(a_{11}-z)\varphi_1(z) + a_{12}\varphi_2(z) + \cdots + a_{1n}\varphi_n(z) = -C_1$$

$$a_{21}\varphi_1(z) + (a_{22}-z)\varphi_2(z) + \cdots + a_{2n}\varphi_n(z) = -C_2$$

$$\vdots$$

$$a_{n1}\varphi_1(z) + a_{n2}\varphi_2(z) + \cdots + (a_{nn}-z)\varphi_n(z) = -C_n$$

用克莱姆法则解这个方程组

$$\varphi_s(z) = \frac{\Delta_s(z)}{\Delta(z)} \quad (s=1,2,\cdots,n) \tag{53}$$

其中

$$\Delta(z) = \begin{vmatrix} a_{11}-z & a_{12} & \cdots & a_{1n} \\ a_{21} & a_{22}-z & \cdots & a_{2n} \\ \vdots & \vdots & & \vdots \\ a_{n1} & a_{n2} & \cdots & a_{nn}-z \end{vmatrix} \tag{54}$$

$\Delta_s(z)$ 是由行列式 $\Delta(z)$ 中改其第 s 行的各元素为诸常数 $-C_k$ 而得. 注意:行列式 $\Delta(z)$ 就是我们早已知道的特征方程式的左边[III$_1$,17]. 把我们所得到的(53)各式代入式(50)中,即得方程组(49)的解

$$x_s = \sum_R \frac{\Delta_s(z)}{\Delta(z)}\mathrm{e}^{tz} \quad (s=1,2,\cdots,n) \tag{55}$$

其中 $\Delta(z)$ 和 $\Delta_s(z)$ 的意义如前.

现在再证明我们所得到的解满足初始条件
$$x_1\Big|_{t=0}=C_1,x_2\Big|_{t=0}=C_2,\cdots,x_n\Big|_{t=0}=C_n \tag{56}$$

显然只要证明第一个条件能满足就够了. 我们有
$$x_1\Big|_{t=0}=\sum_R \frac{\Delta_1(z)}{\Delta(z)} \tag{57}$$

由式(54)知道上式右边的分数的分母是个 n 次多项式,其最高项为 $(-1)^n z^n$,这个分数的分子是
$$\Delta_1(z)=\begin{vmatrix} -C_1 & a_{12} & \cdots & a_{1n} \\ -C_2 & a_{22}-z & \cdots & a_{2n} \\ \vdots & \vdots & & \vdots \\ -C_n & a_{n2} & \cdots & a_{nn}-z \end{vmatrix}$$

将这个行列式依第一行的元素展开,易知所得为一 $n-1$ 次多项式,其最高项为 $(-1)^n C_1 z^{n-1}$,因此式(57)可以改写为
$$x_1\Big|_{t=0}=\sum_R \frac{(-1)^n C_1 z^{n-1}+\cdots}{(-1)^n z^n+\cdots} \tag{58}$$

其中"$\cdots$"表示多项式中次数较低的各项,它们在以后的计算中不产生影响.

现在说一点关于有理分式留数之和的一般应用.

辅助定理 有理分式在其各有限远极点的留数之和等于它在无限远点邻域中的展开式里面 z^{-1} 的系数.

实际上,假设有理分式在无限远点邻域中的展开式为
$$f(z)=\sum_k b_k z^k \tag{59}$$

考察积分
$$\frac{1}{2\pi i}\int_{C_R} f(z)dz$$

其中 C_R 是以原点为中心半径等于 R 的圆周. 对于足够大的 R,C_R 包含 $f(z)$ 全部的极点在其内部,所以上面这个积分表示在这些极点的留数之和. 但另一方面,当 R 甚大时圆周 C_R 在无限远点的邻域中,故可利用展开式(59)以计算积分的值,由此立刻知道其值为 b_{-1},辅助定理乃得证明.

注意:在[17]中我们称 $-b_{-1}$ 为函数 $f(z)$ 在无限远点的留数,由此可将上之辅助定理改述如下:有理分式在其全部极点(包括无限远点在内)的留数之和等于零.

现在把这个辅助定理应用于式(58)，其中的分数在无限远点邻域中的展开式为

$$\frac{(-1)^n C_1 z^{n-1} + \cdots}{(-1)^n z^n + \cdots} = \frac{C_1}{z} + \frac{\beta_2}{z^2} + \cdots$$

由这个结果立刻可得 $x_1\big|_{t=0} = C_1$，同样可证 $x_s\big|_{t=0} = C_s$. 因此式(55)中的解满足初始条件(56)，就是说，多项式 $\Delta_s(z)$ 中的任意常数 C_s 是 x_s 的初始值，而式(55)也就表示方程组(49)的一般积分.

例 考察方程组

$$x'_1 = x_2 + x_3$$
$$x'_2 = x_1 + x_3$$
$$x'_3 = x_1 + x_2$$

这时

$$\Delta(z) = \begin{vmatrix} -z & 1 & 1 \\ 1 & -z & 1 \\ 1 & 1 & -z \end{vmatrix}$$

或

$$\Delta(z) = -z(z^2 - 1) + 2(z+1) = (z+1)(-z^2 + z + 2)$$

我们所求的第一个函数为

$$x_1 = \sum_R \frac{\begin{vmatrix} -C_1 & 1 & 1 \\ -C_2 & -z & 1 \\ -C_3 & 1 & -z \end{vmatrix}}{(z+1)(-z^2+z+2)} e^{tz}$$

或将行列式展开并且消去 $1+z$

$$x_1 = \sum_R \frac{C_1(1-z) - C_2 - C_3}{-z^2 + z + 2} e^{tz}$$

上式右边分数的分母有两个零点 $z = -1$ 和 $z = 2$，用通常的规则来决定在这些点的留数：分子被除于分母的导数，得

$$x_1 = \left(\frac{2}{3}C_1 - \frac{1}{3}C_2 - \frac{1}{3}C_3\right) e^{-t} + \left(\frac{1}{3}C_1 + \frac{1}{3}C_2 + \frac{1}{3}C_3\right) e^{2t}$$

注意：多项式 $\Delta(z)$ 以 $z = -1$ 为二重零点，但在上式中 e^{-t} 的乘数不是 t 的一次多项式而是常数.

对于非齐次方程组（强迫振动）

$$x'_s = a_{s1}x_1 + \cdots + a_{sn}x_n + f_s(t) \quad (s = 1, 2, \cdots, n) \tag{60}$$

其中 $f_s(t)$ 是 t 的已知函数，应该找寻形式为

$$x_s = -\sum_R \frac{C_1(t)A_{1s}(z)+\cdots+C_n(t)A_{ns}(z)}{\Delta(z)}e^{tz} \qquad (61)$$

的解，其中 $A_{ik}(z)$ 是行列式 $\Delta(z)$ 的元素的代数余因子，$C_k(t)$ 是待定的 t 的函数（改变任意常数法）[Ⅱ,25]．将式(61)代入式(60)，并注意当 C_k 为任意常数时式(61)是齐次方程组的解，可得导数 $C'_k(t)$ 的方程组

$$-\sum_R \frac{C'_1(t)A_{1s}(z)+\cdots+C'_n(t)A_{ns}(z)}{\Delta(z)}e^{tz} = f_s(t) \quad (s=1,2,\cdots,n) (62)$$

我们证明上面的方程组有下列一组的解

$$C'_1(t) = e^{-tz}f_1(t),\cdots,C'_n(t) = e^{-tz}f_n(t) \qquad (63)$$

实际上，代入式(62)的左边，得

$$-\sum_R \frac{f_1(t)A_{1s}(z)+\cdots+f_n(t)A_{ns}(z)}{\Delta(z)} \qquad (64)$$

若 $i \ne k$，则 a_{ik} 的代数余因子 $A_{ik}(z)$ 中不含 $a_{ii}-z$ 及 $a_{kk}-z$ 两元素，故 $A_{ik}(z)$ 为 z 的 $n-2$ 次多项式．由前面的辅助定理

$$\sum_R \frac{A_{ik}(z)}{\Delta(z)} = 0 \quad (i \ne k)$$

因为 $A_{ik}(z):\Delta(z)$ 在无限远点邻域中的展开式从 $\dfrac{a}{z^2}$ 项开始，故不含 z^{-1} 的项．

又 $a_{ii}-z$ 的代数余因子 $A_{ii}(z)$ 是 $n-1$ 次多项式，最高次项为 $(-1)^{n-1}z^{n-1}$，因此

$$-\sum_R \frac{A_{ii}(z)}{\Delta(z)} = 1$$

由这两个式子可知式(64)等于 $f_s(t)$．又由(63)有

$$C_k(t) = \int_0^t e^{-\tau z}f_k(\tau)d\tau \quad (k=1,2,\cdots,n)$$

这时我们如此选取积分常数，使得 $C_k(0)=0$（纯强迫振动）．

代入式(61)，得

$$x_s = -\sum_R \int_0^t \frac{f_1(\tau)A_{1s}(z)+\cdots+f_n(\tau)A_{ns}(z)}{\Delta(z)}e^{(t-\tau)z}d\tau \qquad (65)$$

§64 分函数的最简分数展开式

现在我们应用留数理论于函数的无穷级数展开问题．设 $f(z)$ 在全平面上为单值正则，除了个别的孤立极点以外．这种函数通常称为分函数，或半纯函

数.有理分式即分函数的例子.函数 $\cot z = \dfrac{\cos z}{\sin z}$ 是第二个例子,其极点即 $\sin z$ 的零点.

上述第二个半纯函数有无数个极点.注意:若半纯函数有无数个极点,则平面中任一有界区域 B 只包含有限个极点在其内.实际上,如果这话不对,则在 B 中存在一点,它是 $f(z)$ 的极点的极限点.就是说,存在一点 $z=c$,使得以 $z=c$ 为中心,半径任意小的圆中必定含有无数个 $f(z)$ 的极点.这点 $z=c$ 是 $f(z)$ 的奇异点,但不是极点,因为由极点的定义[17]知道它应该是孤立奇异点,但是由假设 $f(z)$ 除了极点以外没有别的奇异点,故矛盾.既然平面中任一有界区域只含 $f(z)$ 的有限个极点,所以常可将它们依照模的大小排列起来,设以 a_k 记这些极点,则有

$$|a_1| \leqslant |a_2| \leqslant |a_3| \leqslant \cdots$$

当 $n \to \infty$ 时 $|a_n| \to +\infty$.在每一极点 $z=a_k$,函数有一定的无限部分,它是 $\dfrac{1}{z-a_k}$ 的多项式,但不含零次项[17].记这个多项式为

$$G_k\left(\frac{1}{z-a_k}\right) \quad (k=1,2,\cdots,n) \tag{66}$$

现在证明若对分函数 $f(z)$ 再加几个假定,则 $f(z)$ 可以展开为无穷级数,其一般项可借无限部分(66)来表示.函数 $f(z)$ 应满足的条件如下:设有一列环绕原点的闭线路 C_n,其中任一 C_n 必在 C_{n+1} 的内部.设 C_n 的长为 l_n,和原点的最短距离为 δ_n.又设 $\delta_n \to \infty$,即当 n 无限增大时线路 C_n 向各方向无限扩张.此外,再设当 $n \to \infty$ 时 $l_n : \delta_n$ 为有界,即存在正数 m,使

$$\frac{l_n}{\delta_n} \leqslant m \tag{67}$$

例如,设 C_n 是以原点为中心,半径等于 r_n 的圆周,则 $l_n = 2\pi r_n, \delta_n = r_n$,从而 $l_n : \delta_n = 2\pi$.现在假定分函数 $f(z)$ 在所有线路 C_n 上的模有界,换句话说,存在正数 M,使在任何线路 C_n 上成立不等式

$$|f(z)| \leqslant M \quad (在 C_n 上) \tag{68}$$

考虑积分

$$\frac{1}{2\pi \mathrm{i}} \int_{C_n} \frac{f(z')}{z'-z} \mathrm{d}z' \tag{69}$$

这里积分沿 C_n 上的正方向,z 是 C_n 内部异于 a_k 的点.假设函数 $f(z)$ 在 C_n 内部各极点 a_k 的无限部分之和为

$$\omega_n(z) = \sum_{(C_n)} G_k\left(\frac{1}{z-a_k}\right) \tag{70}$$

其中 $\sum$ 下面的符号 (C_n) 表示只关于 C_n 内部的诸极点相加.

积分(69)中的被积函数看成 z' 的函数时在 C_n 内部有单极点 $z'=z$,即分母的零点,和极点 $z'=a_k$,即 $f(z')$ 在 C_n 内部的极点. 决定在极点 $z'=z$ 的留数的规则是:分子被除于分母的导数

$$\frac{f(z')}{(z'-z)'}\bigg|_{z'=z}=\frac{f(z')}{1}\bigg|_{z'=z}=f(z)$$

在极点 $z'=a_k$ 的留数等于函数

$$\frac{\omega_n(z')}{z'-z} \tag{71}$$

在该点的留数. 函数 $\omega_n(z')$ 可以表示为分子次数低于分母次数的有理分式的和,且其全部极点都在 C_n 的内部. 我们可以证明函数(71)在各极点 a_k 的留数之和为

$$-\omega_n(z)=-\sum_{(C_n)}G_k\left(\frac{1}{z-a_k}\right) \tag{72}$$

实际上,函数(71)是 z' 的有理分式,其中分母的次数至少比分子的次数高两次,因为 $\omega_n(z')$ 已经是个分母次数高于分子次数的有理分式了. 在 $z'=\infty$ 的邻域中函数(71)有下面的展开式

$$\frac{\omega_n(z')}{z'-z}=\frac{\alpha^2}{z'^2}+\frac{\alpha^3}{z'^3}+\cdots$$

故函数(71)沿半径甚大的圆周上的积分等于零,即这个函数在其全部有限远极点的留数之和等于零. 但是它在 $z'=z$ 的留数显然等于 $\omega_n(z)$,因此它在其余各极点 a_k 的留数之和等于 $-\omega_n(z)$,即式(72). 应用留数的基本定理于积分(69),得

$$\frac{1}{2\pi i}\int_{C_n}\frac{f(z')}{z'-z}dz'=f(z)-\sum_{(C_n)}G_k\left(\frac{1}{z-a_k}\right)$$

在这个式子中置 $z=0$,并设 $z=0$ 不是 $f(z)$ 的极点

$$\frac{1}{2\pi i}\int_{C_n}\frac{f(z')}{z'}dz'=f(0)-\sum_{(C_n)}G_k\left(-\frac{1}{a_k}\right)$$

由前一等式减去这一等式,得

$$\frac{z}{2\pi i}\int_{C_n}\frac{f(z')}{z'(z'-z)}dz'=f(z)-f(0)-\sum_{(C_n)}\left[G_k\left(\frac{1}{z-a_k}\right)-G_k\left(-\frac{1}{a_k}\right)\right] \tag{73}$$

现在再证上式左边的积分当 n 无限增大时其极限为零. 实际上,由

$$|z'|\geqslant\delta_n,\ |z'-z|\geqslant|z'|-|z|\geqslant\delta_n-|z|$$

以及式(68)有

$$\left|\int_{C_n} \frac{f(z')}{z'(z'-z)} \mathrm{d}z'\right| \leqslant \frac{Ml_n}{\delta_n(\delta_n - |z|)}$$

或由式(67)有

$$\left|\int_{C_n} \frac{f(z')}{z'(z'-z)} \mathrm{d}z'\right| < \frac{Mm}{\delta_n - |z|}$$

由此立刻可知积分的极限为零,因为 $\delta_n \to \infty$. 这样,将式(73)取极限可得

$$f(z) - f(0) - \lim_{n\to\infty} \sum_{(C_n)} \left[G_k\left(\frac{1}{z-a_k}\right) - G_k\left(-\frac{1}{a_k}\right) \right] = 0$$

或

$$f(z) = f(0) + \lim_{n\to\infty} \sum_{(C_n)} \left[G_k\left(\frac{1}{z-a_k}\right) - G_k\left(-\frac{1}{a_k}\right) \right] \tag{74}$$

当 n 无限增大时由假设线路 C_n 无限扩张,而 C_n 的内部就包含更多的极点 a_k,因此取极限时在(74)的右边得到一个无穷级数,而式(74)就成为 $f(z)$ 的无穷级数展开式

$$f(z) = f(0) + \sum_{k=1}^{\infty} \left[G_k\left(\frac{1}{z-a_k}\right) - G_k\left(-\frac{1}{a_k}\right) \right] \tag{75}$$

严格地说,因为(74)中的和是关于 C_n 而作的,故对式(75)的无穷级数我们应该把对应于 C_n 和 C_{n+1} 之间的极点的那些 $G_k\left(\frac{1}{z-a_k}\right) - G_k\left(-\frac{1}{a_k}\right)$ 先加在一起,然后再关于 n 相加. 但是假如我们相信即使把所有这些无形的括号都透开,所得的级数仍旧收敛,则显然在式(75)中无穷级数可以看作关于 k 相加了.

条件(68)要求函数 $f(z)$ 在所有的闭线路 C_n 上的模为有界,如果我们用一个更广的条件来替代(68),即 $f(z)$ 的模随 C_n 的扩大而增大,但不比 $|z^p|$ 的增大速度快,其中 p 是个正整数,换句话说,在所有的 C_n 上成立不等式

$$\left|\frac{f(z)}{z^p}\right| \leqslant M \quad （在 C_n 上）$$

则代替式(75)而有下面的展开式

$$f(z) = f(0) + \frac{f'(0)}{1}z + \cdots + \frac{f^{(p)}(0)}{p!}z^p + \sum_{k=1}^{\infty} \left[G_k\left(\frac{1}{z-a_k}\right) - \chi_k^{(p)}(z) \right] \tag{76}$$

其中 $\chi_k^{(p)}(z)$ 表示函数 $G_k\left(\frac{1}{z-a_k}\right)$ 的麦克劳林级数中的前 $p+1$ 项.

§65 函数 cot z

考虑分函数
$$\cot z = \frac{\cos z}{\sin z} \tag{77}$$

由欧拉公式
$$\sin z = \frac{\mathrm{e}^{\mathrm{i}z} - \mathrm{e}^{-\mathrm{i}z}}{2\mathrm{i}}$$

可知 $\sin z = 0$ 和 $\mathrm{e}^{\mathrm{i}2z} = 1$ 相抵,这个方程的根为 $z = k\pi(k=0, \pm 1, \pm 2, \cdots)$,即 $\sin z$ 只在三角学中早已知道的实零点. 函数(77)的极点为
$$z = 0, \pm\pi, \pm 2\pi, \cdots \tag{78}$$

设 ρ 为一任意已给正数,对于(78)中每一点作一个以这点为圆心,半径等于 ρ 的圆 λ_ρ. 借这些圆之助可以从平面中除去(78)中所有的点. 现在证明在除去这些圆的平面中函数(77)的模为有界. 因为这个函数的周期为 π,我们只需看它在两直线 $x=0$ 和 $x=\pi$ 之间的带域 K 中的值就够了(图63),但在这个带域中以极点 $z=0$ 和 $z=\pi$ 为中心,半径等于 ρ 的两个半圆应该除去. 在 K 的任何有限部分区域中函数(77)为连续,当然亦为有界. 所以只要证明当 z 在 K 中无限制地向上或向下走时函数(77)的模为有界即可. 例如,设 z 在 K 中向上接近于无限远点,即若 $z = x + \mathrm{i}y$,则 $y \to +\infty$,而 x 在区间 $(0, \pi)$ 之中. 我们有
$$\cot z = \mathrm{i}\frac{\mathrm{e}^{\mathrm{i}z} + \mathrm{e}^{-\mathrm{i}z}}{\mathrm{e}^{\mathrm{i}z} - \mathrm{e}^{-\mathrm{i}z}} = \mathrm{i}\frac{\mathrm{e}^{\mathrm{i}x}\mathrm{e}^{-y} + \mathrm{e}^{-\mathrm{i}x}\mathrm{e}^{y}}{\mathrm{e}^{\mathrm{i}x}\mathrm{e}^{-y} - \mathrm{e}^{-\mathrm{i}x}\mathrm{e}^{y}}$$

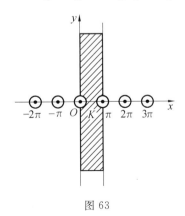

图 63

由此取分子中两项的模之和代替分子的模,取分母中两项的模之差代替分母的

模,则得

$$|\cot z| \leqslant \frac{e^y + e^{-y}}{e^y - e^{-y}} = \frac{1 + e^{-2y}}{1 - e^{-2y}}$$

当 $y \to +\infty$ 时上式右边的极限为 1,故当 y 甚大时我们可以得到例如下面的不等式

$$|\cot z| < 1.5$$

同样可以证明函数(77)在 K 的下半部为有界.

注意:以上的证法也适用于分函数

$$\frac{1}{\sin z} \tag{79}$$

它有和函数(77)相同的极点,但是周期为 2π. 如果我们从平面中用相同的任意小半径作圆除去这些极点以后,函数(79)的模在余下的部分中即为有界.

回到函数(77),取 C_n 为以原点作中心,半径等于 $\left(n + \frac{1}{2}\right)\pi$ 的圆周. 这种圆周满足条件(67). 此外,取 ρ 甚小(例如,小于 $\frac{\pi}{2}$)可使圆周 C_n 不经过前述从平面中除去的那些圆 λ_ρ,因此在所有这些圆周 C_n 上函数(77)的模必为有界. 显然这个事实对于函数

$$f(z) = \cot z - \frac{1}{z} \tag{80}$$

也成立,因为当 $z \to \infty$ 时 $z^{-1} \to 0$. 易知函数(80)不以 $z = 0$ 为极点,故可将这个函数依式(75)展开. 为此必须决定函数(77)在极点 $z = k\pi$ 的无限部分. 每一极点必为 $\sin z$ 的一重零点,故在该极点的留数可依通常的公式计算

$$r_k = \frac{\cos z}{(\sin z)'}\bigg|_{z=k\pi} = 1$$

因此函数(77)在极点 $z = k\pi$ 的无限部分是

$$\frac{1}{z - k\pi} \quad (k = 0, \pm 1, \pm 2, \cdots)$$

特别地,在极点 $z = 0$ 的无限部分为 z^{-1},故知函数(80)确实不以 $z = 0$ 为极点. 至于在其他极点 $z = k\pi$,则函数(80)的无限部分就等于(77)的无限部分. 要应用公式(75)还需要计算 $f(0)$. 奇函数(80)在 $z = 0$ 附近的展开式如

$$f(z) = \gamma_1 z + \gamma_3 z^3 + \cdots$$

由此可得 $f(0) = 0$. 所以应用公式(75)的结果可得

$$\cot z = \frac{1}{z} + \sum_{k=-\infty}^{+\infty}{}' \left(\frac{1}{z - k\pi} + \frac{1}{k\pi}\right) \tag{81}$$

其中 $\sum$ 右上角的小撇表示这个无穷级数中没有对应于 $k=0$ 的项.

易证上式右边的级数在平面中任何有界区域内为绝对且一致收敛,只要除去有限个在这个区域内有极点的项.实际上,这个级数的一般项是

$$\frac{z}{(z-k\pi)k\pi}$$

在任何有界平面区域中常存在 M 使 $|z|<M$,又设 k 的绝对值甚大,则可写

$$\left|\frac{z}{(z-k\pi)k\pi}\right| \leqslant \frac{1}{k^2}\frac{M}{\pi(\pi-Mk^{-1})}$$

当 k 无限增大时上式右边 $\frac{1}{k^2}$ 的系数以有限数 $\frac{M}{\pi^2}$ 为极限,而级数

$$\sum_{k=-\infty}^{+\infty}{}' \frac{1}{k^2}$$

显然收敛,故由[Ⅰ,147],级数(81)在任何有界平面区域中绝对且一致收敛.

若在式(81)中改 z 为 πz,则这个公式可以改写为

$$\pi\cot \pi z = \frac{1}{z} + \sum_{k=-\infty}^{+\infty}{}'\left(\frac{1}{z-k}+\frac{1}{k}\right) \tag{81'}$$

在这个级数中有对应于整数 k 的项,也有对应于整数 $-k$ 的项,我们把这样的两项加在一起,则上式可以改写为

$$\pi\cot \pi z = \frac{1}{z} + \sum_{k=1}^{\infty}\frac{2z}{z^2-k^2}$$

用完全相仿的方法可以证明下面的公式

$$\frac{\pi}{\sin \pi z} = \frac{1}{z} + \sum_{k=-\infty}^{+\infty}{}'(-1)^k\left(\frac{1}{z-k}+\frac{1}{k}\right)$$

微分一致收敛级数(81),可得公式

$$\frac{\pi^2}{\sin^2 \pi z} = \frac{1}{z^2} + \sum_{k=-\infty}^{+\infty}{}'\frac{1}{(z-k)^2} = \sum_{k=-\infty}^{+\infty}\frac{1}{(z-k)^2}$$

注意:我们曾经在三角级数论[Ⅱ,145]中用另外的方法证明过上面这些公式.

§66 半纯函数的构造

假设已知一半纯函数的极点 a_k 和函数在这些极点的无限部分

$$g_k\left(\frac{1}{z-a_k}\right) \quad (k=1,2,\cdots) \tag{82}$$

现在要研究如何来决定这个半纯函数的问题. 若所给的极点只有有限个, 设为 $a_1, a_2, \cdots, a_n$, 则函数

$$\varphi(z) = \sum_{k=1}^{n} g_k\left(\frac{1}{z-a_k}\right)$$

显然就是我们所求的, 这时它是有理分式. 现在假设已给的是无限多个极点 a_k 和对应的无限部分. 如[64]所证, 在任何有界平面区域中只有有限个极点, 因此可以把它们依模的大小排列成序

$$|a_1| \leqslant |a_2| \leqslant \cdots \quad (|a_n| \to +\infty)$$

除了假设 $z=0$ 不是函数的极点外, 对于极点的分布和函数在极点的无限部分再没有其他的限制了.

每一无限部分(82)是圆 $|z| < |a_k|$ 内部的正则函数, 故在这个圆中可依麦克劳林级数展开

$$g_k\left(\frac{1}{z-a_k}\right) = a_0^{(k)} + a_1^{(k)} z + a_2^{(k)} z^2 + \cdots \quad (|z| < |a_k|) \tag{83}$$

取一列的正数 ε_k, 使得级数

$$\sum_{k=1}^{\infty} \varepsilon_k \tag{84}$$

收敛.

因为幂级数(83)在圆

$$|z| \leqslant \frac{1}{2} |a_k|$$

中一致收敛[13], 我们可以取其部分和

$$q_k(z) = a_0^{(k)} + a_1^{(k)} z + a_2^{(k)} z^2 + \cdots + a_{m_k}^{(k)} z^{m_k}$$

使得在圆 $|z| \leqslant \frac{1}{2} |a_k|$ 中

$$\left| g_k\left(\frac{1}{z-a_k}\right) - q_k(z) \right| < \varepsilon_k \tag{85}$$

作级数

$$\varphi(z) = \sum_{k=1}^{\infty} \left[g_k\left(\frac{1}{z-a_k}\right) - q_k(z) \right] \tag{86}$$

并考察以原点为中心, 半径等于 R 的圆 C_R. 因为 $|a_k| \to +\infty$, 故存在 N, 使当 $k > N$ 时 $R \leqslant \frac{1}{2} |a_k|$. 对于这种 k, 式(85)中的估计在圆 C_R 内成立, 又因级数(84)收敛, 假如去了这个级数中前面 N 项不要的话, 故级数(86)在 C_R 内绝对且一致收敛. 这些前面的项在圆 C_R 内有极点 a_k 和对应的无限部分(82). 又在

C_R 内绝对且一致收敛的级数定义该圆内一正则函数. 因为半径 R 可以任意大, 我们知道式(86)就是所求的半纯函数. 注意: 以上对于多项式 $q_k(z)$ 并没有加任何限制.

又若 $z=0$ 也是函数的极点, 在这点的无限部分为
$$g_0\left(\frac{1}{z}\right)$$
则只需把这个无限部分加到级数(86)上去就行了. 上述的解法由瑞典数学家米特格·莱弗勒所创.

在[65]中讲过满足某种附加条件的半纯函数的最简分数展开式, 现在我们讲在一般情形下类似的公式.

设 $f(z)$ 为半纯函数. 应用上面的方法可以作一个半纯函数 $\varphi(z)$, 它有和 $f(z)$ 相同的极点以及在极点的无限部分. 这个半纯函数 $\varphi(z)$ 可用形式如(86)的级数表之. 两函数之差 $f(z)-\varphi(z)$ 显然在全平面正则, 除了 $z=\infty$ 以外. 这种函数称为整函数. 它可以在全平面上用麦克劳林级数来表示. 记
$$f(z)-\varphi(z)=F(z)$$
可得半纯函数 $f(z)$ 的表示式如下
$$f(z)=F(z)+g_0\left(\frac{1}{z}\right)+\sum_{k=1}^{\infty}\left[g_k\left(\frac{1}{z-a_k}\right)-q_k(z)\right] \tag{87}$$
其中 $F(z)$ 是个整函数. 式(87)较具理论上的趣味, 而式(75)和式(76)则便于实际应用. 若设 $F(z)$ 为任意的整函数, 则式(87)表示具有已知的极点和无限部分的一般半纯函数.

§67 整 函 数

如上节所说整函数是全平面为正则的函数, 它可以在全平面上用麦克劳林级数来表示. 若这个级数中断了, 则函数就成为多项式, 否则的话, 无限远点是函数的本性奇异点, 这时也称为超越整函数. e^z 和 $\sin z$ 就是超越整函数之例, 以后我们简称为整函数.

我们知道任一多项式必有零点, 但整函数未必具有这个性质, 例如 e^z 即无零点. 无零点的整函数的一般形式可以这样求: 设 $g(z)$ 是整函数, 则函数
$$f(z)=e^{g(z)} \tag{88}$$
显然也是整函数, 并且没有零点. 反过来可以证明任一没有零点的整函数必定

具有(88)的形式,其中 $g(z)$ 为整函数.所以当 $g(z)$ 表示任意的整函数时式(88)表示一般的无零点整函数.

当整函数 $f(z)$ 没有零点时,则函数
$$\frac{f'(z)}{f(z)}$$
也是整函数,把它积分,仍得整函数
$$g(z) = \int \frac{f'(z)}{f(z)} dz = \ln f(z)$$
由此可知 $f(z)$ 具有(88)的形式.

现在假设整函数 $f(z)$ 有有限个零点,但其中不含 $z=0$
$$z = a_1, a_2, \cdots, a_m$$
其中 n 重零点作 n 个零点算.比率
$$f(z) : \prod_{k=1}^{m}\left(1 - \frac{z}{a_k}\right)$$
显然是没有零点的整函数,其中符号 $\prod_{k=1}^{m}$ 表示对应于 k 从 1 到 m 的 m 个因子乘在一起.所以这个整函数有如(88)的形式.从而函数 $f(z)$ 就可表示为
$$f(z) = e^{g(z)} \prod_{k=1}^{m}\left(1 - \frac{z}{a_k}\right) \tag{89}$$
其中 $g(z)$ 是一整函数.

以上我们假设 $z=0$ 不是 $f(z)$ 的零点.如果 $z=0$ 是 p 重零点,则显然可以下式代替公式(89)
$$f(z) = e^{g(z)} z^p \prod_{k=1}^{m}\left(1 - \frac{z}{a_k}\right) \tag{90}$$

最有趣的情形是当 $f(z)$ 有无数多个零点的时候,这时我们不能立刻应用公式(90),因为等式右边将会出现无穷乘积,它可能是没有意义的.要使得这个无穷乘积收敛,应该在每一因子 $1 - \frac{z}{a_k}$ 后面附加一个指数型的乘数,它不会引进新的零点,但却可使无穷乘积收敛.

例如对函数 $\sin z$ 的情形便是.由公式(81)有
$$\cot z - \frac{1}{z} = \sum_{k=-\infty}^{+\infty}{}'\left(\frac{1}{z-k\pi} + \frac{1}{k\pi}\right)$$
等式两边在点 $z=0$ 同为正则,故可将这个无穷级数逐项积分,从 $z=0$ 到变动点 z,即得
$$\ln \frac{\sin z}{z}\bigg|_{z=0}^{z=z} = \sum_{k=-\infty}^{+\infty}{}'\left[\ln(z-k\pi) + \frac{z}{k\pi}\right]\bigg|_{z=0}^{z=z}$$

或取在原点邻域中对数的主值

$$\ln\frac{\sin z}{z} = \sum_{k=-\infty}^{+\infty}{}' \left[\ln\left(1-\frac{z}{k\pi}\right) + \frac{z}{k\pi}\right]$$

由此去对数即得函数 $\sin z$ 的无穷乘积表示式

$$\sin z = z \prod_{k=-\infty}^{+\infty}{}' \left(1-\frac{z}{k\pi}\right) e^{\frac{z}{k\pi}} \tag{91}$$

其中乘积符号右上角的一撇表示乘积中没有对应于 $k=0$ 的因子. 上式中指数型乘数 $e^{\frac{z}{k\pi}}$ 保证无穷乘积的收敛.

把式 (91) 中对应于 k 和 $-k$ 的因子两两相并, 即得

$$\sin z = z \prod_{k=1}^{\infty} \left(1-\frac{z^2}{k^2\pi^2}\right) \tag{92}$$

改 z 为 πz, 上式可写成下面的形式

$$\frac{\sin \pi z}{\pi} = z \prod_{k=1}^{\infty} \left(1-\frac{z^2}{k^2}\right) \tag{93}$$

要更详细地解释整函数展开为无穷乘积的问题, 我们应先说明关于无穷乘积的几件基本事实.

§68 无穷乘积

考察无穷乘积

$$\prod_{k=1}^{\infty} c_k = c_1 c_2 \cdots \tag{94}$$

其中 c_k 是不等于零的复数. 乘积 (94) 的收敛概念和级数的收敛概念相仿. 作有限乘积

$$P_n = \prod_{k=1}^{n} c_k = c_1 c_2 \cdots c_n \tag{95}$$

若当 $n \to \infty$ 时乘积 P_n 有不等于零的有限极限值 P, 则称无穷乘积 (94) 收敛, 而 P 称为无穷乘积的值.

若诸 c_k 中有等于零的, 但除去等于零的因子以后, 余下的无穷乘积依上述意义收敛, 则无穷乘积 (94) 仍称为收敛, 其值为零. 在上述无穷乘积的定义中规定 P_n 的极限值 P 不等于零, 目的是要使收敛无穷乘积和有限乘积同时具有一个重要的性质, 就是当且仅当有零因子时乘积才等于零.

现在假设乘积 (94) 中没有零因子. 作无穷级数

$$\sum_{k=1}^{\infty} \ln c_k \tag{96}$$

这里每一项中对数的值可随意取定. 级数(96)前 n 项之和为

$$S_n = \sum_{k=1}^{n} \ln c_k \tag{97}$$

假设对于某种对数值的选取级数(96)收敛,即存在极限 $S_n \to S$. 由公式(95)有 $P_n = e^{S_n}$,因此存在极限 $P_n \to e^S \neq 0$,即由级数(96)的收敛性可以导出乘积(94)收敛. 现在反过来假设无穷乘积(94)收敛,即存在极限 $P_n \to P \neq 0$. 如此选取级数(96)中每项的对数值,使得在式(97)中的右边常常得到乘积 $c_1 c_2 \cdots c_n$ 的对数主值

$$S_n = \ln|c_1 c_2 \cdots c_n| + i\arg(c_1 c_2 \cdots c_n)$$

其中

$$-\pi < \arg(c_1 c_2 \cdots c_n) \leqslant \pi$$

易知 S_n 也有一定的极限值,即

$$\lim S_n = \ln|P| + i\arg P = \ln P$$

从而级数(96)收敛.

以上我们假设 P 不是负实数,因此 $\arg P$ 在区间 $(-\pi, +\pi)$ 内部. 当 P 是负实数时可以如此选取 c_k 的辐角,使得 $\arg(c_1 c_2 \cdots c_n)$ 常在区间 $(0, 2\pi)$ 之内. 证明如前.

因此我们就得到下面的一般结果:若所有的 c_k 都不等于零,则无穷乘积(94)收敛的充要条件是:对于某一种对数值的取法,级数(96)收敛,这时无穷乘积的值是

$$P = e^S \tag{98}$$

级数(96)的一般项是

$$\ln c_k = \ln|c_k| + i\arg c_k$$

因为收敛级数的一般项应以零为极限,故在任何情形之下应该有 $\arg c_k \to 0$,就是说,只有从某一项开始就取对数的主值,级数(96)才有收敛的可能. 至于前面有限项中对数值如何选取,实际上并不影响级数的收敛性,因若不取主值,所加于级数(96)的只是一个形式为 $2m\pi i$ 的项,m 是整数. 由式(96)知 S 的值增加了这一项时并不影响 P 的数值. 总之,我们应该从某个一定然而是任意的项开始取对数的主值.

现在再看以 z 的整函数为项的无穷乘积

$$F(z) = \prod_{k=1}^{\infty} u_k(z) = u_1(z) \cdot u_2(z) \cdots \tag{99}$$

在 z 平面上取一个以原点为中心,半径等于 R 的圆 C_R. 假设当 R 任意选定后,从某一个 k 开始 $u_k(z)$ 在圆 C_R 中没有零点. 对已给的 R, 为确定起见, 假设从 $k=k_0$ 开始 $u_k(z)$ 在圆 C_R 中没有零点(一般而论, k_0 与 R 有关). 考察无穷级数

$$S(z) = \sum_{k=1}^{\infty} \ln u_k(z) \tag{100}$$

上式也可改写为

$$\sum_{k=1}^{k_0-1} \ln u_k(z) + \sum_{k=k_0}^{\infty} \ln u_k(z) \tag{101}$$

后一级数的每一项是圆 C_R 中的正则单值函数,因为 $u_k(z)$ 在这个圆中没有零点. 假设对于正则函数 $\ln u_k(z)$ 的某种取值法这个级数在圆 C_R 中一致收敛. 记其和为 $f_{k_0}(z)$, 则 $f_{k_0}(z)$ 是正则函数[12], 我们有

$$\prod_{k=1}^{\infty} u_k(z) = e^{f_{k_0}(z)} \prod_{k=1}^{k_0-1} u_k(z)$$

就是说,这时函数(99)在圆 C_R 内正则,它在这个圆中的零点即诸项 $u_k(z), k < k_0$ 的零点. 因为 R 是任意取的,故知当级数(100)在任何有界平面区域中一致收敛时(除了前面有限项以外)无穷乘积(99)在全平面收敛,其值为一整函数, 这个整函数的零点由其因子 $u_k(z)$ 的零点完全决定.

微分一致收敛级数(100),得

$$S'(z) = \sum_{k=1}^{\infty} \frac{u'_k(z)}{u_k(z)}$$

但

$$F(z) = e^{S(z)} \text{ 又 } F'(z) = S'(z) F(z)$$

所以

$$F'(z) = F(z) \sum_{k=1}^{\infty} \frac{u'_k(z)}{u_k(z)} \tag{102}$$

这个公式说明当级数(100)一致收敛时对于无穷乘积(99)有和有限乘积相似的微分规则(102).

§69 由零点决定整函数

利用上节的知识我们可以由一个整函数的零点来决定该函数. 首先注意整函数的零点不能有有限远极限点. 若存在这种点 $z=c$, 即在以 $z=c$ 为中心,任

意小的圆中存在函数的无数多个零点,则这个函数应恒等于零[18].仿照[64]可以把整函数的零点 a_k 依其模的大小排列成序

$$|a_1| \leqslant |a_2| \leqslant \cdots$$

当 $n \to \infty$ 时 $|a_n| \to +\infty$,如果在 a_k 之中复数 α 出现 q 次,则 α 是函数的 q 重零点.我们暂且假定 $z=0$ 不是函数的零点.

我们现在只看一个在应用上最为重要的特别情形,即设 a_k 趋于无穷如此之快,使得有正整数 m 存在,令级数

$$\sum_{k=1}^{\infty} \frac{1}{|a_k|^m} \tag{103}$$

收敛,且设 $m \geqslant 2$.

作无穷乘积

$$F(z) = \prod_{k=1}^{\infty} \left(1 - \frac{z}{a_k}\right) e^{\frac{z}{a_k} + \frac{1}{2}\left(\frac{z}{a_k}\right)^2 + \cdots + \frac{1}{m-1}\left(\frac{z}{a_k}\right)^{m-1}} \tag{104}$$

我们要证明它满足上节所述各条件.对某一圆 C_R 存在 k_0,使得从 $k=k_0$ 开始所有的 a_k 都在圆 C_R 以外,即当 $k \geqslant k_0$ 时乘积(104)的因子在圆 C_R 内没有零点,故对 C_R 中任一 z 有

$$\left|\frac{z}{a_k}\right| < \theta < 1 \quad (k \geqslant k_0) \tag{105}$$

这里 θ 是个小于 1 的固定正数.现在级数(100)的形式为

$$\sum_{k=k_0}^{\infty} \ln\left[\left(1 - \frac{z}{a_k}\right) e^{\frac{z}{a_k} + \frac{1}{2}\left(\frac{z}{a_k}\right)^2 + \cdots + \frac{1}{m-1}\left(\frac{z}{a_k}\right)^{m-1}}\right] \tag{106}$$

因为式(105)的关系我们可以把对数函数展开为幂级数而将式(106)改写为

$$\sum_{k=k_0}^{\infty}\left[\frac{z}{a_k} + \frac{1}{2}\left(\frac{z}{a_k}\right)^2 + \cdots + \frac{1}{m-1}\left(\frac{z}{a_k}\right)^{m-1} - \sum_{s=1}^{\infty} \frac{1}{s}\left(\frac{z}{a_k}\right)^s\right] =$$

$$\sum_{k=k_0}^{\infty}\left[-\frac{1}{m}\left(\frac{z}{a_k}\right)^m - \frac{1}{m+1}\left(\frac{z}{a_k}\right)^{m+1} - \cdots\right]$$

研究这一级数的一般项

$$v_k(z) = -\frac{1}{m}\left(\frac{z}{a_k}\right)^m - \frac{1}{m+1}\left(\frac{z}{a_k}\right)^{m+1} - \cdots$$

显然有

$$|v_k(z)| \leqslant \frac{1}{m}\left|\frac{z}{a_k}\right|^m + \frac{1}{m+1}\left|\frac{z}{a_k}\right|^{m+1} + \cdots$$

把 $\frac{1}{m}\left|\frac{z}{a_k}\right|^m$ 拿到括号外面来,再应用式(105)及在 C_R 中 $|z| \leqslant R$ 的关系,可得

$$|v_k(z)| \leqslant \frac{R^m}{m|a_k|^m}(1+\theta+\theta^2+\cdots)$$

即

$$|v_k(z)| \leqslant \frac{R^m}{m(1-\theta)} \frac{1}{|a_k|^m}$$

因级数(103)收敛,以上式右边的正数作一般项的级数也收敛,从而级数(106)在圆 C_R 内绝对且一致收敛. 由此可知乘积(104)表示一个整函数,这个整函数的零点即其因子的零点 a_k.

若有一整函数 $f(z)$ 以 a_k 为零点,则 $f(z):F(z)$ 是没有零点的整函数,即其形式为 $\mathrm{e}^{g(z)}$,从而函数 $f(z)$ 的表示式就是

$$f(z) = \mathrm{e}^{g(z)} \prod_{k=1}^{\infty} \left(1-\frac{z}{a_k}\right) \mathrm{e}^{\frac{z}{a_k}+\frac{1}{2}\left(\frac{z}{a_k}\right)^2+\cdots+\frac{1}{m-1}\left(\frac{z}{a_k}\right)^{m-1}} \tag{107}$$

其中 $g(z)$ 是整函数. 以上我们都假设 $z=0$ 不是函数的零点. 如果 $z=0$ 是 p 重零点的话,则在公式(104)和(107)的右边应该再乘上一个因子 z^p.

今以函数 $\sin z$ 为例,它有单零点 $z=0$ 和 $z=k\pi(k=\pm 1,\pm 2,\cdots)$.

现在 $m=2$,因为级数

$$\sum_{k=-\infty}^{+\infty}{}' \frac{1}{|k\pi|^2}$$

已知为收敛. 引用公式(107)再乘上因子 z,即得

$$\sin z = \mathrm{e}^{g(z)} z \prod_{k=-\infty}^{+\infty}{}' \left(1-\frac{z}{k\pi}\right) \mathrm{e}^{\frac{z}{k\pi}}$$

当然,整函数 $g(z)$ 不能由上述一般论证来决定,但[65]中的结果告诉我们这个函数恒等于零.

注意:若 $m=1$,即级数

$$\sum_{k=1}^{\infty} \frac{1}{|a_k|}$$

收敛,则如前可得与式(107)相当的公式

$$f(z) = \mathrm{e}^{g(z)} \prod_{k=1}^{\infty} \left(1-\frac{z}{a_k}\right)$$

以后还有应用公式(104)的例子,这个公式通常称为魏尔斯特拉斯无穷乘积.

有时会遇到一种情形,即当 a_k 已给时,对于任何正整数 m,级数(103)常为发散. 例如当 $a_k=\ln(k+1)(k=1,2,\cdots)$ 时就是. 实际上,以 $[\ln(k+1)]^{-m}$ 为一般项的级数对任何正数 m 发散,因这个级数前面 k 项之和大于

$$\frac{k}{[\ln(k+1)]^m}$$

用洛毕达法则[Ⅰ,66]不难证明当 $k \to \infty$ 时上式的极限为无穷. 当级数(103)对任何正整数 m 发散时我们作无穷乘积

$$\prod_{k=1}^{\infty}\left(1-\frac{z}{a_k}\right)\mathrm{e}^{Q_k(z)} \tag{108}$$

其中

$$Q_k(z)=\frac{z}{a_k}+\frac{z^2}{2a_k^2}+\cdots+\frac{z^{m_k}}{m_k a_k^{m_k}}$$

m_k 与 k 有关. 仿照前面一样的估计可证要使无穷乘积(108)收敛, 只需对于所有的 $R>0$ 级数

$$\sum_{k=1}^{\infty}\left(\frac{R}{|a_k|}\right)^{m_k+1}$$

收敛. 为此目的只需取 $m_k=k-1$. 实际上, 对级数

$$\sum_{k=1}^{\infty}\left(\frac{R}{|a_k|}\right)^k$$

引用柯西判定法[Ⅰ,121], 得到

$$\sqrt[k]{\left(\frac{R}{|a_k|}\right)^k}=\frac{R}{|a_k|} \to 0$$

因此级数确为收敛. 可以证明要使级数收敛只需取 m_k 使满足不等式 $m_k+1 > \ln k$ 就够了.

§70 含参变数的积分

以后我们要遇到一种由含有参变数的积分所定义的函数, 这在[61]中已经见过. 在实变数的情形我们已研究过这种函数, 找出使它有导数的条件, 并且使得微分可以在微分符号之内施行[Ⅱ,84].

现在研究在复变数函数论中类似的问题.

定理 1 当 z 属于以 l 为边界线的闭区域 B, t 属于实轴上的有限区间 $a \leqslant t \leqslant b$ 时, 设 $f(t,z)$ 为两个变数 t 和 z 的连续函数. 又设对于上述区间中任何的 t, $f(t,z)$ 是 z 在闭区域 B 中的正则函数. 则由等式

$$\omega(z)=\int_a^b f(t,z)\mathrm{d}t \tag{109}$$

所定义的函数 $\omega(z)$ 在 B 内部正则,并且在计算它的导数时可以把微分移到积分符号以内去,即

$$\omega'(z) = \int_a^b \frac{\partial f(t,z)}{\partial z} dt \tag{109'}$$

由柯西公式可写

$$f(t,z) = \frac{1}{2\pi i} \int_l \frac{f(t,z')}{z'-z} dz'$$

其中 z 在 B 之内,t 是区间 $a \leqslant t \leqslant b$ 中任意一点. 因此

$$\omega(z) = \int_a^b \left[\frac{1}{2\pi i} \int_l \frac{f(t,z')}{z'-z} dz' \right] dt$$

对连续函数的积分我们可以变更积分的次序[Ⅱ,78,97]

$$\omega(z) = \frac{1}{2\pi i} \int_l \frac{\int_a^b f(t,z') dt}{z'-z} dz'$$

这个公式将 $\omega(z)$ 表示成柯西型积分的形式,故 $\omega(z)$ 为 B 内部的正则函数,其导数由下式决定之[8]

$$\omega'(z) = \frac{1}{2\pi i} \int_l \frac{\int_a^b f(t,z') dt}{(z'-z)^2} dz'$$

再变换积分的次序,可得

$$\omega'(z) = \int_a^b \left[\frac{1}{2\pi i} \int_l \frac{f(t,z')}{(z'-z)^2} dz' \right] dt$$

由柯西公式,上式括号中的积分就是导数 $\frac{\partial f(t,z)}{\partial z}$,因此这个式子就是 (109'),而定理即得证明. 注意:我们可以假设 t 不在实轴上的有限区间 (a,b) 中变动,而是沿任意有限曲线变动. 证明如前不变. 由以上的证明可知在柯西积分的分子中的积分

$$\int_a^b f(t,z') dt$$

是 z' 在 l 上的连续函数,它表示 $\omega(z')$. 实际上,由假设 $f(t,z)$ 是两个变数 t 和 z 的连续函数立刻可知[Ⅱ,80] 这个事实的成立.

现在再来看广义积分. 要证明和前面相似的定理只需再设积分 (109) 一致收敛. 为确定起见我们只看在无限区间 $(a,+\infty)$ 上的积分,但是证明却适用于其他形式的广义积分.

定理 2 当 z 属于闭区域 B 及 $t \geqslant a$ 时,设 $f(t,z)$ 是两个变数 z 和 t 的连续函数. 又设对于任何的 $t \geqslant a$,$f(t,z)$ 是 z 在闭区域 B 中的正则函数,又积分

$$\int_a^\infty f(t,z)\mathrm{d}t$$

关于闭区域 B 中的 z 一致收敛. 则

$$\omega(z) = \int_a^\infty f(t,z)\mathrm{d}t \tag{110}$$

是 B 内部的正则函数,且

$$\omega'(z) = \int_a^\infty \frac{\partial f(t,z)}{\partial z}\mathrm{d}t$$

作一列的函数

$$\omega_n(z) = \int_a^{a_n} f(t,z)\mathrm{d}t$$

其中 a_n 是任意大于 a 而趋于 $+\infty$ 的数列. 由定理 1 知 $\omega_n(z)$ 是 B 内部的正则函数,且

$$\omega'_n(z) = \int_a^{a_n} \frac{\partial f(t,z)}{\partial z}\mathrm{d}t$$

由假设知积分(110)一致收敛,故 $\omega_n(z)$ 一致收敛于式(110)所定义的函数 $\omega(z)$,又由魏尔斯特拉斯定理知 $\omega(z)$ 是 B 内部的正则函数且 $\omega'_n(z) \to \omega'(z)$,即当 a_n 以任何方式趋于 $+\infty$ 时

$$\lim_{n\to\infty} \int_a^{a_n} \frac{\partial f(t,z)}{\partial z}\mathrm{d}t = \omega'(z)$$

由此有

$$\omega'(z) = \int_a^\infty \frac{\partial f(t,z)}{\partial z}\mathrm{d}t$$

其中等式右边的积分确实有意义. 定义证明完毕.

在这个定理的证明中我们也可假设关于 t 的积分是沿着某一无限线路 C,这种广义积分应当了解作沿 C 的有限部分线路的积分的极限. 对于另一种广义积分,其被积分函数 $f(t,z)$ 当 $t \to a$ 时趋于无穷,有和这个定理完全类似的定理.

最后,我们注意对于复函数也成立下面的定理,它给出了一个积分为绝对且一致收敛的充分条件[II,82]:假设关于 t 的积分沿着实轴进行,又当 $t \geqslant a$ 及 z 在闭区域 B 中时不等式 $|f(t,z)| \leqslant \varphi(t)$ 成立,且积分

$$\int_a^\infty \varphi(t)\mathrm{d}t$$

收敛,则积分(110)绝对且一致收敛. 绝对收敛性和当 $f(z,t)$ 是实函数时一样定义.

§71 第二类欧拉积分

考察由第二类欧拉积分所定义的函数

$$\Gamma(z) = \int_0^\infty e^{-t} t^{z-1} dt \tag{111}$$

其中 $t^{z-1} = e^{(z-1)\ln t}$,又正数 t 的对数值应取实数.写这个积分为两部分

$$\Gamma(z) = \int_0^1 e^{-t} t^{z-1} dt + \int_1^\infty e^{-t} t^{z-1} dt \tag{112}$$

先看右边第二项

$$\omega(z) = \int_1^\infty e^{-t} t^{z-1} dt \tag{113}$$

当 $t \geqslant 1$ 时被积函数

$$e^{-t} t^{z-1} = e^{-t+(z-1)\ln t} \tag{114}$$

是 t 和 z 的连续函数,对于任意的 z,且对任何 $t \geqslant 1$ 它是 z 的整函数.假设 z 属于 z 平面上某一有界区域 B,置 $z = x + iy$,以 x_0 记横坐标 x 在闭区域 B 中的最大值.当 $t \geqslant 1$ 时 $\ln t \geqslant 0$,又当 φ 为实数时 $|e^{\varphi i}| = 1$,故当 z 属于 B 时有

$$|e^{-t} t^{z-1}| = |e^{-t+(x-1)\ln t + iy\ln t}| \leqslant e^{-t+(x_0-1)\ln t} = e^{-t} t^{x_0-1}$$

积分

$$\int_1^\infty e^{-t} t^{x_0-1} dt$$

显然收敛[Ⅱ,82],因此积分(113)关于 B 中之 z 一致收敛.因 B 是任意的,由上节定理 2 可知由式(113)所定义的函数 $\omega(z)$ 是整函数,且可在积分符号之内关于 z 微分.

现在再看式(112)的第一项

$$\varphi(z) = \int_0^1 e^{-t} t^{z-1} dt \tag{115}$$

其中被积函数(114)当 $t = 0$ 时可能有不连续点,因为当 $t = 0$ 时 $\ln t = -\infty$.如前,函数(114)的模为

$$e^{-t} t^{x-1}$$

若 $x > 1$,则 $t = 0$ 不是被积函数的不连续点,应用上节定理 1 可证函数(115)当 $x > 1$ 时为正则函数,即在直线 $x = 1$ 的右边为正则函数.现在我们证明它在虚轴的右边为正则.实际上,任取位于虚轴右边的一个有界区域 B.设 x_1 为闭区

域 B 中点的横坐标的最小值. 若闭区域 B 在虚轴的右边,则 $x_1 > 0$. 当 $t \leqslant 1$ 时 $\ln t \leqslant 0$, 故当 z 属于 B 时

$$| e^{-t} t^{z-1} | \leqslant e^{-t} t^{x_1-1}$$

但是当 $x_1 > 0$ 时积分

$$\int_0^1 e^{-t} t^{x_1-1} dt$$

收敛,因此如前可知函数(115)在虚轴右边为正则,且可在积分符号之内关于 z 微分. 合并这两个结果,可知公式(111)定义虚轴右边的正则函数 $\Gamma(z)$.

我们现在要把 $\Gamma(z)$ 解析延拓到虚轴左边去,然后证明它是半纯函数,以

$$z = 0, -1, -2, \cdots \tag{116}$$

为单极点. 因为式(112)的第二项是整函数,我们只需研究函数(115).

函数 e^{-t} 在有限区间 $0 \leqslant t \leqslant 1$ 上可展开为一致收敛级数

$$e^{-t} = \sum_{n=0}^{\infty} (-1)^n \frac{t^n}{n!}$$

其中依照常规设 $0! = 1$. 以 t^{z-1} 乘上式两边,然后在区间 $(0,1)$ 上逐项积分,得

$$\int_0^1 e^{-t} t^{z-1} dt = \sum_{n=0}^{\infty} \frac{(-1)^n}{n!} \left[\frac{t^{n+z}}{n+z} \right]_{t=0}^{t=1}$$

我们假设 z 位于虚轴的右边,故 $n+z$ 的实数部分为正,当 $t=0$ 时有 $t^{n+z}=0$, 即

$$\int_0^1 e^{-t} t^{z-1} dt = \sum_{n=0}^{\infty} \frac{(-1)^n}{n!} \frac{1}{z+n}$$

这样,在虚轴的右边 $\Gamma(z)$ 可表示如下

$$\Gamma(z) = \sum_{n=0}^{\infty} \frac{(-1)^n}{n!} \frac{1}{z+n} + \int_1^{\infty} e^{-t} t^{z-1} dt \tag{117}$$

上式右边无穷级数的一般项的分母中有 $n!$,因此,如果除去其中有限个在这个区域中有极点的项不要的话,这个级数在任何有界平面区域中绝对且一致收敛. 所以这个无穷级数定义一半纯函数,以(116)中各点为单极点,且在极点 $z = -n$ 的留数等于 $\frac{(-1)^n}{n!}$. 又式(117)右边第二项已知为整函数,这样,公式(111)只在虚轴右边所定义的函数 $\Gamma(z)$ 被公式(117)解析延拓到全部 z 平面上去,使 $\Gamma(z)$ 成为一个半纯函数,以(116)中各点为单极点,且在极点 $z = -n$ 的留数等于 $\frac{(-1)^n}{n!}$. 当 z 为正整数时 $\Gamma(z)$ 的值容易知道. 设 $z = n+1, n$ 为正整数,则由[Ⅱ,81]有

$$\Gamma(n+1)=\int_0^\infty e^{-t}t^n dt=n!$$

及

$$\Gamma(1)=\int_0^\infty e^{-t}dt=1$$

所以当 z 为正整数时 $\Gamma(z)$ 的值就是整数的阶乘

$$\Gamma(1)=1, \Gamma(n+1)=n! \quad (n=1,2,3,\cdots) \tag{118}$$

现在再说明函数 $\Gamma(z)$ 的几个基本性质. 设 $z>0$, 并进行分部积分, 可得

$$\Gamma(z+1)=\int_0^\infty e^{-t}t^n dt=\left[-e^{-t}t^z\right]\Big|_{t=0}^{t=\infty}+z\int_0^\infty e^{-t}t^{z-1}dt$$

即

$$\Gamma(z+1)=z\Gamma(z) \tag{119}$$

我们只在正实轴上证明了这个等式, 但若两个解析函数在某一曲线上全同, 则必处处全同[18], 因此知道式(119)对于所有的 z 都成立. 设 n 为正整数, 连续应用式(119)可得更一般的等式

$$\Gamma(z+n)=(z+n-1)(z+n-2)\cdots(z+1)z\Gamma(z) \tag{120}$$

这个式子也对于所有的 z 都成立.

现在假设 z 是在实轴上线段 $(0,1)$ 的内部. 回到式(111), 且借 $t=u^2$ 引进另一积分变数 u 以代 t, 则得

$$\Gamma(z)=2\int_0^\infty e^{-u^2}u^{2z-1}du$$

改 z 为 $1-z$, 可写

$$\Gamma(1-z)=2\int_0^\infty e^{-v^2}v^{1-2z}dv$$

将上两式相乘, 得

$$\Gamma(z)\Gamma(1-z)=4\int_0^\infty\int_0^\infty e^{-(u^2+v^2)}\left(\frac{u}{v}\right)^{2z-1}du dv \tag{121}$$

上式右边的积分可以看作 (u,v) 平面上的二重积分, 其积分区域为第一象限, 即平面中 $u>0$ 和 $v>0$ 的区域. 在 (u,v) 平面中引进极坐标

$$u=\rho\cos\varphi, v=\rho\sin\varphi$$

式(121)可以改写为

$$\Gamma(z)\Gamma(1-z)=4\int_0^\infty\int_0^{\frac{\pi}{2}} e^{-\rho^2}\cot^{2z-1}\varphi\rho d\rho d\varphi$$

其中关于 ρ 的积分从 0 到 ∞, 关于 φ 从 0 到 $\frac{\pi}{2}$, 即

$$\Gamma(z)\Gamma(1-z) = 4\int_0^{\frac{\pi}{2}} \cot^{2z-1}\varphi\,d\varphi \int_0^\infty e^{-\rho^2}\rho\,d\rho$$

易见

$$\int_0^\infty e^{-\rho^2}\rho\,d\rho = \frac{1}{2}$$

从而

$$\Gamma(z)\Gamma(1-z) = 2\int_0^{\frac{\pi}{2}} \cot^{2z-1}\varphi\,d\varphi$$

借下式引进另一变数 x

$$\varphi = \operatorname{arccot}\sqrt{x},\, d\varphi = \frac{-dx}{2\sqrt{x}(1+x)}$$

以上的结果现在可改写为

$$\Gamma(z)\Gamma(1-z) = \int_0^\infty \frac{x^{z-1}}{1+x}dx$$

但我们已知右边的积分等于 $\dfrac{\pi}{\sin\pi z}$[62],因此得到下面的公式

$$\Gamma(z)\Gamma(1-z) = \frac{\pi}{\sin\pi z} \tag{122}$$

我们只证明了当 z 属于实轴上的线段 $(0,1)$ 时上式成立,但是应用解析延拓的原理可知这个式子对于所有的 z 都成立.

当 z 为任意实数时我们如要计算 $\Gamma(z)$ 的值,只需利用公式(120)就可把问题化为计算在线段 $(0,1)$ 中某一点 $\Gamma(z)$ 的数值. 再由公式(122)我们只需计算在线段 $\left(0,\dfrac{1}{2}\right)$ 中某一点 $\Gamma(z)$ 的值就行了. 于式(122)中置 $z=\dfrac{1}{2}$,得

$$\Gamma\left(\frac{1}{2}\right) = \int_0^\infty e^{-t} t^{-\frac{1}{2}}\,dt = \sqrt{\pi} \tag{123}$$

§72 第一类欧拉积分

第一类欧拉积分的形式如下

$$B(p,q) = \int_0^1 x^{p-1}(1-x)^{q-1}\,dx \tag{124}$$

如在积分(111)中一样,我们假设 p 和 q 的实数部分大于零,又

$$x^{p-1}(1-x)^{q-1} = e^{(p-1)\ln x + (q-1)\ln(1-x)}$$

其中对数取实值.

借 $t=1-x$ 引进变数 t 以代 x,由(124)有
$$B(p,q) = \int_0^1 t^{q-1}(1-t)^{p-1}dt$$
即
$$B(p,q) = B(q,p) \tag{125}$$

还有一个公式说明函数 $B(p,q)$ 的基本性质. 将式(124)右边进行分部积分,得
$$\int_0^1 x^{p-1}(1-x)^{q-1}dx = \left[\frac{x^p(1-x)^q}{p}\right]\Big|_{x=0}^{x=1} + \frac{q}{p}\int_0^1 x^p(1-x)^{q-1}dx$$

由前面关于 p 和 q 的假设易见上式右边积分以外的项等于零,因而得到函数 $B(p,q)$ 所应满足的性质
$$B(p,q+1) = \frac{q}{p}B(p+1,q) \tag{126}$$

现在再看函数 $B(p,q)$ 和函数(111)间的关系. 利用和前节一样的变换可写乘积 $\Gamma(p)\Gamma(q)$ 为
$$\Gamma(p)\Gamma(q) = 4\int_0^\infty\int_0^\infty e^{-(u^2+v^2)}u^{2p-1}v^{2q-1}dudv$$

改用极坐标,有
$$\Gamma(p)\Gamma(q) = 4\int_0^\infty e^{-\rho^2}\rho^{2(p+q)-1}d\rho\int_0^{\frac{\pi}{2}}\cos^{2p-1}\varphi\sin^{2q-1}\varphi d\varphi$$

以另一变数 $t=\rho^2$ 代 ρ,可写
$$\int_0^\infty e^{-\rho^2}\rho^{2(p+q)-1}d\rho = \frac{1}{2}\int_0^\infty e^{-t}t^{p+q-1}dt = \frac{1}{2}\Gamma(p+q)$$

因此
$$\Gamma(p)\Gamma(q) = 2\Gamma(p+q)\int_0^{\frac{\pi}{2}}\cos^{2p-1}\varphi\sin^{2q-1}\varphi d\varphi$$

再引进变数 $x=\cos^2\varphi$ 代替 φ,上之关系变成
$$\Gamma(p)\Gamma(q) = \Gamma(p+q)\int_0^1 x^{p-1}(1-x)^{q-1}dx$$

由此可用函数 $\Gamma(z)$ 来表示函数 $B(p,q)$
$$B(p,q) = \frac{\Gamma(p)\Gamma(q)}{\Gamma(p+q)} \tag{127}$$

§73 函数 $[\Gamma(z)]^{-1}$ 的无穷乘积表示

回到公式(111),这是函数 $\Gamma(z)$ 的基本定义式. 为简单起见设 $z>0$. 我们知道乘数 e^{-t} 有下之极限表示[I,38]

$$e^{-t} = \lim_{n\to\infty}\left(1-\frac{t}{n}\right)^n$$

改区间 $(0,+\infty)$ 为有限线段 $(0,n)$,可得积分

$$P_n(z) = \int_0^n \left(1-\frac{t}{n}\right)^n t^{z-1}\,dt \tag{128}$$

我们希望当 $n\to\infty$ 时上之积分以式(111)右边的积分为极限. 在这一节最后可以证明这个事实,现在我们先用它导出一些推论来.

借 $t=n\tau$ 引进变数 τ 以代 t,可将式(128)改写为

$$P_n(z) = n^z \int_0^1 (1-\tau)^n \tau^{z-1}\,d\tau \tag{129}$$

假设 $n\to\infty$ 时只取正整数值,进行分部积分,可得

$$\int_0^1 (1-\tau)^n \tau^{z-1}\,d\tau = \left[\frac{1}{z}\tau^z(1-\tau)^n\right]\Big|_{\tau=0}^{\tau=1} + \frac{n}{z}\int_0^1 (1-\tau)^{n-1}\tau^z\,d\tau$$

因为积分出来的项等于零,故有

$$\int_0^1 (1-\tau)^n \tau^{z-1}\,d\tau = \frac{n}{z}\int_0^1 (1-\tau)^{n-1}\tau^z\,d\tau = \frac{n}{z(z+1)}\int_0^1 (1-\tau)^{n-1}\,d\tau^{z+1}$$

再进行分部积分,如前一样可得

$$\int_0^1 (1-\tau)^n \tau^{z-1}\,d\tau = \frac{n(n-1)}{z(z+1)}\int_0^1 (1-\tau)^{n-2}\tau^{z+1}\,d\tau$$

一般地,积分(129)可写成

$$n^z \int_0^1 (1-\tau)^n \tau^{z-1}\,d\tau = \frac{1\cdot 2\cdots n}{z(z+1)\cdots(z+n)} n^z$$

当 $n\to\infty$ 时上式左边的极限为 $\Gamma(z)$,所以

$$\Gamma(z) = \lim_{n\to\infty}\frac{1\cdot 2\cdots n}{z(z+1)\cdots(z+n)} n^z \tag{130}$$

或

$$\frac{1}{\Gamma(z)} = \lim_{n\to\infty}\frac{z(z+1)\cdots(z+n)}{1\cdot 2\cdots n} n^{-z} \quad (n^{-z} = e^{-z\ln n}) \tag{131}$$

则上式右边乘除 $e^{z\left(1+\frac{1}{2}+\cdots+\frac{1}{n}\right)}$,可得

$$\frac{1}{\Gamma(z)} = \lim_{n\to\infty} \left\{ e^{z\left(1+\frac{1}{2}+\frac{1}{3}+\cdots+\frac{1}{n}-\ln n\right)} z \frac{z+1}{2} \frac{z+2}{2} \cdots \frac{z+n}{n} e^{-z\left(1+\frac{1}{2}+\frac{1}{3}+\cdots+\frac{1}{n}\right)} \right\}$$

或

$$\frac{1}{\Gamma(z)} = \lim_{n\to\infty} \left\{ e^{z\left(1+\frac{1}{2}+\frac{1}{3}+\cdots+\frac{1}{n}-\ln n\right)} z \prod_{k=1}^{n} \left(1+\frac{z}{k}\right) e^{-\frac{z}{k}} \right\} \tag{132}$$

当整数 $n \to \infty$ 时上式中的有限乘积变为无穷乘积

$$\prod_{k=1}^{\infty} \left(1+\frac{z}{k}\right) e^{-\frac{z}{k}} \tag{133}$$

这个无穷乘积是依照魏尔斯特拉斯无穷乘积构造的规则[69]作起来的，在我们的情形 $a_k = -k$，级数

$$\sum_{k=1}^{\infty} \frac{1}{k^m}$$

当 $m = 2$ 时收敛．因此式(132)右边最后的有限乘积趋于一定的有限极限值(133)．现在证明变数

$$u_n = 1 + \frac{1}{2} + \frac{1}{3} + \cdots + \frac{1}{n} - \ln n \tag{134}$$

也有一定的极限值．为此只需证明变数

$$v_n = 1 + \frac{1}{2} + \frac{1}{3} + \cdots + \frac{1}{n-1} - \ln n = u_n - \frac{1}{n} \tag{135}$$

有有限极限值，则 u_n 亦必有同一极限值．考察等轴双曲线 $y = \frac{1}{x}$ 在第一象限中的一支．当 $x = k$ 时 $y = \frac{1}{k}$．$\ln n$ 显然表示双曲线之下，Ox 轴之上和两直线 $x = 1$ 与 $x = n$ 之间的面积，而

$$1 + \frac{1}{2} + \frac{1}{3} + \cdots + \frac{1}{n-1}$$

则表示许多底长为 1，高度依次为 $1, \frac{1}{2}, \frac{1}{3}, \cdots, \frac{1}{n-1}$ 的长方形面积之和，每一长方形必跨越双曲线的两边，如图 64 所示．由此可知差数(135)随 n 的增加而增加．但是另一方面，如果以相同的底而高度依次为 $\frac{1}{2}, \frac{1}{3}, \cdots, \frac{1}{n}$ 作许多长方形，则它们都在 Ox 之上且在双曲线之下，这两组长方形面积之差为

$$\left(1 - \frac{1}{2}\right) + \left(\frac{1}{2} - \frac{1}{3}\right) + \cdots + \left(\frac{1}{n-1} - \frac{1}{n}\right) = 1 - \frac{1}{n}$$

易见差数(135)常小于差数 $1 - \frac{1}{n}$．这样 v_n 就是单调增加而有上界的变数，故必

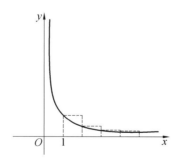

图 64

有极限值 C，我们通常称 C 为欧拉常数，其值准确到小数第七位为
$$C = 0.577\,215\,7\cdots \tag{136}$$

最后由式(132)有
$$\frac{1}{\Gamma(z)} = e^{Cz} z \prod_{k=1}^{\infty}\left(1 + \frac{z}{k}\right) e^{-\frac{z}{k}} \tag{137}$$

上式右边是 z 的整函数，以 $z = 0, -1, -2, \cdots$ 为单零点. 公式(137)只当 z 在正实轴上的时候已经证明了，但由解析延拓的基本原理可知它对于所有的 z 都成立. 因此函数 $\dfrac{1}{\Gamma(z)}$ 是整函数，式(137)是它的无穷乘积表示式.

因为 $\dfrac{1}{\Gamma(z)}$ 是整函数，所以函数 $\Gamma(z)$ 没有零点. 利用无穷乘积(137)很容易可以证明[71]中的公式(122). 实际上，由式(137)有
$$\frac{1}{\Gamma(z)\Gamma(-z)} = -z^2 \prod_{k=1}^{\infty}\left(1 - \frac{z^2}{k^2}\right)$$

或由[67]中的式(93)
$$\frac{1}{\Gamma(z)\Gamma(-z)} = -\frac{z\sin\pi z}{\pi}$$

再于式(119)中改 z 为 $-z$，可得
$$\Gamma(-z) = -\frac{\Gamma(1-z)}{z}$$

将 $\Gamma(-z)$ 代入前式，即得公式(122)
$$\Gamma(z)\Gamma(1-z) = \frac{\pi}{\sin\pi z}$$

剩下来还要证明当整数 $n \to \infty$ 时积分(128)的极限值是积分(111). 这时我们不妨假定 $z > 0$ 来证明. 首先，估计差数
$$e^{-t} - \left(1 - \frac{t}{n}\right)^n$$

易见函数
$$-e^v\left(1-\frac{v}{n}\right)^n$$
是函数
$$e^v\left(1-\frac{v}{n}\right)^{n-1}\frac{v}{n}$$
的原函数,因此
$$1-e^t\left(1-\frac{t}{n}\right)^n = \int_0^t e^v\left(1-\frac{v}{n}\right)^{n-1}\frac{v}{n}dv$$

若 $0<t<n$,则被积函数为正,从而上式左边亦为正.在积分符号之内改 e^v 为 e^t,改 $\left(1-\frac{v}{n}\right)^{n-1}$ 为 1,则得

$$0 < 1-e^t\left(1-\frac{t}{n}\right)^n < e^t\frac{t^2}{2n}$$

或

$$0 < e^{-t} - \left(1-\frac{t}{n}\right)^n < \frac{t^2}{2n} \qquad (138)$$

作两个函数 $\Gamma(z)$ 和 $P_n(z)$ 之差

$$\Gamma(z) - P_n(z) = \int_0^n \left[e^{-t} - \left(1-\frac{t}{n}\right)^n\right]t^{z-1}dt + \int_n^\infty e^{-t}t^{z-1}dt \qquad (139)$$

因积分

$$\int_0^\infty e^{-t}t^{z-1}dt$$

收敛,故当 $n \to \infty$ 时式(139)右边第二项的极限为零.剩下来要证明当 $n \to \infty$ 时第一项的极限也是零.对于任一已给小正数 ε 有固定的正整数 $n = n_0$,使得

$$\int_{n_0}^\infty e^{-t}t^{z-1}dt < \frac{\varepsilon}{2}$$

我们可以改写式(139)的第一个积分为

$$\int_0^n \left[e^{-t}-\left(1-\frac{t}{n}\right)^n\right]t^{z-1}dt = \int_0^{n_0}\left[e^{-t}-\left(1-\frac{t}{n}\right)^n\right]t^{z-1}dt + \int_{n_0}^n\left[e^{-t}-\left(1-\frac{t}{n}\right)^n\right]t^{z-1}dt$$

由式(138)有

$$0 < \int_0^n\left[e^{-t}-\left(1-\frac{t}{n}\right)^n\right]t^{z-1}dt < \frac{1}{2n}\int_0^{n_0}t^{z+1}dt + \int_{n_0}^n e^{-t}t^{z-1}dt$$

这里右边第二个积分之内略去 $-\left(1-\frac{t}{n}\right)^n$,所以结果要大一些.因为在这一积

分中被积函数为正,故将积分区间放长,可得

$$0 < \int_0^n \left[e^{-t} - \left(1 - \frac{t}{n}\right)^n \right] t^{z-1} dt < \frac{1}{2n} \int_0^{n_0} t^{z+1} dt + \int_{n_0}^\infty e^{-t} t^{z-1} dt$$

取 n 甚大可使右边第一项也小于 $\frac{\varepsilon}{2}$,因此对于所有足够大的 n 下式成立

$$0 < \int_0^n \left[e^{-t} - \left(1 - \frac{t}{n}\right)^n \right] t^{z-1} dt < \varepsilon$$

因为 ε 可以任意小,式(139)第一个积分的极限也是零. 所以

$$\Gamma(z) = \lim_{n \to \infty} \int_0^n \left(1 - \frac{t}{n}\right)^n t^{z-1} dt \tag{140}$$

注意这个公式的几个推论. 取式(137)两边的对数导数

$$\frac{d}{dz} \ln \Gamma(z) = -C - \frac{1}{z} + z \sum_{k=1}^\infty \frac{1}{k(z+k)} \tag{141}$$

再微分一次

$$\frac{d^2}{dz^2} \ln \Gamma(z) = \sum_{k=0}^\infty \frac{1}{(z+k)^2} \tag{142}$$

利用式(130)还可以证明所谓的加倍公式

$$2^{2z-1} \Gamma(z) \Gamma\left(z + \frac{1}{2}\right) = \sqrt{\pi}\, \Gamma(2z) \tag{143}$$

利用式(130)将 $\Gamma(z)$ 和 $\Gamma\left(z + \frac{1}{2}\right)$ 写成极限形式,又将 $\Gamma(2z)$ 也写成极限形式,但改其中的 n 为 $2n$,则得

$$\frac{2^{2z-1} \Gamma(z) \Gamma\left(z + \frac{1}{2}\right)}{\Gamma(2z)} =$$

$$\lim_{n \to \infty} \frac{2^{2z-1} (n!)^2 \, 2z(2z+1) \cdots (2z+2n)}{2n! \; z\left(z + \frac{1}{2}\right)(z+1)\left(z + \frac{3}{2}\right) \cdots (z+n)\left(z+n+\frac{1}{2}\right)} \cdot \frac{n^{2z+\frac{1}{2}}}{(2n)^{2z}}$$

或

$$\frac{2^{2z-1} \Gamma(z) \Gamma\left(z + \frac{1}{2}\right)}{\Gamma(2z)} = \lim_{n \to \infty} \frac{2^{n-1} (n!)^2}{2n! \sqrt{n}} \lim_{n \to \infty} \frac{n}{2z + 2n + 1} \tag{144}$$

但

$$\lim_{n \to \infty} \frac{n}{2z + 2n + 1} = \frac{1}{2}$$

因此式(144)左边也和 z 无关. 置 $z = \frac{1}{2}$,得

$$\frac{2^{2z-1}\Gamma(z)\Gamma\left(z+\frac{1}{2}\right)}{\Gamma(2z)}=\Gamma\left(\frac{1}{2}\right)=\sqrt{\pi}$$

这就证明了式(143). 完全一样, 可以证明下面的更一般的公式

$$\Gamma(z)\Gamma\left(z+\frac{1}{m}\right)\Gamma\left(z+\frac{2}{m}\right)\cdots\Gamma\left(z+\frac{m-1}{m}\right)= \\ (2\pi)^{\frac{1}{2}(m-1)}n^{\frac{1}{2}-mz}\Gamma(mz) \tag{145}$$

§74 $\Gamma(z)$ 的路积分表示式

我们现在证明对于所有的 z 函数 $\Gamma(z)$ 可以用一个路积分来表示. 若 z 位于虚轴右边, 则有

$$\Gamma(z)=\int_0^\infty \mathrm{e}^{-t}t^{z-1}\mathrm{d}t \tag{146}$$

把被积函数

$$\mathrm{e}^{-t}t^{z-1}=\mathrm{e}^{-t}\mathrm{e}^{(z-1)\ln t} \tag{147}$$

看作复变数 t 的函数. 这个函数以 $t=0$ 为支点. 在 t 平面上沿正实轴作割线, 在这样被割后的 t 平面中函数(147)为单值, 这时我们设 $\ln t$ 在割线的上岸取实数值, 即在这个岸上 $\arg t=0$. 现在不看割线上岸的积分而看如图 65 所示的线路 l 上的积分. 这条线路从 $+\infty$ 出发, 绕过原点, 然后又回到 $+\infty$ 去. 由柯西定理我们可以将线路 l 任意变形, 只要不碰到奇异点 $t=0$, 并且维持它的两端点于 $+\infty$, 则积分

$$\int_l \mathrm{e}^{-t}t^{z-1}\mathrm{d}t \quad (t^{z-1}=\mathrm{e}^{(z-1)\ln t}) \tag{148}$$

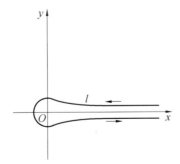

图 65

的值不变. 现在说明积分(148)和函数 $\Gamma(z)$ 的关系, 但假设 z 位于虚轴的右边. 将 l 连续变形, 我们可以使它变为由下面三部分所构成的线路: (1) 割线上岸的线段 $(+\infty, \varepsilon)$; (2) 以 $z=0$ 为中心, 半径等于 ε 的圆周 λ_ε; (3) 割线下岸的线段 $(\varepsilon, +\infty)$, 在割线的上岸被积函数(147)中的 $\ln t$ 取实值. 当 t 从上岸绕到下岸时 $\ln t$ 得到改变量 $2\pi i$, 故在下岸被积函数为

$$e^{(z-1)2\pi i}e^{-t+(z-1)\ln t}$$

其中 $\ln t$ 仍如前取实值. 这样就有

$$\int_l e^{-t}t^{z-1}dt = \int_\infty^\varepsilon e^{-t}t^{z-1}dt + e^{(z-1)2\pi i}\int_\varepsilon^\infty e^{-t}t^{z-1}dt + \int_{\lambda_\varepsilon} e^{-t}t^{z-1}dt \tag{149}$$

其中 ε 为已给正数. 现在证明当 $\varepsilon \to 0$ 时沿 λ_ε 的积分的极限为零. 实际上, 在这个圆周上 $|e^{-t}|$ 有界且和 z 无关, 而 t^{z-1} 可估计如下

$$|t^{z-1}| = e^{(x-1)\ln|t|-y\arg t} = \varepsilon^{x-1}e^{-y\arg t}$$

即当 $x > 1$ 时其绝对值可以无限小, 否则即趋于无限大, 以 $\dfrac{1}{\varepsilon^{1-x}}$ 为阶. 由假设 $x > 0$, 又积分路线的长度为 $2\pi\varepsilon$, 可知这个积分确以零为极限. 故将式(149)取极限, 有

$$(e^{z \cdot 2\pi i} - 1)\int_0^\infty e^{-t}t^{z-1}dt = \int_l e^{-t}t^{z-1}dt$$

或由 $\Gamma(z)$ 的定义有

$$\int_l e^{-t}t^{z-1}dt = (e^{z \cdot 2\pi i} - 1)\Gamma(z) \tag{150}$$

这个式子也可以写成

$$\Gamma(z) = \frac{1}{e^{z \cdot 2\pi i} - 1}\int_l e^{-t}t^{z-1}dt \tag{151}$$

线路 l 不经过原点 $t=0$, 因此我们可以不必限于仅仅考虑虚轴以右的 z. 和在[71]中处理积分(113)一样, 我们可以知道积分(148)是 z 的整函数. 公式(150)只当 z 位于虚轴右边时已经证明了, 但由解析延拓的原理可知它对于所有的 z 都成立. 公式(151)将一半纯函数表示为两个整函数的商. 当 z 取正整数或负整数值时分母 $e^{z \cdot 2\pi i} - 1 = 0$, 其中 $z=0$ 和 z 等于负整数都是 $\Gamma(z)$ 的极点. 若 z 等于正整数, 则被积函数(147)在全 t 平面上为正则单值(即为 t 的整函数), 故由柯西定理, 它沿闭线路 l 的积分等于零, 即当 z 为正整数时式(151)右边的分子和分母同时为零, 故正整数不是 $\Gamma(z)$ 的极点.

在式(150)中改 z 为 $1-z$

$$\int_l e^{-t}t^{-z}dt = (e^{-z \cdot 2\pi i} - 1)\Gamma(1-z) \tag{152}$$

置 $t=\mathrm{e}^{\pi\mathrm{i}}\tau=-\tau$，得

$$\int_l \mathrm{e}^{-t}t^{-z}\mathrm{d}t = -\int_{l'}\mathrm{e}^{\tau}(\mathrm{e}^{\pi\mathrm{i}}\tau)^{-z}\mathrm{d}\tau = -\mathrm{e}^{-z\pi\mathrm{i}}\int_{l'}\mathrm{e}^{\tau}\tau^{-z}\mathrm{d}\tau \tag{153}$$

其中线路 l' 如图 66 所示. τ 平面由 t 平面绕着原点旋转角度 $-\pi$ 而得到. t 平面上沿正实轴的割线变成 τ 平面上沿负实轴的割线，且上岸变为下岸，下岸变为上岸. 在 τ 平面上割线的下岸应有 $\arg(\mathrm{e}^{\pi\mathrm{i}}\tau)=0$，即 $\arg\tau=-\pi$. 将式 (153) 代入式 (152)，再以 $-\mathrm{e}^{\pi z\mathrm{i}}$ 乘等式的两边

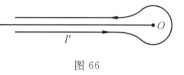

图 66

$$\int_{l'}\mathrm{e}^{\tau}\tau^{-z}\mathrm{d}\tau = (\mathrm{e}^{\pi z\mathrm{i}} - \mathrm{e}^{-\pi z\mathrm{i}})\Gamma(1-z)$$

或

$$\int_{l'}\mathrm{e}^{\tau}\tau^{-z}\mathrm{d}\tau = 2\mathrm{i}\sin\pi z\,\Gamma(1-z)$$

再利用式 (122)，即得 $\Gamma(z)^{-1}$ 的路积分表示式

$$\frac{1}{\Gamma(z)} = \frac{1}{2\pi\mathrm{i}}\int_{l'}\mathrm{e}^{\tau}\tau^{-z}\mathrm{d}\tau \tag{154}$$

§75 斯特林公式

在这一节里面我们要求当 z 取甚大的正值时函数 $\ln\Gamma(z)$ 的近似式. 首先，证明一个公式，它确定一个函数的积分和这个函数在若干等距离点的值的和之间的关系.

设 $f(x)$ 当 $x\geqslant 0$ 时有定义，且有连续的导数. 设 n 和 k 都是非负整数，$k\leqslant n$，则可写

$$f(n) - f(k) = \int_k^n f'(x)\mathrm{d}x$$

关于 k 从 0 到 n 相加，得

$$(n+1)f(n) - \sum_{k=0}^n f(k) = \sum_{k=0}^n \int_k^n f'(x)\mathrm{d}x \tag{155}$$

右边可展开而写成

$$\sum_{k=0}^n \int_k^n f'(x)\mathrm{d}x = \int_0^n f'(x)\mathrm{d}x + \int_1^n f'(x)\mathrm{d}x + \cdots + \int_{n-1}^n f'(x)\mathrm{d}x + \int_n^n f'(x)\mathrm{d}x$$

其中最后一项显然等于零. 若 m 为小于 n 的非负整数，则上式中在区间 $(m,m+$

1) 上的积分出现 $m+1$ 次,故式(155) 可以写为

$$(n+1)f(n) - \sum_{k=0}^{n} f(k) = \int_0^n \{[x]+1\} f'(x) \mathrm{d}x \tag{156}$$

这里$[x]$表示正数 x 的整数部分. 在区间$(m, m+1)$内部$[x]=m, [m]=m$,现在考虑函数

$$P(x) = [x] - x$$

这是 x 的分数部分的负值. 若 x 得到改变量 1,则 $[x]$ 也得到改变量 1,故 $P(x)$ 的值不变,即 $P(x)$ 以 1 为周期. 函数 $P(x)$ 只在 $x \geqslant 0$ 时已有定义,但是我们显然可以利用它的周期性把它的定义域拓广到 $x < 0$ 上去. 如[II,142]所知,$P(x)$ 在长度为 1 的任何区间上的积分常有定值,它和区间的位置无关. 这个定值即所谓周期函数的平均值. 在区间$(0,1)$的内部 $P(x) = -x$,因此 $P(x)$ 的平均值是

$$\int_0^1 P(x) \mathrm{d}x = -\int_0^1 x \mathrm{d}x = -\frac{1}{2}$$

再作另一周期为 1 的函数

$$P_1(x) = [x] - x + \frac{1}{2} \tag{157}$$

这个函数的平均值等于零,其图形如图 67 所示. 将式(157)中的$[x]$代入式(156)的积分中

$$(n+1)f(n) - \sum_{k=0}^{n} f(k) = \int_0^n \left\{ x + \frac{1}{2} + P_1(x) \right\} f'(x) \mathrm{d}x \tag{158}$$

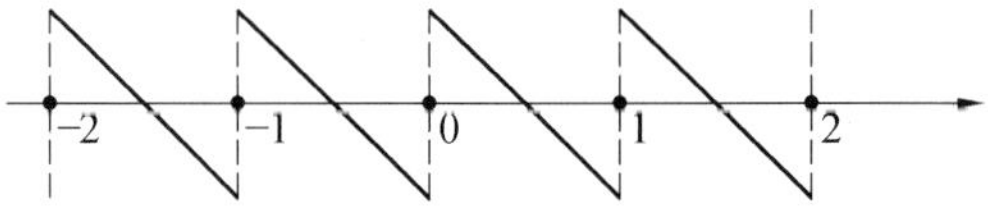

图 67

易见

$$\int_0^n \frac{1}{2} f'(x) \mathrm{d}x = \frac{1}{2}[f(n) - f(0)]$$

进行分部积分,得

$$\int_0^n x f'(x) \mathrm{d}x = n f(n) - \int_0^n f(x) \mathrm{d}x$$

代入式(158),即得下面的公式

$$\sum_{k=0}^{n} f(k) = \int_0^n f(x) \mathrm{d}x + \frac{1}{2}[f(n)+f(0)] - \int_0^n P_1(x) f'(x) \mathrm{d}x \tag{159}$$

它表示函数 $f(x)$ 的诸值 $f(k)$ 和 $f(x)$ 的积分之间的关系.

现在取 $f(x)$ 为
$$f(x) = \ln(z+x)$$
其中 z 是正数,对数取实值. 代入式(159)后,再整理等式右边,得
$$\sum_{k=0}^{n} \ln(z+k) = \left(z+n+\frac{1}{2}\right)\ln(z+n) - \left(z-\frac{1}{2}\right)\ln z - n - \int_0^n \frac{P_1(x)}{z+x}\mathrm{d}x$$
以 $z=1$ 代入,得到另一等式,从上式每项减去这个等式的对应项,然后再从等号的两边都减去 $(z-1)\ln n$ 得
$$\sum_{k=0}^{n} \ln\frac{z+k}{1+k} - (z-1)\ln n = (z-1)\ln\left(1+\frac{z}{n}\right) + \frac{1}{2}\ln\left(1+\frac{z-1}{1+n}\right) +$$
$$(1+n)\ln\left(1+\frac{z-1}{1+n}\right) - \left(z-\frac{1}{2}\right)\ln z -$$
$$\int_0^n \frac{P_1(x)}{z+x}\mathrm{d}x + \int_0^n \frac{P_1(x)}{1+x}\mathrm{d}x$$
当 $n \to \infty$ 时右边前两项的极限为零,第三项的极限为[Ⅰ,38]
$$\lim_{n \to \infty}(1+n)\ln\left(1+\frac{z-1}{1+n}\right) = \lim_{n \to \infty}\ln\left(1+\frac{z-1}{1+n}\right)^{1+n} = \ln \mathrm{e}^{z-1} = z-1$$
因此可写
$$\lim_{n \to \infty}\ln\left[\frac{z(z+1)\cdots(z+n)}{1 \cdot 2 \cdot \cdots \cdot n}n^{-z} \cdot \frac{n}{n+1}\right] =$$
$$(z-1) + \left(\frac{1}{2}-z\right)\ln z - \int_0^{\infty} \frac{P_1(x)}{z+x}\mathrm{d}x + \int_0^{\infty} \frac{P_1(x)}{1+x}\mathrm{d}x$$
或[73]
$$\ln \Gamma(z) = \left(z-\frac{1}{2}\right)\ln z - z + 1 - \int_0^{\infty} \frac{P_1(x)}{1+x}\mathrm{d}x + \int_0^{\infty} \frac{P_1(x)}{z+x}\mathrm{d}x \quad (160)$$
再考虑函数
$$Q(x) = \int_0^x P_1(x)\mathrm{d}x \quad (161)$$
因为 $P_1(x)$ 的平均值等于零,故函数 $Q(x)$ 是周期为 1 的连续函数,且 $Q(0)=0$. 这个函数的绝对值亦为有界. 若 $0 \leqslant x < 1$,则 $[x]=0$,由式(157)有
$$Q(x) = \int_0^x \left(\frac{1}{2}-x\right)\mathrm{d}x = \frac{x}{2} - \frac{x^2}{2} \quad (0 \leqslant x \leqslant 1)$$
由此有
$$0 \leqslant Q(x) \leqslant \frac{1}{8} \quad (162)$$
进行分部积分,得
$$\int_0^{\infty} \frac{P_1(x)}{z+x}\mathrm{d}x = \int_0^{\infty} \frac{Q'(x)}{z+x}\mathrm{d}x = \int_0^{\infty} \frac{Q(x)}{(z+x)^2}\mathrm{d}x + \left[\frac{Q(x)}{z+x}\right]\bigg|_{x=0}^{x=\infty} =$$

$$\int_0^\infty \frac{Q(x)}{(z+x)^2}\mathrm{d}x \tag{163}$$

其中积分出来的项当 $x=0$ 和 $x=\infty$ 时都等于零.

由式(163)可知等式左边的积分确有意义[参看Ⅱ,83]. 现在借关系 $x=zt$ 引进变数 t 以代 x,则

$$\int_0^\infty \frac{P_1(x)}{z+x}\mathrm{d}x = \frac{1}{z}\int_0^\infty \frac{Q(zt)}{(1+t)^2}\mathrm{d}t \tag{164}$$

由式(162)有

$$\left|\int_0^\infty \frac{P_1(x)}{z+x}\mathrm{d}x\right| \leqslant \frac{1}{z}\int_0^\infty \frac{Q(zt)}{(1+t)^2}\mathrm{d}t \leqslant \frac{1}{8z}\int_0^\infty \frac{\mathrm{d}t}{(1+t)^2} = \frac{1}{8z}$$

所以当正数 z 无限增大时积分(164)的极限为零,且这个积分和 z 的乘积仍为有界. 这个事实通常记为

$$\int_0^\infty \frac{P_1(x)}{z+x}\mathrm{d}x = O\left(\frac{1}{z}\right)$$

这样式(160)就可写成

$$\ln \Gamma(z) = \left(z-\frac{1}{2}\right)\ln z - z + C + O\left(\frac{1}{z}\right) \tag{165}$$

或

$$\ln \Gamma(z) = \left(z-\frac{1}{2}\right)\ln z - z + C + \omega(z) \tag{166}$$

其中

$$|\omega(z)| \leqslant \frac{1}{8z} \tag{167}$$

又常数 C 表示

$$C = 1 - \int_0^\infty \frac{P_1(x)}{1+x}\mathrm{d}x$$

现在要决定这个常数的值. 为此可借华力斯公式将 $\frac{\pi}{2}$ 表示为一分数式的极限

$$\frac{\pi}{2} = \lim_{n\to\infty} \frac{2^2\cdot 4^2\cdots(2n-2)^2\cdot 2n}{1^2\cdot 3^2\cdots(2n-1)^2} \tag{168}$$

为完备起见,我们将在这一节最后补证华力斯公式.

公式(168)可以改写为

$$\sqrt{\frac{\pi}{2}} = \lim_{n\to\infty} \frac{2^{2n-\frac{1}{2}}(n!)^2 n^{-\frac{1}{2}}}{(2n)!}$$

取对数并记住当 m 为正整数时 $m! = \Gamma(m+1)$,得

$$\lim_{n\to\infty}\left[2\ln\Gamma(n+1)-\ln\Gamma(2n+1)+\left(2n-\frac{1}{2}\right)\ln 2-\frac{1}{2}\ln n\right]=\ln\sqrt{\frac{\pi}{2}}$$

利用公式(165)可以将这个等式改写为

$$\lim_{n\to\infty}\left[(2n+1)\ln(n+1)-\left(2n+\frac{1}{2}\right)\ln(2n+1)-1+C+\right.$$
$$\left.\left(2n-\frac{1}{2}\right)\ln 2-\frac{1}{2}\ln n\right]=\ln\sqrt{\frac{\pi}{2}}$$

或

$$\lim_{n\to\infty}\{2n[\ln(n+1)+\ln 2-\ln(2n+1)]+$$
$$\left[\ln(n+1)-\frac{1}{2}\ln(2n+1)-\frac{1}{2}\ln n\right]+C-1-\frac{1}{2}\ln 2\}=\ln\sqrt{\frac{\pi}{2}}$$

或

$$\lim_{n\to\infty}\left\{\ln\left(1+\frac{1}{2n+1}\right)^{2n}+\frac{1}{2}\ln\frac{(n+1)^2}{n(2n+1)}+C-1-\frac{1}{2}\ln 2\right\}=\ln\sqrt{\frac{\pi}{2}}$$

花括号中第一项的极限为 $\ln e=1$,第二项的极限为 $-\frac{1}{2}\ln 2$,故得等式

$$1-\frac{1}{2}\ln 2+C-1-\frac{1}{2}\ln 2=\ln\sqrt{\frac{\pi}{2}}$$

从而 $C=\ln\sqrt{2\pi}$. 代入式(165),即得斯特林公式

$$\ln\Gamma(z)=\ln\sqrt{2\pi}+\left(z-\frac{1}{2}\right)\ln z-z+\omega(z) \tag{169}$$

除去对数,得

$$\Gamma(z)=\sqrt{2\pi}\,z^{z-\frac{1}{2}}\mathrm{e}^{-z}\varepsilon(z) \tag{170}$$

其中乘数 $\varepsilon(z)=\mathrm{e}^{\omega(z)}$ 当 z 无限增大时极限为1.若 z 等于正整数 m,则以 m 乘等式两边,得

$$m!=\sqrt{2\pi m}\left(\frac{m}{\mathrm{e}}\right)^m\varepsilon_m \tag{171}$$

这里当 $m\to\infty$ 时,$\varepsilon_m\to 1$.

如我们所知,函数 $\Gamma(z)$ 没有零点,又 $\ln\Gamma(z)$ 在具有沿负实轴的割线的 z 平面中为单值正则函数.如果我们用一个以原点为顶点的任意小扇形除去这条割线,则在余下的 z 平面中公式(169)成立.这个事实的证明和我们以上假设 $z>0$ 时证明式(169)完全一样,但是在这有割线的平面中 $\ln z$ 和 $\ln\Gamma(z)$ 的值应如此取法,使得当 $z>0$ 时它们都是实数.

华力斯公式 现在证明前面用过的华力斯公式.我们以前[Ⅰ,100]有过

下面的式子

$$\int_0^{\frac{\pi}{2}} \sin^{2k} x \, dx = \frac{(2k-1)\cdot(2k-3)\cdots 3\cdot 1}{2k\cdot(2k-2)\cdots 4\cdot 2} \cdot \frac{\pi}{2}$$

$$\int_0^{\frac{\pi}{2}} \sin^{2k+1} x \, dx = \frac{2k\cdot(2k-2)\cdots 4\cdot 2}{(2k+1)\cdot(2k-1)\cdots 5\cdot 3}$$

因为当 n 增大时 $\sin^n x$ 减少,故有

$$\int_0^{\frac{\pi}{2}} \sin^{2k+1} x \, dx < \int_0^{\frac{\pi}{2}} \sin^{2k} x \, dx < \int_0^{\frac{\pi}{2}} \sin^{2k-1} x \, dx$$

即

$$\frac{2k\cdot(2k-2)\cdots 4\cdot 2}{(2k+1)\cdot(2k-1)\cdots 5\cdot 3} < \frac{(2k-1)\cdot(2k-3)\cdots 3\cdot 1\cdot \pi}{2k\cdot(2k-2)\cdots 4\cdot 2\cdot 2} < \frac{(2k-2)\cdot(2k-4)\cdots 4\cdot 2}{(2k-1)\cdot(2k-3)\cdots 5\cdot 3}$$

由此改 k 为 n,得

$$\frac{\pi}{2} > \frac{2}{1}\cdot\frac{2}{3}\cdot\frac{4}{3}\cdot\frac{4}{5}\cdots\frac{2n}{2n-1}\cdot\frac{2n}{2n+1}$$

$$\frac{\pi}{2} < \frac{2}{1}\cdot\frac{2}{3}\cdot\frac{4}{3}\cdot\frac{4}{5}\cdots\frac{2n-2}{2n-3}\cdot\frac{2n-2}{2n-1}\cdot\frac{2n}{2n-1}$$

记

$$P_n = \frac{2}{1}\cdot\frac{2}{3}\cdot\frac{4}{3}\cdot\frac{4}{5}\cdots\frac{2n-2}{2n-3}\cdot\frac{2n-2}{2n-1}\cdot\frac{2n}{2n-1}$$

则有

$$P_n \cdot \frac{2n}{2n+1} < \frac{\pi}{2} < P_n$$

当 $n \to \infty$ 时左边的分数以 1 为极限,因此有

$$\lim_{n\to\infty} P_n = \frac{\pi}{2}$$

即华力斯公式.

§76 欧拉求和公式

现在回到前面的公式(159),将该式右边最后一项施行几次分部积分,可以把右边写成展开的形式. 再借式(161)定义周期为 1 的函数 $Q(x)$ 使 $Q'(x) = P_1(x)$. 给 $Q(x)$ 加上一个常数项我们可以使得这个函数的平均值等于零. 变更

所得函数的符号,记之为 $P_2(x)$,则 $P_2(x)$ 是周期为 1 的函数,其平均值等于零,且 $P'_2(x)=-P_1(x)$. 我们知道当 $0\leqslant x<1$ 时 $P_1(x)=-x+\frac{1}{2}$,因此

$$P_2(x)=\frac{x^2}{2}-\frac{x}{2}+C \quad (0\leqslant x<1)$$

常数 C 可由条件

$$\int_0^1 P_2(x)\mathrm{d}x=0$$

来决定,其值为 $\frac{1}{12}$,故

$$P_2(x)=\frac{x^2}{2}-\frac{x}{2}+\frac{1}{12} \quad (0\leqslant x<1)$$

现在 $P_2(0)=P_2(1)=\frac{1}{12}$,因此 $P_2(x)$ 是个连续的周期函数,于是上式就在整个闭区间 $0\leqslant x\leqslant 1$ 中成立. 再下去我们如前一样定义周期为 1,平均值等于零的函数 $P_3(x)$,使得 $P'_3(x)=P_2(x)$. 这个函数在基本区间 $(0,1)$ 中可表示为

$$P_3(x)=\frac{x^3}{6}-\frac{x^2}{4}+\frac{x}{12}$$

继续做下去,我们可以得到一列周期为 1,平均值等于零的函数 $P_n(x)$,满足

$$P'_{2m}(x)=-P_{2m-1}(x), P'_{2m+1}(x)=P_{2m}(x) \tag{172}$$

我们可以把所有这些周期函数展开成傅里叶级数,在每一傅里叶级数中常数项必等于零,因为这些函数的平均值都等于零. 由图 67 显然知道 $P_1(x)$ 是奇函数,用通常的方法求其傅里叶系数,得

$$P_1(x)=\sum_{n=1}^{\infty}\frac{\sin 2n\pi x}{n\pi}$$

同样对于次一函数 $P_2(x)$ 有

$$P_2(x)=\sum_{n=1}^{\infty}\frac{\cos 2n\pi x}{2n^2\pi^2}$$

注意:这一级数可借 $P'_2(x)=-P_1(x)$ 的关系由 $P_1(x)$ 的傅里叶级数变号以后再逐项积分而得到. $P_2(x)$ 的傅里叶级数对所有实的 x 一致收敛. 利用(172)的关系和逐项积分的方法我们可以得到所有的 $P_n(x)$ 的傅里叶级数,其中常数项都应该等于零.

这些级数的形式如下

$$P_{2m}(x)=\sum_{n=1}^{\infty}\frac{\cos 2n\pi x}{2^{2m-1}n^{2m}\pi^{2m}}, P_{2m+1}(x)=\sum_{n=1}^{\infty}\frac{\sin 2n\pi x}{2^{2m}n^{2m+1}\pi^{2m+1}} \tag{173}$$

由这些式子可得

$$P_{2m}(0) = \frac{1}{2^{2m-1}\pi^{2m}} \sum_{n=1}^{\infty} \frac{1}{n^{2m}}, P_{2m+1}(0) = 0$$

为以后计算便利起见，记

$$P_{2m}(0) = \frac{1}{2^{2m-1}\pi^{2m}} \sum_{n=1}^{\infty} \frac{1}{n^{2m}} = \frac{B_m}{(2m)!} \tag{174}$$

其中 B_m 称为伯努利数.

回到式(159)，施行分部积分，并记住

$$P_{2m}(0) = P_{2m}(n) = \frac{B_m}{(2m)!}, P_{2m+1}(0) = P_{2m+1}(n) = 0$$

可得

$$-\int_0^n P_1(x) f'(x) \mathrm{d}x = \int_0^n P'_2(x) f'(x) \mathrm{d}x =$$

$$\frac{B_1}{2!}[f'(n) - f'(0)] - \int_0^n P_2(x) f''(x) \mathrm{d}x =$$

$$\frac{B_1}{2!}[f'(n) - f'(0)] - \int_0^n P'_3(x) f''(x) \mathrm{d}x =$$

$$\frac{B_1}{2!}[f'(n) - f'(0)] + \int_0^n P_3(x) f'''(x) \mathrm{d}x =$$

$$\frac{B_1}{2!}[f'(n) - f'(0)] - \int_0^n P'_4(x) f'''(x) \mathrm{d}x =$$

$$\frac{B_1}{2!}[f'(n) - f'(0)] - \frac{B_2}{4!}[f'''(n) - f'''(0)] +$$

$$\int_0^n P_4(x) f^{(4)}(x) \mathrm{d}x$$

继续做下去，即得欧拉求和公式

$$\sum_{k=0}^{n} f(k) = \int_0^n f(x) \mathrm{d}x + \frac{1}{2}[f(0) + f(n)] + \frac{B_1}{2!}[f'(n) - f'(0)] -$$

$$\frac{B_2}{4!}[f'''(n) - f'''(0)] + \cdots +$$

$$(-1)^m \frac{B_{m+1}}{(2m+2)!}[f^{(2m+1)}(n) - f^{(2m+1)}(0)] +$$

$$(-1)^m \int_0^n P_{2m+3}(x) f^{(2m+3)}(x) \mathrm{d}x \tag{175}$$

在这种演算之中我们当然假设当 $x \geq 0$ 时 $f(x)$ 有直到 $2m+3$ 阶的连续导数.

上式右边最后一项称为欧拉公式中的剩余项. 由式(174)易知当 n 增加时 B_n 增加得很快，而对应的欧拉公式中的无穷级数一般为发散，但有时利用式(175)来计算该式左边的和的近似值却很便利.

把常数 C 的数值代入式(160)中,可得
$$\ln\Gamma(z)=\ln\sqrt{2\pi}+\left(z-\frac{1}{2}\right)\ln z-z+\int_0^\infty \frac{P_1(x)}{z+x}\mathrm{d}x$$

将上式最后一项施行分部积分,记住 $P_n(x)$ 对于所有实的 x 有界,又应用式(174)的记号,可以知道当 $z>0$ 时有

$$\ln\Gamma(z)=\ln\sqrt{2\pi}+\left(z-\frac{1}{2}\right)\ln z-z+\frac{B_1}{1\cdot 2}\cdot\frac{1}{z}-$$
$$\frac{B_2}{3\cdot 4}\cdot\frac{1}{z^3}+\frac{B_3}{5\cdot 6}\cdot\frac{1}{z^5}-\cdots+$$
$$(-1)^{m-1}\frac{B_m}{(2m-1)\cdot 2m}\cdot\frac{1}{z^{2m-1}}+$$
$$(-1)^{m-1}(2m)!\int_0^\infty \frac{P_{2m+1}(x)}{(z+x)^{2m+1}}\mathrm{d}x$$

和上节一样,可以证明上式最后的积分以 z^{2m+1} 乘之,当 $z\to+\infty$ 时仍为有界,即
$$\int_0^\infty \frac{P_{2m+1}(x)}{(z+x)^{2m+1}}\mathrm{d}x=O\left(\frac{1}{z^{2m+1}}\right)$$

而上面的公式就可写成
$$\ln\Gamma(z)=\ln\sqrt{2\pi}+\left(z-\frac{1}{2}\right)\ln z-z+\frac{B_1}{1\cdot 2}\cdot\frac{1}{z}-\frac{B_2}{3\cdot 4}\cdot\frac{1}{z^3}+\cdots+$$
$$(-1)^{m-1}\frac{B_m}{(2m-1)\cdot 2m}\cdot\frac{1}{z^{2m-1}}+O\left(\frac{1}{z^{2m+1}}\right) \tag{176}$$

如果除去上式中的剩余项,而写出对应的无穷级数,则这个级数对所有的 z 发散. 若将 m 固定,则当 $z\to+\infty$ 时剩余项变为 $\frac{1}{z^{2m+1}}$ 阶的无穷小,而其前一项为 $\frac{1}{z^{2m-1}}$ 阶的无穷小.

和式(169)一样,式(176)在整个 z 平面中除去以负实轴为角二等分线的任意小的扇形区域以外的部分都成立. 若 z 为正实数,则可更准确地估计剩余项而下面的公式成立

$$\ln\Gamma(z)=\ln\sqrt{2\pi}+\left(z-\frac{1}{2}\right)\ln z-z+\frac{B_1}{1\cdot 2}\cdot\frac{1}{z}-\frac{B_2}{3\cdot 4}\cdot\frac{1}{z^3}+\cdots+$$
$$(-1)^{m-1}\frac{B_m}{(2m-1)\cdot 2m}\cdot\frac{1}{z^{2m-1}}+\theta_m(-1)^m\frac{B_{m+1}}{(2m+1)(2m+2)}\cdot\frac{1}{z^{2m+1}}$$
$$\tag{$176'$}$$

其中 $0<\theta_m<1$,这个式子暂不拟证明.

§77 伯努利数

我们用下面的等式定义伯努利数

$$B_m = \frac{(2m)!}{2^{2m-1}\pi^{2m}} \sum_{n=1}^{\infty} \frac{1}{n^{2m}} \tag{177}$$

现在我们证明这些数可以用完全初等的办法依次定义起来,并且它们都是有理数。

首先写出 $\cot z$ 的最简分数展开式[65]

$$\cot z = \frac{1}{z} + \sum_{k=-\infty}^{+\infty}{}' \left(\frac{1}{z-k\pi} + \frac{1}{k\pi}\right)$$

或

$$\cot z = \frac{1}{z} + \sum_{k=1}^{\infty} \frac{2z}{z^2 - k^2\pi^2}$$

或由欧拉公式将左边表示为指数函数

$$i\frac{e^{zi} + e^{-zi}}{e^{zi} - e^{-zi}} = \frac{1}{z} + \sum_{k=1}^{\infty} \frac{2z}{z^2 - k^2\pi^2}.$$

置 $z = \frac{u}{2i}$,得

$$\frac{e^{\frac{u}{2}} + e^{-\frac{u}{2}}}{e^{\frac{u}{2}} - e^{-\frac{u}{2}}} = \frac{2}{u} + 4\sum_{k=1}^{\infty} \frac{u}{4k^2\pi^2 + u^2}$$

即

$$\frac{e^u + 1}{e^u - 1} = \frac{2}{u} + 4\sum_{k=1}^{\infty} \frac{u}{4k^2\pi^2 + u^2}$$

或

$$\frac{2}{e^u - 1} + 1 = \frac{2}{u} + 4\sum_{k=1}^{\infty} \frac{u}{4k^2\pi^2 + u^2}$$

这个式子也可改写为

$$\frac{u}{e^u - 1} - 1 + \frac{u}{2} = 2u^2 \sum_{k=1}^{\infty} \frac{1}{4k^2\pi^2 + u^2} \tag{178}$$

又可写

$$\frac{u^2}{4k^2\pi^2 + u^2} = -\sum_{p=1}^{\infty} \left(-\frac{u^2}{4k^2\pi^2}\right)^p \quad (|u| < 2k\pi)$$

代入式(178),得

$$\frac{u}{e^u-1}-1+\frac{u}{2}=-2\sum_{k=1}^{\infty}\left[\sum_{p=1}^{\infty}\left(-\frac{u^2}{4k^2\pi^2}\right)^p\right]$$

应用二重幂级数的魏尔斯特拉斯定理的推论,当 $|u|<2\pi$ 时可将上式右边表示为 u 的正整数幂的幂级数

$$\frac{u}{e^u-1}-1+\frac{u}{2}=2\left[\frac{s_2 u^2}{(2\pi)^2}-\frac{s_4 u^4}{(2\pi)^4}+\frac{s_6 u^6}{(2\pi)^6}-\cdots\right]$$

其中

$$s_p=1+\frac{1}{2^p}+\frac{1}{3^p}+\cdots$$

由式(177)有

$$\frac{u}{e^u-1}=1-\frac{u}{2}+\sum_{m=1}^{\infty}(-1)^{m-1}B_m\frac{u^{2m}}{(2m)!} \tag{179}$$

等式左边的函数有奇异点,其与原点最近的是 $u=\pm 2\pi i$,因此右边的幂级数的收敛圆不是 $|u|<2\pi$. 将左边的分母展开为级数

$$e^u-1=\frac{u}{1!}+\frac{u^2}{2!}+\frac{u^3}{3!}+\cdots$$

再去除 u,然后比较所得的级数和右边的级数,即可决定伯努利数 B_m. 其最前面几个的值如下

$$B_1=\frac{1}{6},B_2=\frac{1}{30},B_3=\frac{1}{42},B_4=\frac{1}{30},B_5=\frac{5}{66},B_6=\frac{691}{2\,730}$$

§78 最速下降法

在以后各节中我们要研究某种形式的路积分的近似计算法. 首先,阐明和正则函数的实数部分与虚数部分的变化有关的几个问题. 假设函数

$$f(z)=u(x,y)+\mathrm{i}v(x,y)$$

在区域 B 中正则. 在 B 中每一使 $f'(z)$ 不等于零的点常存在一定的方向 l,使 $u(x,y)$ 沿这个方向变动得最快. l 即向量 $\mathrm{grad}\,u(x,y)$ 的方向,沿这个方向及其反对方向 $u(x,y)$ 的导数绝对值最大. 又 $u(x,y)$ 沿垂直于 l 的方向 $\boldsymbol{n}$ 的导数显然等于零[Ⅱ,108]. 诸方向 $\boldsymbol{n}$ 所成的向量场决定曲线族 $u(x,y)=\mathrm{const}$,而和它正交的 l 向量场则决定曲线族 $v(x,y)=\mathrm{const}$. 因此我们也可以说:在每一使 $f'(z)$ 不等于零的点 $u(x,y)$ 沿曲线 $v(x,y)=\mathrm{const}$ 变动得最快. 注意:沿这条曲线 $\frac{\partial u}{\partial l}$ 常不等于零. 若在某一点 $\frac{\partial u}{\partial \boldsymbol{n}}$ 和 $\frac{\partial u}{\partial l}$ 同时为零,则在此点函数 u 沿任一方向

的导数亦为零,因此导数 $f'(z)$ 也在这点等于零.

现在研究这些曲线在使 $f'(z)$ 等于零的点 z_0 的邻域中有些什么性质. 在 z_0 的邻域中有

$$f(z) - f(z_0) = (z - z_0)^p [b_0 + b_1(z - z_0) + \cdots] \quad (p \geqslant 2, b_0 \neq 0) \tag{180}$$

记

$$b_\nu = r_\nu e^{i\beta_\nu}, z - z_0 = \rho e^{i\omega} \tag{181}$$

分别置 $f(z) - f(z_0)$ 的实数部分和虚数部分等于零,可得曲线 $u(x,y) = \mathrm{const}$ 和 $v(x,y) = \mathrm{const}$ 在 z_0 的邻域中的方程

$$\begin{aligned}\Phi_1(\rho,\omega) = & r_0 \cos(\beta_0 + p\omega) + r_1 \rho \cos[\beta_1 + (p+1)\omega] + \\ & r_2 \rho^2 \cos[\beta_2 + (p+2)\omega] + \cdots = 0\end{aligned} \tag{182}$$

$$\begin{aligned}\Phi_2(\rho,\omega) = & r_0 \sin(\beta_0 + p\omega) + r_1 \rho \sin[\beta_1 + (p+1)\omega] + \\ & r_2 \rho^2 \sin[\beta_2 + (p+2)\omega] + \cdots = 0\end{aligned} \tag{183}$$

考察方程(182). 当 $\rho = 0$ 时有

$$\cos(\beta_0 + p\omega) = 0$$

即

$$\beta_0 + p\omega = (2m+1)\frac{\pi}{2}$$

其中 m 为任意整数. 置 $m = 0, 1, \cdots, 2p-1$ 可得当 $\rho = 0$ 时方程(182)关于 ω 的全部不同的解

$$\omega_m = -\frac{\beta_0}{p} + \frac{2m+1}{2p}\pi \quad (m = 0, 1, 2, \cdots, 2p-1) \tag{184}$$

易见

$$\left.\frac{\partial \Phi_1}{\partial \omega}\right|_{\rho=0, \omega=\omega_m} \neq 0$$

故由隐函数的存在定理[Ⅰ,159]知方程(182)关于 ω 有 $2p$ 个解,它们都是 ρ 的连续函数,且当 $\rho \to 0$ 时趋向 ω_m,就是说,方程(182)表示从 z_0 出发的 $2p$ 条曲线,它们在这点的切线的倾斜角为 ω_m. 因为 $\omega_{m+p} = \omega_m + \pi$,所以实际上只是 p 条通过 z_0 的曲线而已. 这些曲线分 z_0 的邻域为 $2p$ 个有同一顶角 $\frac{\pi}{p}$ 的弯曲扇形. 在这些扇形的内部交互地成立 $\Phi_1(\rho,\omega) < 0$ 和 $\Phi_1(\rho,\omega) > 0$,即当

$$\frac{\pi}{2} + m\pi < \beta_0 + p\omega < \frac{\pi}{2} + (m+1)\pi$$

时

$$\Phi_1(\rho,\omega)\begin{cases}<0 & (\text{若 } m \text{ 为偶数})\\ >0 & (\text{若 } m \text{ 为奇数})\end{cases}$$

这是因为对于某一对固定的 ω_m 和 ω_{m+1} 之间的 ω，当 ρ 非常接近于零时 $\Phi_1(\rho,\omega)$ 的符号可由式(182)右边的第一项来决定.

同样由方程(183)我们也得到通过 z_0 的 p 条曲线，而这些曲线的切线恰为式(182)所决定的诸扇形顶角的角二等分线.

z_0 称为鞍点，使 $\Phi_1(\rho,\omega)<0$ 的扇形称为负扇形，使 $\Phi_1(\rho,\omega)>0$ 的扇形称为正扇形.

现在考察如下形式的积分

$$I_n = \int_l (z-z_0)^{a-1} F(z) [\varphi(z)]^n dz = \int_l (z-z_0)^{a-1} F(z) e^{nf(z)} dz \quad (185)$$

其中 $F(z),\varphi(z)$ 和 $f(z)=\ln\varphi(z)$ 在 z_0 正则，且 $F(z_0)$ 和 $\varphi(z_0)$ 不等于零，n 为大整数. 假设线路 l 的起点是鞍点 z_0，而终点 z_1 在负扇形之中. 这时 $|e^{nf(z)}|=e^{nu(x,y)}$ 在 z_0 有极大值，而当 n 甚大时这个极大值有显著的特征. 因此我们可以想象到积分(185)的主要部分乃是在 l 上和 z_0 接近的那一部分的积分，并且如果取这部分线路使沿曲线 $v(x,y)=\text{const}$，则更为有利，因为沿这条曲线 $u(x,y)$ 增大得最快. 由柯西定理知道积分线路可以变形，故不妨取这条曲线的一小段切线以代替之. 这样，积分(185)就分成两部分，其一是沿 z_0 的邻近小段线路 l' 的积分，另一是沿余下的线路 l'' 的积分. 沿 l'' 的积分我们估计它的模，而成为 I_n 的主要部分的沿 l' 的积分则用近似法来计算，这时应求出计算中误差的大小. 沿 l' 的积分的近似算法通常是把被积函数展开为泰勒级数而后估计这个级数的剩余项. 在下一节中我们就将依照这个步骤来计算积分的值，应用比较粗劣的估计先分出 I_n 的主要部分，再以 $\frac{1}{n}$ 来衡量余下的部分的大小.

现在先对计算形式如(185)的积分做几点一般的注意. 线路 l 可能从一个负扇形经过鞍点而进入另一个负扇形. 和前面一样，这时 I_n 的主要部分乃是在 z_0 邻近的小段线路上的积分，并且这条线路应沿曲线 $v(x,y)=\text{const}$ 或其切线. 若线路 l 在正扇形之内，则 I_n 的主要部分是在 z_1 邻近的小段线路上的积分，且这条线路应取 $u(x,y)$ 增加最快的方向(即沿曲线 $v(x,y)=\text{const}$). 若被积分函数为多值，则需要作割线以使之变为单值，若积分线路非和这种割线相遇不可，那么积分路线的一部分就需要沿着割线进行，故割线的选取必须依照以上的指示去做. 如果线路 l 所经的区域中有几个鞍点，则应比较被积函数的模在这些鞍点的行为，并且依照前述的指示来选取积分路线. 在以后的许多例题中我们将要说明如何应用这些一般的指示,现在且回顾来看位于负扇形中的线路上的积分,并且只以 $\frac{1}{n}$ 的幂来做衡量无穷小的阶次. 不失一般性,我们可设 $z_0=0$. 此外,将 $f(z)$ 写成 $f(z_0)+[f(z)-f(z_0)]$,然后把 $\mathrm{e}^{f(z_0)}$ 拿到积分符号之外去,我们可设 $f(z_0)=0$,即 $\varphi(z_0)=1$.

§79 决定积分的主要部分

现在考察积分

$$I_n = \int_0^{z_1} z^{\alpha-1} F(z)[\varphi(z)]^n \mathrm{d}z = \int_0^{z_1} z^{\alpha-1} F(z) \mathrm{e}^{nf(z)} \mathrm{d}z \tag{186}$$

其中积分路线从鞍点 $z=0$ 起到负扇形中的一点 z_1 为止,这个负扇形对应于偶数 $m=2l$. 假设函数 $F(z)$ 和 $\varphi(z)$ 在某一包含积分路线在其内的区域中正则,又设在 $z=0$ 的邻域中

$$\begin{cases} F(z) = a_0 + a_1 z + a_2 z^2 + \cdots \\ f(z) = \ln \varphi(z) = z^p (b_0 + b_1 z + b_2 z^2 + \cdots) \end{cases} \tag{187}$$

其中 a_0 和 b_0 不等于零. 要使积分在下限 $z=0$ 存在,可设 α 的实数部分 $\mathrm{Re}(\alpha)$ 为正. 由柯西定理知可将积分路线在原点的邻域中变形而使它从原点开始到 $z=\rho_0 \mathrm{e}^{\mathrm{i}\omega'_0}$ 这一段合于最速下降线在原点的切线,即对应于 $m=2l$ 的扇形的顶角二等分线,然后再从 $z=\rho_0 \mathrm{e}^{\mathrm{i}\omega'_0}$ 到 $z=z_1$. 在后一线路上 $\max|\varphi(z)|<1-\eta$,其中 η 为正数,与 ρ_0 的选择有关. 以后我们取 ρ_0 与 n 独立,使得在后一线路上积分 (186) 的模不大于 $M(1-\eta)^n$,其中 M 是个和 n 无关的常数,于是

$$I_n = \int_0^{\rho_0 \mathrm{e}^{\mathrm{i}\omega'_0}} z^{\alpha-1} F(z) \varphi(z)^n \mathrm{d}z + O[(1-\eta)^n] \tag{188}$$

其中 $O[(1-\eta)^n]$ 当 $n \to \infty$ 时趋向零,并且被除于 $(1-\eta)^n$ 后仍为有界(当 $n \to \infty$). 一般地,我们以后用 $O(\alpha_n)$ 表示一个和 n 有关的数值,它被除于 α_n 后当 $n \to \infty$ 时仍为有界. 对应于 $m=2l$ 的扇形的角二等分线其辐角为

$$\omega'_0 = -\frac{\beta_0}{p} + \frac{2l+1}{p}\pi \tag{189}$$

设 σ 为正数,小于 (187) 中两级数的收敛半径. 在任何情形之下常数 $\rho_0 < \sigma$. 级数 $\sum_{\nu=0}^{\infty} b_\nu z^\nu$ 和它的导级数 $\sum_{\nu=1}^{\infty} \nu b_\nu z^{\nu-1}$ 有和 (187) 中第二个级数相同的收敛半径.

应用关于幂级数的系数的估计[14],可写

$$|a_\nu| \leqslant \frac{M}{\sigma^\nu}, |b_\mu| \leqslant \frac{M}{\mu\sigma^\mu} \quad (\nu=0,1,2,\cdots;\mu=1,2,3,\cdots) \quad (190)$$

其中 M 为常数. 为以后的计算尚需引进新的概念.

我们称幂级数 $\sum_{\nu=0}^{\infty} g_\nu z^\nu$(或由它所定义之函数)为幂级数 $\sum_{\nu=0}^{\infty} h_\nu z^\nu$(或这个函数)的强函数. 如果 g_ν 皆非负数,且 $|h_\nu| \leqslant g_\nu$,这时显然下之不等式成立

$$\left|\sum_{\nu=0}^{\infty} h_\nu z^\nu\right| \leqslant \sum_{\nu=0}^{\infty} g_\nu |z|^\nu$$

当然,我们假设两级数均为收敛.

将 $F(z)\varphi(z)^n$ 展开成

$$\begin{aligned} F(z)\varphi(z)^n &= (a_0+a_1z+\cdots)\mathrm{e}^{n(b_0z^p+b_1z^{p+1}+\cdots)} = \\ &a_0\mathrm{e}^{nb_0z^p}+\mathrm{e}^{nb_0z^p}[(a_0+a_1z+\cdots)\mathrm{e}^{nz^p(b_1z+b_2z^2+\cdots)}-a_0] \end{aligned} \quad (191)$$

上式括号中的差展开为幂级数时没有常数项

$$\psi(z)=(a_0+a_1z+\cdots)\mathrm{e}^{nz^p(b_1z+b_2z^2+\cdots)}-a_0=c_1z+c_2z^2+\cdots \quad (192)$$

因为 e^z 展开成幂级数时系数皆为正,所以若以 $F(z)$ 和 $f(z)$ 的强函数代替式(192)中所含的 $F(z)$ 和 $f(z)$,则得 $\psi(z)$ 的强函数

$$\left(M+M\frac{z}{\sigma}+M\frac{z^2}{\sigma^2}+\cdots\right)\mathrm{e}^{nz^p\left(\frac{M}{1}\cdot\frac{z}{\sigma}+\frac{M}{2}\cdot\frac{z^2}{\sigma^2}+\cdots\right)}-M$$

或

$$M\left(1-\frac{z}{\sigma}\right)^{-1}\mathrm{e}^{-Mnz^p\ln\left(1-\frac{z}{\sigma}\right)}-M=M\left[\left(1-\frac{z}{\sigma}\right)^{-1-Mnz^p}-1\right] \quad (193)$$

这个级数中也没有常数项. 为简便计,记 $nz^p=z'$,则这个强函数可写成

$$M\frac{z}{\sigma}\left[\frac{1+Mz'}{1!}+\frac{(1+Mz')(2+Mz')}{2!}\left(\frac{z}{\sigma}\right)+\right.$$
$$\left.\frac{(1+Mz')(2+Mz')(3+Mz')}{3!}\left(\frac{z}{\sigma}\right)^2+\cdots\right]$$

把 $1+Mz'$ 拿到括号外面来,得

$$(1+Mz')M\frac{z}{\sigma}\left[1+\left(1+\frac{Mz'}{2}\right)\left(\frac{z}{\sigma}\right)+\left(1+\frac{Mz'}{2}\right)\left(1+\frac{Mz'}{3}\right)\left(\frac{z}{\sigma}\right)^2+\cdots\right]$$

再将上式诸括号中的分数的分母变小,可得强函数

$$(1+Mz')M\frac{z}{\sigma}\left[1+\left(1+\frac{Mz'}{1}\right)\left(\frac{z}{\sigma}\right)+\right.$$
$$\left.\left(1+\frac{Mz'}{1}\right)\left(1+\frac{Mz'}{2}\right)\left(\frac{z}{\sigma}\right)^2+\cdots\right]=(1+Mz')M\frac{z}{\sigma}\left(1-\frac{z}{\sigma}\right)^{-1-Mz'}$$

$$(194)$$

因此有下之不等式

$$|\psi(z)| \leqslant (1+Mn|z|^p) M \frac{|z|}{\sigma}\left(1-\frac{|z|}{\sigma}\right)^{-1-Mn|z|^p} \tag{195}$$

由式(191)知式(188)中的积分可分为两部分

$$I_n = a_0 \int_0^{\rho_0 e^{i\omega'_0}} z^{a-1} e^{nb_0 z^p} dz + \int_0^{\rho_0 e^{i\omega'_0}} z^{a-1} e^{nb_0 z^p} \psi(z) dz + O[(1-\eta)^n]$$

借下式引进另一变数 t

$$z = e^{i\omega'_0} \sqrt[p]{\frac{t}{nr_0}}$$

由式(189)知有

$$nz^p = -\frac{t}{b_0}$$

故得

$$I_n = A_n + B_n + O[(1-\eta)^n] \tag{196}$$

其中

$$\begin{cases} A_n = \frac{1}{p} e^{i\omega'_0 a} \left(\frac{1}{nr_0}\right)^{\frac{a}{p}} a_0 \int_0^{nr_0\rho_0^p} e^{-t} t^{\frac{a}{p}-1} dt \\ B_n = \frac{1}{p} e^{i\omega'_0 a} \left(\frac{1}{nr_0}\right)^{\frac{a}{p}} \int_0^{nr_0\rho_0^p} e^{-t} t^{\frac{a}{p}-1} \psi(z) dt \end{cases} \tag{197}$$

因 $|z| = \left(\frac{t}{nr_0}\right)^{\frac{1}{p}}$,故由式(195)有

$$|\psi(z)| \leqslant \left(1+\frac{Mt}{r_0}\right) M \frac{1}{\sigma} \sqrt[p]{\frac{t}{nr_0}} \left(1-\frac{|z|}{\sigma}\right)^{-1-\frac{Mt}{r_0}}$$

我们已取 $\rho_0 < \sigma$,因此沿积分路线上有 $|z| = \left(\frac{t}{nr_0}\right)^{\frac{1}{p}} \leqslant \rho_0 < \sigma$,以 ρ_0 代 $|z|$,得

$$|\psi(z)| \leqslant \left(1+\frac{Mt}{r_0}\right) M \frac{1}{\sigma} \sqrt[p]{\frac{t}{nr_0}} \left(1-\frac{\rho_0}{\sigma}\right)^{-1-\frac{Mt}{r_0}}$$

当 $q>0$ 及 γ 为复数时 $|q^\gamma| = q^{\text{Re}(\gamma)}$,其中 $\text{Re}(\gamma)$ 是 γ 的实数部分,故对 B_n 有如下之估值

$$|B_n| \leqslant \frac{M}{p} |e^{i\omega'_0 a}| \frac{\left(1-\frac{\rho_0}{\sigma}\right)^{-1}}{\sigma} \left(\frac{1}{nr_0}\right)^{\frac{\text{Re}(a)+1}{p}} \times$$

$$\int_0^{nr_0\rho_0^p} e^{-t} \left(1-\frac{\rho_0}{\sigma}\right)^{-\frac{Mt}{r_0}} t^{\frac{\text{Re}(a)+1}{p}-1} \left(1+\frac{Mt}{r_0}\right) dt$$

对于 ρ_0，除 $\rho_0 < \sigma$ 外，现在再加一个条件

$$a = e\left(1 - \frac{\rho_0}{\sigma}\right)^{\frac{M}{r_0}} > 1$$

我们可以取一个固定的满足这个条件的 ρ_0. 前式的积分符号内含有因子 a^{-t}. 因为被积分的函数常为正，把积分区间伸长至 $+\infty$ 时其值增大，但仍为收敛，并且这时已和 n 没有关系. 这样就得到

$$|B_n| \leqslant M_1 \left(\frac{1}{n}\right)^{\frac{\text{Re}(\alpha)+1}{p}}$$

其中 M_1 是个与 n 无关的常数，上式即

$$B_n = O\left[\left(\frac{1}{n}\right)^{\frac{\text{Re}(\alpha)+1}{p}}\right]$$

$O[(1-\eta)^n]$ 被除于 $(1-\eta)^n$ 后当 $n \to \infty$ 时仍为有界. 又比率当 $n \to \infty$ 时，$(1-\eta)^n : \left(\frac{1}{n}\right)^{\frac{\text{Re}(\alpha)+1}{p}} \to 0$，故 $O[(1-\eta)^n]$ 被除于 $\left(\frac{1}{n}\right)^{\frac{\text{Re}(\alpha)+1}{p}}$ 后当 $n \to \infty$ 时当然有界，即

$$B_n + O[(1-\eta)^n] = O\left[\left(\frac{1}{n}\right)^{\frac{\text{Re}(\alpha)+1}{p}}\right]$$

而式(196)就可以改写为

$$I_n = A_n + O\left[\left(\frac{1}{n}\right)^{\frac{\text{Re}(\alpha)+1}{p}}\right] \tag{198}$$

再来看 A_n. 可写

$$A_n = \frac{a_0}{p} e^{i\omega'_0 \alpha} \left(\frac{1}{nr_0}\right)^{\frac{\alpha}{p}} \int_0^\infty e^{-t} t^{\frac{\alpha}{p}-1} dt - \frac{a_0}{p} e^{i\omega'_0 \alpha} \left(\frac{1}{nr_0}\right)^{\frac{\alpha}{p}} \int_{nr_0 \rho_0^p}^\infty e^{-t} t^{\frac{\alpha}{p}-1} dt$$

或[71]

$$A_n = \frac{a_0}{p} e^{i\omega'_0 \alpha} \left(\frac{1}{nr_0}\right)^{\frac{\alpha}{p}} \Gamma\left(\frac{\alpha}{p}\right) + C_n \tag{199}$$

其中

$$C_n = -\frac{a_0}{p} e^{i\omega'_0 \alpha} \left(\frac{1}{nr_0}\right)^{\frac{\alpha}{p}} \int_{nr_0 \rho_0^p}^\infty e^{-t} t^{\frac{\alpha}{p}-1} dt$$

从而

$$|C_n| \leqslant \frac{|a_0|}{p} |e^{i\omega'_0 \alpha}| \left(\frac{1}{nr_0}\right)^{\frac{\text{Re}(\alpha)}{p}} \int_{nr_0 \rho_0^p}^\infty e^{-t} t^{\frac{\text{Re}(\alpha)}{p}-1} dt$$

当正数 t 甚大时函数

是 t 的减函数,因此从上式的被积函数中分出一个因子 t^{-2},而将余下的以其在积分下限的数值代入,可知当 n 甚大时这个积分小于

$$\mathrm{e}^{-nr_0\rho_0^p}(nr_0\rho_0^p)^{\frac{\mathrm{Re}(\alpha)}{p}+1}\int_{nr_0\rho_0^p}^{\infty}\frac{\mathrm{d}t}{t^2}=\mathrm{e}^{-nr_0\rho_0^p}(nr_0\rho_0^p)^{\frac{\mathrm{Re}(\alpha)}{p}}$$

故得 C_n 的估值

$$|C_n|\leqslant M_2\mathrm{e}^{-nr_0\rho_0^p}$$

其中常数 M_2 与 n 无关,故

$$C_n=O(\mathrm{e}^{-nr_0\rho_0^p})$$

因为当 n 增加时指数函数 $\mathrm{e}^{-nr_0\rho_0^p}$ 较任何 n 的负幂减少得快,故可写

$$C_n+O\left[\left(\frac{1}{n}\right)^{\frac{\mathrm{Re}(\alpha)+1}{p}}\right]=O\left[\left(\frac{1}{n}\right)^{\frac{\mathrm{Re}(\alpha)+1}{p}}\right]$$

由(198)及(199)可得

$$I_n=\frac{a_0}{p}\mathrm{e}^{i\omega'_0\alpha}\left(\frac{1}{nr_0}\right)^{\frac{\alpha}{p}}\Gamma\left(\frac{\alpha}{p}\right)+O\left[\left(\frac{1}{n}\right)^{\frac{\mathrm{Re}(\alpha)+1}{p}}\right] \tag{200}$$

这个式中第一项和 $\left(\frac{1}{n}\right)^{\frac{\mathrm{Re}(\alpha)}{p}}$ 同阶,而第二项是比它更高阶的无穷小.

如果要得到更精确的估计,可以从 I_n 中依 $\frac{1}{n}$ 的增幂再分出几项来,而得下面的公式,证明从略

$$I_n=\frac{1}{p}\sum_{\nu=0}^{m-1}d_\nu\left(\frac{1}{nr_0}\right)^{\frac{\alpha+\nu}{p}}+O\left[\left(\frac{1}{n}\right)^{\frac{\mathrm{Re}(\alpha)+m}{p}}\right] \tag{201}$$

其中

$$d_\nu=\mathrm{e}^{i\omega'_0(\alpha+\nu)}\sum_{\mu=0}^{\nu}\frac{g_{\nu,\mu}}{(-b_0)^\mu}\Gamma\left(\frac{\alpha+\nu}{p}+\mu\right)$$

$g_{\nu,0}=a_\nu$,而 $g_{\nu,\mu}$ 是下之展开式中 z^ν 的系数

$$\frac{1}{\mu!}(a_0+a_1z+\cdots)(b_1z+b_2z^2+\cdots)^\mu$$

这样我们已经看过了从 $z=0$ 到 $z=z_1$ 的最简单的积分路线,其中 $|\varphi(z)|$ 在起点 $z=0$ 有极大值. 现在再考虑积分

$$I'_n=\int_{z_1}^{z_2}z^{\alpha-1}F(z)[\varphi(z)]^n\mathrm{d}z \tag{202}$$

其中 z_1 和 z_2 所在的扇形使 $|\varphi(z)|<1$. 又设线路从 z_1 出发向 $z=0$,但沿一个以 $z=0$ 为中心半径甚小的圆周绕过这点,然后再到 $z=z_2$. 若 $\mathrm{Re}(\alpha)>0$,则当

上述圆周的半径趋于零时沿这个圆周的积分也以零为极限,所以从 z_1 到 z_2 的积分可以先从 z_1 沿一条位于 $m=2l_1$ 的扇形中的线路积分到 $z=0$,然后从 $z=0$ 沿一条位于 $m=2l_2$ 的扇形中的线路积分到 $z=z_2$. 于是就有

$$I'_n = I_{n,l_2} - I_{n,l_1}$$

其中 I_{n,l_2} 和 I_{n,l_1} 是形式如(186)的积分. 故仿前可得

$$I'_n = \frac{a_0}{p}\left(\frac{1}{nr_0}\right)^{\frac{a}{p}}(e^{i\omega'_2 a} - e^{i\omega'_1 a})\Gamma\left(\frac{\alpha}{p}\right) + O\left[\left(\frac{1}{n}\right)^{\frac{\operatorname{Re}(\alpha)+1}{p}}\right] \tag{203}$$

其中

$$\omega'_1 = -\frac{\beta_0}{p} + \frac{2l_1+1}{p}\pi, \quad \omega'_2 = -\frac{\beta_0}{p} + \frac{2l_2+1}{p}\pi$$

可以证明当 $\operatorname{Re}(\alpha) \leqslant 0$ 时式(203)也成立.

例 考察

$$\Gamma(n+1) = \int_0^\infty e^{-x} x^n dx$$

置 $x = ny$,得

$$\frac{\Gamma(n+1)}{n^{n+1}} = \int_0^\infty (ye^{-y})^n dy$$

当 $y=1$ 时函数 ye^{-y} 有极大值. 置 $y=1+z$ 得

$$\frac{e^n \Gamma(n+1)}{n^{n+1}} = \int_{-1}^\infty [(1+z)e^{-z}]^n dz$$

把积分的区间分成两段:$(-1,+1)$ 和 $(+1,+\infty)$. 对第二段上的积分有

$$\int_1^\infty [(1+z)e^{-z}]^n dz = \int_1^\infty [(1+z)e^{-z}]^{n-1}(1+z)e^{-z}dz <$$

$$\int_1^\infty \left(\frac{2}{e}\right)^{n-1}(1+z)e^{-z}dz = \left(\frac{2}{e}\right)^{n-1}\int_1^\infty (1+z)e^{-z}dz$$

因为当 $z>1$ 时

$$(1+z)e^{-z} < \frac{2}{e}$$

这样

$$\int_1^\infty [(1+z)e^{-z}]^n dz = O\left[\left(\frac{2}{e}\right)^n\right] \tag{204}$$

积分

$$\int_{-1}^{+1} [(1+z)e^{-z}]^n dz \tag{205}$$

具有(202)的形式,这时

$$a_0 = 1, \alpha = 1, F(z) = 1, \ln\varphi(z) = \ln(1+z) - z$$

于是 $p=2, b_0=-\frac{1}{2}$，即 $r_0=\frac{1}{2}$. 又易见 $\omega'_1=\pi, \omega'_2=0$. 由式(203)可得

$$\frac{e^n \Gamma(n+1)}{n^{n+1}} = \frac{1}{2}\left(\frac{2}{n}\right)^{\frac{1}{2}} 2\Gamma\left(\frac{1}{2}\right) + O\left(\frac{1}{n}\right) + O\left[\left(\frac{2}{e}\right)^n\right]$$

又因 $\left(\frac{2}{e}\right)^n$ 比 $\frac{1}{n}$ 减少得快，$\Gamma\left(\frac{1}{2}\right)=\sqrt{\pi}$，故得

$$\frac{e^n \Gamma(n+1)}{n^{n+1}} = \frac{\sqrt{2\pi}}{n^{\frac{1}{2}}} + O\left(\frac{1}{n}\right)$$

或

$$\Gamma(n+1) = n\Gamma(n) = \sqrt{2\pi}\, n^{n+\frac{1}{2}} e^{-n} \left[1 + n^{\frac{1}{2}} O\left(\frac{1}{n}\right)\right] =$$
$$\sqrt{2\pi}\, n^{n+\frac{1}{2}} e^{-n} \left[1 + O\left(\frac{1}{\sqrt{n}}\right)\right]$$

或

$$\Gamma(n) = \sqrt{2\pi}\, n^{n-\frac{1}{2}} e^{-n} \left[1 + O\left(\frac{1}{\sqrt{n}}\right)\right]$$

其中剩余项 $O\left(\frac{1}{\sqrt{n}}\right)$ 实际上应该是 $O\left(\frac{1}{n}\right)$. 要得到这个结果可以把积分(205)分成两部分，一从 $z=0$ 到 $z=1$，另一从 $z=-1$ 到 $z=0$，再对每一积分应用当 $m=2$ 时的式(201)，这时对应于 $\nu=1$ 的两项彼此相消，而我们得到如前一样的主要项以及剩余项 $O\left(\frac{1}{n}\right)$.

上述方法的详情以及一般公式(201)的证明和许多例题可以在配龙的论文《函数的近似算法》中找到.

П. A. 涅克拉索夫的工作在这方面占有重要的地位.

§ 80 例 题

1. 考察积分

$$I = \int_{-\infty}^{\frac{1}{2}} \frac{1}{z + i\alpha} e^{n(z^3 - z^2)} dz \tag{206}$$

其中 α 为小正数，n 为大正数. 函数 $f(z) = z^3 - z^2$ 当 $z=0$ 时有极大值，而实轴是最速下降线 $v(x,y)=0$.

由这些关系可将 I 写成下面的形式

$$I = \int_{-\frac{1}{2}}^{+\frac{1}{2}} \frac{1}{z+\mathrm{i}\alpha} \mathrm{e}^{n(z^3-z^2)} \mathrm{d}z + \omega \tag{207}$$

其中

$$\omega = \int_{-\infty}^{-\frac{1}{2}} \frac{1}{z+\mathrm{i}\alpha} \mathrm{e}^{n(z^3-z^2)} \mathrm{d}z$$

注意当 $z < 0$ 时 $z^3 - z^2 < -z^2$,可得

$$|\omega| < \frac{1}{\sqrt{\alpha^2 + \frac{1}{4}}} \int_{-\infty}^{-\frac{1}{2}} \mathrm{e}^{-nz^2} \mathrm{d}z = \frac{\mathrm{e}^{-\frac{n}{4}}}{\sqrt{\alpha^2 + \frac{1}{4}}} \int_{-\infty}^{-\frac{1}{2}} \mathrm{e}^{-n(z^2-\frac{1}{4})} \mathrm{d}z =$$

$$\frac{\mathrm{e}^{-\frac{n}{4}}}{\sqrt{\alpha^2 + \frac{1}{4}}} \int_{-\infty}^{-\frac{1}{2}} \mathrm{e}^{-n(z+\frac{1}{2})(z-\frac{1}{2})} \mathrm{d}z$$

以 -1 代替 $z - \frac{1}{2}$,并引进另一积分变数 $t = -\left(z + \frac{1}{2}\right)$,可得

$$|\omega| < \frac{\mathrm{e}^{-\frac{n}{4}}}{\sqrt{\alpha^2 + \frac{1}{4}}} \int_0^\infty \mathrm{e}^{-nt} \mathrm{d}t = \frac{\mathrm{e}^{-\frac{n}{4}}}{n\sqrt{\alpha^2 + \frac{1}{4}}} < \frac{2\mathrm{e}^{-\frac{n}{4}}}{n} \tag{208}$$

要计算式(207)右边的第一项,置 $\mathrm{e}^{nz^3} = 1 + \Delta$,其中

$$\Delta = \frac{nz^3}{1!} + \frac{(nz^3)^2}{2!} + \cdots$$

于是

$$|\Delta| \leqslant n|z^3|\left(1 + \frac{n|z|^3}{2!} + \frac{(n|z|^3)^2}{3!} + \cdots\right) < n|z|^3 \mathrm{e}^{n|z|^3} \tag{209}$$

故得

$$\int_{-\frac{1}{2}}^{+\frac{1}{2}} \frac{1}{z+\mathrm{i}\alpha} \mathrm{e}^{n(z^3-z^2)} \mathrm{d}z = \int_{-\frac{1}{2}}^{+\frac{1}{2}} \frac{\mathrm{e}^{-nz^2}}{z+\mathrm{i}\alpha} \mathrm{d}z + \int_{-\frac{1}{2}}^{+\frac{1}{2}} \frac{\Delta \mathrm{e}^{-nz^2}}{z+\mathrm{i}\alpha} \mathrm{d}z \tag{210}$$

又设

$$\int_{-\frac{1}{2}}^{+\frac{1}{2}} \frac{\mathrm{e}^{-nz^2}}{z+\mathrm{i}\alpha} \mathrm{d}z = \int_{-\infty}^{+\infty} \frac{\mathrm{e}^{-nz^2}}{z+\mathrm{i}\alpha} \mathrm{d}z + \omega_1 \tag{211}$$

其中

$$|\omega_1| < \frac{2}{\sqrt{\alpha^2 + \frac{1}{4}}} \int_{\frac{1}{2}}^\infty \mathrm{e}^{-nz^2} \mathrm{d}z$$

因为

$$\int_{\frac{1}{2}}^{\infty} \mathrm{e}^{-nz^2}\, \mathrm{d}z = \mathrm{e}^{-\frac{n}{4}} \int_{\frac{1}{2}}^{\infty} \mathrm{e}^{-n\left(z-\frac{1}{2}\right)\left(z+\frac{1}{2}\right)}\, \mathrm{d}z$$

或以 1 代 $z+\frac{1}{2}$ 得

$$\int_{\frac{1}{2}}^{\infty} \mathrm{e}^{-nz^2}\, \mathrm{d}z < \mathrm{e}^{-\frac{n}{4}} \int_{\frac{1}{2}}^{\infty} \mathrm{e}^{-n\left(z-\frac{1}{2}\right)}\, \mathrm{d}z = \frac{1}{n}\mathrm{e}^{-\frac{n}{4}}$$

从而

$$|\omega_1| < \frac{2\mathrm{e}^{-\frac{n}{4}}}{n\sqrt{\alpha^2+\frac{1}{4}}} < \frac{4}{n}\mathrm{e}^{-\frac{n}{4}} \tag{212}$$

再考察式(211)右边的第一项. 分被积函数为实数部分和虚数部分, 并注意实数部分为奇函数, 其积分之值为零, 即得

$$\int_{-\infty}^{+\infty} \frac{\mathrm{e}^{-nz^2}}{z+\mathrm{i}\alpha}\, \mathrm{d}z = -\mathrm{i}\int_{-\infty}^{+\infty} \frac{\mathrm{e}^{-\beta^2 t^2}}{t^2+1}\, \mathrm{d}t \quad (\beta = \alpha\sqrt{n}\,)$$

置 $\beta^2 = \gamma$ 再求积分

$$I(\gamma) = \int_{-\infty}^{+\infty} \frac{\mathrm{e}^{-\gamma t^2}}{t^2+1}\, \mathrm{d}t$$

关于参数 γ 微分, 得

$$\frac{\mathrm{d}I(\gamma)}{\mathrm{d}\gamma} = I(\gamma) - \sqrt{\frac{\pi}{\gamma}}$$

求这个微分方程的解, 记住当 $\gamma = +\infty$ 时 $I(\gamma) = 0$, 即得

$$I(\beta^2) = 2\sqrt{\pi}\,\mathrm{e}^{\beta^2} \int_{\beta}^{\infty} \mathrm{e}^{-x^2}\, \mathrm{d}x$$

最后

$$\int_{-\infty}^{+\infty} \frac{\mathrm{e}^{-nz^2}}{z+\mathrm{i}\alpha}\, \mathrm{d}z = -\mathrm{i}2\sqrt{\pi}\,\mathrm{e}^{\alpha^2 n} \int_{\alpha\sqrt{n}}^{\infty} \mathrm{e}^{-x^2}\, \mathrm{d}x \tag{213}$$

右边的积分(不完全拉普拉斯积分)可由查表得到它的数值.

最后, 估计式(209)右边的第二项. 我们从两方面来估计它.

应用式(209)及当 $|z| < \frac{1}{2}$ 时 $|z|^3 < \frac{1}{2}|z|^2$ 的事实, 有

$$|\Delta|\,\mathrm{e}^{-nz^2} < n|z|^3 \mathrm{e}^{-\frac{n}{2}z^2}$$

由此

$$\left|\int_{-\frac{1}{2}}^{+\frac{1}{2}} \frac{\Delta \mathrm{e}^{-nz^2}}{z+\mathrm{i}\alpha}\, \mathrm{d}z\right| \leqslant \frac{2n}{\alpha} \int_0^{\frac{1}{2}} z^3 \mathrm{e}^{-\frac{n}{2}z^2}\, \mathrm{d}z < \frac{2n}{\alpha}\int_0^{\infty} z^3 \mathrm{e}^{-\frac{n}{2}z^2}\, \mathrm{d}z = \frac{4}{\alpha n} \tag{214}$$

另一方面, 由不等式

$$\left|\frac{z}{z+\mathrm{i}\alpha}\right|=\frac{|z|}{\sqrt{|z|^2+\alpha^2}}<\frac{1}{\sqrt{1+4\alpha^2}}$$

当 $|z|\leqslant\frac{1}{2}$,有

$$\left|\int_{-\frac{1}{2}}^{+\frac{1}{2}}\frac{\Delta\mathrm{e}^{-nz^2}}{z+\mathrm{i}\alpha}\mathrm{d}z\right|<n\int_{-\frac{1}{2}}^{+\frac{1}{2}}\frac{|z|^3}{|z+\mathrm{i}\alpha|}\mathrm{e}^{-\frac{n}{2}z^2}\mathrm{d}z<\frac{2n}{\sqrt{1+4\alpha^2}}\int_0^\infty x^2\mathrm{e}^{-\frac{n}{2}x^2}\mathrm{d}x$$

从而

$$\left|\int_{-\frac{1}{2}}^{+\frac{1}{2}}\frac{\Delta\mathrm{e}^{-nz^2}}{z+\mathrm{i}\alpha}\mathrm{d}z\right|<\frac{\sqrt{2\pi}}{\sqrt{n}} \tag{214'}$$

式(213) 的主要部分与 $\frac{1}{\alpha\sqrt{n}}$ 同阶,若 α 不很小,则由(211)(212)(213) 和(214)可得

$$\int_{-\frac{1}{2}}^{+\frac{1}{2}}\frac{\mathrm{e}^{-nz^2}}{z+\mathrm{i}\alpha}\mathrm{d}z=-\mathrm{i}2\sqrt{\pi}\,\mathrm{e}^{\alpha^2 n}\int_{\alpha\sqrt{n}}^\infty\mathrm{e}^{-x^2}\mathrm{d}x+\omega' \tag{215}$$

其中

$$|\omega'|<\frac{6}{n}\mathrm{e}^{-\frac{n}{4}}+\frac{4}{\alpha n} \tag{216}$$

对于小正数 α 可写

$$|\omega'|<\frac{6}{n}\mathrm{e}^{-\frac{n}{4}}+\frac{\sqrt{2\pi}}{\sqrt{n}} \tag{216'}$$

2. 在研究汉克尔函数的渐近表示时我们必须计算积分

$$I=\int_{-a-\varepsilon}^{-a+\varepsilon}\mathrm{e}^{nf(z)}\mathrm{d}z \tag{217}$$

的近似值,其中

$$f(z)=\mathrm{sh}\,z-\xi z \tag{218}$$

参数 $\xi>1$,而 n 是大正数.

式(217) 中的 α 是方程 $f'(z)=0$ 的正根,即 $\mathrm{ch}\,\alpha=\xi$ 的正根. 我们先设 ε 是小于 1 大于 0 的正数,以后再加上其他的限制.

易知(217) 中的积分路线是被积函数的最速下降线的主要部分,因此积分的计算就归到被积函数的有理表示和一些初等积分的计算了.

我们现在要用两种方法来计算积分(217). 在第一种方法中我们只以找出主要项和得到误差的简单估值为目的. 这时却不拟考虑被积函数的几个重要性质.

在第二种方法中我们要考虑这些性质,因而可以得到比较准确的结果.

第一种方法　　将函数(218)展开为 $x=z+\alpha$ 的幂级数

$$f(z)=f(-\alpha)-\frac{\operatorname{sh}\alpha}{2!}x^2+\frac{\operatorname{ch}\alpha}{3!}x^3-\frac{\operatorname{sh}\alpha}{4!}x^4+\cdots \tag{219}$$

或

$$f(z)=f(-\alpha)-\frac{\operatorname{sh}\alpha}{2}x^2[1+R] \tag{220}$$

其中 R 满足下面的不等式

$$|R|\leqslant\frac{2\operatorname{ch}\alpha}{\operatorname{sh}\alpha}|x|\left(\frac{1}{3!}+\frac{1}{4!}+\cdots\right)\leqslant\frac{\operatorname{ch}\alpha}{2\operatorname{sh}\alpha}|x| \tag{221}$$

如果 $|x|<1$.

于是式(217)中的被积函数可以写成下面的形式

$$e^{nf(z)}=e^{nf(-\alpha)}e^{-n\frac{\operatorname{sh}\alpha}{2}x^2}(1+\delta_0) \tag{222}$$

其中

$$\delta_0=e^{-n\frac{\operatorname{sh}\alpha}{2}Rx^2}-1 \tag{223}$$

应用不等式

$$|e^y-1|\leqslant|y|e^{|y|}$$

和式(221),对于 δ_0 可得如下的简单估值

$$|\delta_0|<\frac{n\operatorname{ch}\alpha}{4}|x|^3e^{n\frac{\operatorname{sh}\alpha}{2}|R|x^2} \tag{224}$$

将式(222)代入式(217),得

$$I=e^{nf(-\alpha)}\left[\int_{-\varepsilon}^{+\varepsilon}e^{-n\frac{\operatorname{sh}\alpha}{2}x^2}\mathrm{d}x+\int_{-\varepsilon}^{+\varepsilon}\delta_0 e^{-n\frac{\operatorname{sh}\alpha}{2}x^2}\mathrm{d}x\right] \tag{225}$$

再令 ε 和 n 满足下面的两个条件

$$n\frac{\operatorname{sh}\alpha}{2}\varepsilon^2=N\gg 1 \tag{226}$$

和

$$\frac{\operatorname{ch}\alpha}{\operatorname{sh}\alpha}\varepsilon\leqslant 1 \tag{226'}$$

当研究更准确的估计方法时我们用一个更有利的条件来代替条件(226′),而(226)则保持不变.

若条件(226′)满足,则当 $|x|\leqslant\varepsilon$ 时 $|R|<\frac{1}{2}$,故由式(224)有

$$|\delta_0 e^{-n\frac{\operatorname{sh}\alpha}{2}x^2}|<\frac{n\operatorname{ch}\alpha}{4}|x|^3e^{-n\frac{\operatorname{sh}\alpha}{4}x^2}\quad(|x|<\varepsilon) \tag{224'}$$

若条件(226)满足,则(225)中的被积函数在积分区间的两端取极小值.故将积

分区间伸长为无限时对于结果不产生重要的影响. 下面的计算就是证明这一点的.

我们有
$$\int_{-\varepsilon}^{+\varepsilon} e^{-n\frac{\mathrm{sh}\,\alpha}{2}x^2}\,\mathrm{d}x = \int_{-\infty}^{+\infty} e^{-n\frac{\mathrm{sh}\,\alpha}{2}x^2}\,\mathrm{d}x + \Delta_1 = \sqrt{\frac{2\pi}{n\,\mathrm{sh}\,\alpha}} + \Delta_1 \tag{227}$$

其中
$$\Delta_1 = -2\int_{\varepsilon}^{\infty} e^{-n\frac{\mathrm{sh}\,\alpha}{2}x^2}\,\mathrm{d}x$$

又
$$|\Delta_1| = 2e^{-N}\int_{\varepsilon}^{\infty} e^{-n\frac{\mathrm{sh}\,\alpha}{2}(x^2-\varepsilon^2)}\,\mathrm{d}x$$

当 $x > \varepsilon$ 时有 $x^2 - \varepsilon^2 > (x-\varepsilon)^2$,所以
$$|\Delta_1| < 2e^{-N}\int_{0}^{\infty} e^{-n\frac{\mathrm{sh}\,\alpha}{2}y^2}\,\mathrm{d}y = \sqrt{\frac{2\pi}{n\,\mathrm{sh}\,\alpha}}\,e^{-N} \tag{228}$$

又由(224′)有
$$\left|\int_{-\varepsilon}^{+\varepsilon}\delta_0 e^{-n\frac{\mathrm{sh}\,\alpha}{2}x^2}\,\mathrm{d}x\right| < \frac{n\,\mathrm{ch}\,\alpha}{4}\cdot 2\int_{0}^{\infty} x^3 e^{-n\frac{\mathrm{sh}\,\alpha}{2}x^2}\,\mathrm{d}x$$

从而
$$\left|\int_{-\varepsilon}^{+\varepsilon}\delta_0 e^{-n\frac{\mathrm{sh}\,\alpha}{2}x^2}\,\mathrm{d}x\right| < \frac{2\,\mathrm{ch}\,\alpha}{\pi\,\mathrm{sh}\,\alpha}\cdot\frac{2\pi}{n\,\mathrm{sh}\,\alpha} \tag{229}$$

利用(225)(227)(228) 和(229),我们得到如下的结果
$$I = e^{nf(-\alpha)}\sqrt{\frac{2\pi}{n\,\mathrm{sh}\,\alpha}}(1+\omega) \tag{230}$$

其中
$$|\omega| < e^{-N} + \frac{2\,\mathrm{ch}\,\alpha}{\pi\,\mathrm{sh}\,\alpha}\sqrt{\frac{2\pi}{n\,\mathrm{sh}\,\alpha}} \tag{231}$$

若条件(226) 和(226′) 满足,则 $|\omega| < 1$.

以上的计算方法虽很粗劣,但却很简捷. 这个方法的缺点在于没有考虑展开式(220)中正负项的交错以及这个展开式中奇数幂的存在.

我们现在来除去这些缺点.

第二种方法 把展开式(219) 写成
$$f(z) = f(-\alpha) - \frac{\mathrm{sh}\,\alpha}{2}x^2 + R_1 - R_2 \tag{232}$$

其中
$$R_1 = \frac{\mathrm{ch}\,\alpha}{3!}x^3\left(1 + \frac{x^2}{4\cdot 5} + \frac{x^4}{4\cdot 5\cdot 6\cdot 7} + \cdots\right)$$

$$R_2 = \frac{\operatorname{sh}\alpha}{4!}x^4\left(1 + \frac{x^2}{5\cdot 6} + \frac{x^4}{5\cdot 6\cdot 7\cdot 8} + \cdots\right) \tag{232'}$$

最先，假设积分(217)中的 ε 只满足条件 $0 < \varepsilon < 1$，但这时已经可以知道 R_1 和 R_2 的值和它们的展开式中第一项的数值相差很小. 现在被积函数可写成

$$e^{nf(z)} = e^{nf(-a)}e^{-n\frac{\operatorname{sh}\alpha}{2}x^2}e^{-nR_2}\left(1 + \frac{nR_1}{1!} + \frac{n^2R_1^2}{2!} + \cdots\right)$$

因为 R_1 是奇函数，所以

$$I = e^{nf(-a)}\int_{-\varepsilon}^{+\varepsilon}e^{-n\frac{\operatorname{sh}\alpha}{2}x^2}e^{-nR_2}\left(1 + \frac{n^2R_1^2}{2!} + \frac{n^4R_1^4}{4!} + \cdots\right)\mathrm{d}x \tag{233}$$

现在研究

$$e^{-nR_2}\left(1 + \frac{n^2R_1^2}{2!} + \frac{n^4R_1^4}{4!} + \cdots\right) = \left(1 - \frac{nR_2}{1!} + \frac{n^2R_2^2}{2!} + \cdots\right)\left(1 + \frac{n^2R_1^2}{2!} + \frac{n^4R_1^4}{4!} + \cdots\right) \tag{234}$$

选取正数 ε，使得以下三个不等式同时成立

$$\varepsilon < 1, \quad n^2R_1^2 < 5, \quad nR_2 < 1 \tag{235}$$

利用(232')可知上述不等式能成立，只要

$$\varepsilon < 1 \text{ 及 } \varepsilon \leqslant \left(\frac{12}{n\operatorname{ch}\alpha}\right)^{\frac{1}{3}} \tag{235'}$$

在这时交错级数

$$S_1 = 1 - \frac{nR_2}{1!} + \frac{n^2R_2^2}{2!} - \cdots$$

的项减少得很快. 因此

$$S_1 = 1 - nR_2 + \alpha_1 \tag{236}$$

其中

$$0 < \alpha_1 < \frac{n^2R_2^2}{2}$$

由(232')有

$$1 - nR_2 = 1 - n\frac{\operatorname{sh}\alpha}{4!}x^4 - n\frac{\operatorname{sh}\alpha}{6!}x^6\left(1 + \frac{x^2}{7\cdot 8} + \frac{x^4}{7\cdot 8\cdot 9\cdot 10} + \cdots\right)$$

把上式代入(236)，得到

$$S_1 = 1 - n\frac{\operatorname{sh}\alpha}{4!}x^4 + \delta_1 \tag{237}$$

其中

$$|\delta_1| = \left|\alpha_1 - \frac{n\operatorname{sh}\alpha}{6!}x^6\left(1 + \frac{x^2}{7\cdot 8} + \cdots\right)\right|$$

在任何情形之下 $|\delta_1|$ 必小于下述两值中之大者

$$\frac{42}{41} \cdot \frac{n \operatorname{sh} \alpha}{6!} x^6 \quad \text{与} \quad \left(\frac{20}{19}\right)^2 \cdot \frac{n^2 \operatorname{sh}^2 \alpha}{2(4!)^2} x^8$$

对于以下所述的误差而言，可证在这两数中后者的数值较大，因此可设

$$|\delta_1| < \left(\frac{20}{19}\right)^2 \frac{n^2 \operatorname{sh}^2 \alpha}{2(4!)^2} x^8 \tag{238}$$

对于式(234)中第二个级数

$$S_2 = 1 + \frac{n^2 R_1^2}{2!} + \frac{n^4 R_1^4}{4!} + \cdots$$

我们假设

$$S_2 = 1 + \frac{n^2 R_1^2}{2} + \alpha_2 \tag{236'}$$

其中

$$0 < \alpha_2 < \frac{6}{5} \frac{n^4 R_1^4}{4!}$$

由(232')有

$$1 + \frac{n^2 R_1^2}{2} = 1 + \frac{n^2 \operatorname{ch}^2 \alpha}{2 \cdot (3!)^2} x^6 \left(1 + \frac{x^2}{4 \cdot 5} + \cdots\right)^2 =$$
$$1 + \frac{n^2 \operatorname{ch}^2 \alpha}{2 \cdot (3!)^2} x^6 (1 + 2r + r^2)$$

其中

$$r = \frac{x^2}{4 \cdot 5}\left(1 + \frac{x^2}{6 \cdot 7} + \frac{x^4}{6 \cdot 7 \cdot 8 \cdot 9} + \cdots\right)$$

显然

$$r < \frac{42}{41} \cdot \frac{x^2}{4 \cdot 5}, \quad 2r + r^2 < \frac{42}{41} \cdot \frac{x^2}{10} + \left(\frac{42}{41}\right)^2 \cdot \frac{x^4}{(20)^2} < \frac{11}{10} \cdot \frac{x^2}{10}$$

因此得到

$$S_2 = 1 + \frac{n^2 R_1^2}{2} + \alpha_2 = 1 + \frac{n^2 \operatorname{ch}^2 \alpha}{2 \cdot (3!)^2} x^6 + \delta_2 \tag{237'}$$

其中

$$0 < \delta_2 = \alpha_2 + (2r + r^2) \frac{n^2 \operatorname{ch}^2 \alpha}{2 \cdot 6^2} x^6 < \left(\frac{20}{19}\right)^4 \frac{n^4 \operatorname{ch}^4 \alpha}{5 \cdot 6^3 \cdot 4!} x^{12} + \frac{11}{10} \frac{n^2 \operatorname{ch}^2 \alpha}{20 \cdot 6^2} x^8 \tag{238'}$$

所以在条件(235)之下将式(237)和式(237')相乘，即得

$$e^{-nR_2} S_2 = 1 - n \frac{\operatorname{sh} \alpha}{4!} x^4 + \frac{n^2 \operatorname{ch}^2 \alpha}{2 \cdot (3!)^2} x^6 + \delta \tag{239}$$

其中
$$|\delta| < 5|\delta_1| + \delta_2 \qquad (239')$$
而 $|\delta_1|$ 和 δ_2 的估值如(238)与(238'). 现在将式(239)代入(233), 得
$$I = e^{nf(-\alpha)}\left\{\int_{-\infty}^{+\infty}\left(1 - n\frac{\operatorname{sh}\alpha}{4!}x^4 + n^2\frac{\operatorname{ch}^2\alpha}{2\cdot 6^2}x^6\right)e^{-n\frac{\operatorname{sh}\alpha}{2}x^2}\mathrm{d}x + \Delta_0 + \Delta_1\right\} \qquad (240)$$
其中
$$\begin{cases}\Delta_0 = 2\int_\varepsilon^\infty\left(1 - n\frac{\operatorname{sh}\alpha}{4!}x^4 + n^2\frac{\operatorname{ch}^2\alpha}{2\cdot 6^2}x^6\right)e^{-n\frac{\operatorname{sh}\alpha}{2}x^2}\mathrm{d}x \\ \Delta_1 = 2\int_0^\varepsilon \delta e^{-n\frac{\operatorname{sh}\alpha}{2}x^2}\mathrm{d}x\end{cases} \qquad (241)$$

剩下来只要计算式(240)中的积分和式(241)中的误差. 现在对满足(235')的 n 和 ε 再加一个重要的条件
$$\frac{n\operatorname{sh}\alpha}{2}\varepsilon^2 = N \gg 1 \qquad (242)$$
这样就可用初等的方法得到式(241)中两个误差的估值
$$|\Delta_0| < \left(\frac{2}{n\operatorname{sh}\alpha}\right)^{\frac{1}{2}}e^{-N}\left[1 + \frac{3N^{\frac{5}{2}}\operatorname{ch}^2\alpha}{18n\operatorname{sh}^3\alpha}\right] \qquad (243)$$
$$|\Delta_1| < \sqrt{\pi}\left(\frac{2}{n\operatorname{sh}\alpha}\right)^{\frac{5}{2}}\left(\frac{1}{8} + \frac{\operatorname{ch}^2\alpha}{25\operatorname{ch}^2\alpha} + \frac{\operatorname{ch}^4\alpha}{8\operatorname{sh}^4\alpha}\right) \qquad (243')$$
但在(243)中假设 $N \geqslant 8$.

把式(240)中的积分算出来, 即得下面的公式
$$I = e^{nf(-\alpha)}\sqrt{\pi}\left(\frac{2}{n\operatorname{sh}\alpha}\right)^{\frac{1}{2}}\left[1 - \frac{1}{8}\left(1 - \frac{5}{3}\frac{\operatorname{ch}^2\alpha}{\operatorname{sh}^2\alpha}\right)\frac{1}{n\operatorname{sh}\alpha} + \omega'\right] \qquad (244)$$
其中
$$|\omega'| \leqslant \frac{e^{-N}}{\sqrt{\pi}}\left(1 + \frac{N^{\frac{5}{2}}\operatorname{ch}^2\alpha}{6n\operatorname{sh}^3\alpha}\right) + \left(\frac{2}{n\operatorname{sh}\alpha}\right)^2\left(\frac{1}{8} + \frac{\operatorname{ch}^2\alpha}{25\operatorname{sh}^2\alpha} + \frac{\operatorname{ch}^4\alpha}{8\operatorname{sh}^4\alpha}\right) \qquad (245)$$
式(244)和(245)是在式(243)和(243')成立之下才得到的. 以下再设
$$\varepsilon = \left(\frac{12}{n\operatorname{ch}\alpha}\right)^{\frac{1}{3}} \qquad (246)$$
由式(242)有
$$n\operatorname{sh}\alpha = \frac{N^3\operatorname{ch}^2\alpha}{18\operatorname{sh}^2\alpha} \qquad (247)$$
或
$$\frac{N^{\frac{5}{2}}\operatorname{ch}^2\alpha}{6n\operatorname{sh}^3\alpha} = \frac{3}{\sqrt{N}} \qquad (247')$$

由式(245)可知若取 $N=8$,则这个式右边第二项的数值必大于第一项的数值.

因此,如果取 $N\geqslant 8$,则关于误差的估计可以改写为

$$|\omega'|<2\left(\frac{2}{n\,\text{sh}\,\alpha}\right)^2\left(\frac{1}{8}+\frac{\text{ch}^2\alpha}{25\text{sh}^2\alpha}+\frac{\text{ch}^4\alpha}{8\text{sh}^4\alpha}\right) \tag{248}$$

应用这个估计的条件是 $N\geqslant 8$,这个条件也可改写为

$$n^{\frac{1}{3}}\text{sh}\,\alpha\geqslant\frac{8}{\sqrt[3]{18}}\text{ch}^{\frac{2}{3}}\alpha$$

或

$$n^{\frac{1}{3}}\text{sh}\,\alpha>3\text{ch}^{\frac{2}{3}}\alpha \tag{249}$$

在第六章中讲贝塞尔函数时我们将要用到上面所得的结果,那时记

$$\text{ch}\,\alpha=\frac{p}{z},n=z$$

其中 p 是贝塞尔函数的下标,z 是变数.

这时 $z\,\text{sh}\,\alpha=\sqrt{p^2-z^2}$,而式(249)呈下面的形式

$$\sqrt{p^2-z^2}\geqslant 3p^{\frac{2}{3}} \tag{249'}$$

若要求 $p>\sqrt{p^2-z^2}$,则易知要使条件(249')满足必须 $p>p_0$,其中 $p_0=3p_0^{\frac{2}{3}}$,即 $p_0=27$. 在更准确的计算中这个界限可以稍稍降低一点.

俄国大众数学传统 —— 过去和现在

附录

本附录的作者为 A. B. Sossinsky，译者为吴雅萍. A. B. Sossinsky 现为莫斯科电子学与数学研究所高级研究员及莫斯科独立大学讲师.

对西方观察家来说，下述事实令他们深感奇怪：在赫鲁晓夫与勃列日涅夫的极权统治年代里，几乎处于完全孤立的情形下繁荣一时的俄国数学学派，在国家向民主和正规市场经济迈进的今天却面临消亡的威胁. 当然，至少对目前正发生的空前的数学人才外流现象，有其明显的经济原因. 然而如果人们想解释这一矛盾现象，还应了解这一问题的一些更深层的、不那么明显的方面，在西方这是鲜为人知的.

其中一个方面可称作"非正规的大众化数学的传统"——正是本附录的主题.

社会和文化范畴

苏联的大众数学传统的特定形式，只能在俄罗斯文化遗产的框架内以及苏联政体的政治范畴内才能理解. 前者包括俄国科学职业在长时期内的威望，它把东方人对"宗教领袖"的尊崇与德国人对"绅士教授"的尊敬融合起来；同时它还包括传统的对自谦的钦佩,以及优秀的公民、贵族或知识分子通过"走向人民"和与大众分享其文化遗产以增进社会的公正所做出的常常是天真的努力.

这一背景对所有的学科都是相同的,但由于起决定作用的政治性原因,其对数学的影响却是独特的:几十年来在苏联,数学是唯一的一门其自身发展不受意识形态权威人物的严密监督和左右的科学,这一事实是众所周知的.有才能的年轻人很快就认识到学习生物学就意味着要遵从李森科的荒谬原理,研究历史则意味着要遵循马克思主义的一家之言.而数学却保持其独立和纯洁:一条定理,一旦被证明了,则不管党魁们喜欢与否都是正确的.事实上,直到20世纪60年代末,党魁们不仅对定理而且对证明它们的人都并不是特别介意.

因此苏联数学家有极好的机遇来吸引最有才能的学生从事他们的职业,并且他们抓住了这一机遇,并为此建立了新的非官方的机构.

奥林匹克竞赛与数学兴趣小组

首届数学奥林匹克竞赛是在1936年由B. N. Delone在列宁格勒组织的,他在第二年还发起了莫斯科数学奥林匹克竞赛. B. N. Delone是一位多面手,他既是数论专家、几何学家,又是有成就的登山运动员、说书人及讲师.他自己设计这些数学竞赛的形式——现今在很多文明国家中已很流行,且使这些竞赛有了成功的开始.他得到了权威数学家们的支持,特别是A. N. Kolmogorov和I. G. Petrovsky.就其特色而言,近40年来,数学奥林匹克竞赛一直是非官方的,在没有重大经济资助下发挥了作用,并且是靠年轻数学家的无私热情来完成的.

在因第二次世界大战而中断一段时间后,奥林匹克竞赛扩展到全国,并形成了金字塔式结构:首届全俄数学奥林匹克竞赛在1961年举行,首届全苏决赛则于1967年在第比利斯举行.直到20世纪70年代中期,它基本上仍是一项非官方的活动,并从Petrovsky所在的莫斯科大学得到一些经济资助,还从当地一些数学家那里获得帮助.奥林匹克数学竞赛是一种多阶段性竞赛,它从学校一级开始,一个有才能的高中生要在城市、地区以及共和国等各种级别的竞赛中取胜,才可以参加权威性的全苏决赛甚至于有资格参加国际竞赛.

从20世纪40年代后期起,大城市的奥林匹克竞赛与所谓的"数学兴趣小组"密切相关,数学兴趣小组是非常规的解题数学班,通常在周末由年轻的专业研究数学家来指导并向所有有兴趣的高中生开放.俄国的这一非常规的学习小组的传统可追溯到19世纪,小组(在圣彼得堡的列宁的"马克思主义小组")活动的内容从政治宣传到文学、科学或艺术,以及手工艺等.实际上,对这种非常规的活动没有历史的记载,但为了了解我们这一代的每一个主要的苏联数学家是怎样产生的,那么了解他们参加的是哪个小组和说明谁是他们的论文导师可能同样重要.

从统计数据看,当时 50 多岁的苏联最好的数学家中,几乎所有的人都参加了数学小组及奥林匹克竞赛. Novikov, Arnold, Kirillov 及 Fuchs 都是 20 世纪 50 年代的奥林匹克竞赛获奖者.

数学学校及数学班

20 世纪 60 年代可能是苏联数学发展中最值得称道的时期. 尽管"赫鲁晓夫的春天"没有达到预期的效果,俄国知识分子从斯大林时期的由恐惧造成的麻木中觉醒过来,而且艺术及科学活动通常能在政治允许的范围内得以重新恢复. 数学家们利用这个有利形势创立新的机构以吸引有才能的年轻人投身数学事业.

第一个也最具雄心的是"物理和数学寄宿学校". 第一所学校是 1961 年在新西伯利亚附近,由有"科学城的沙皇"之称的 M. I. Lavrentiev 创建的;他是来自莫斯科的一流数学家,承担了在西伯利亚传播科学这一重要计划的实施. 第二年, A. N. Kolmogorov 及 I. K. Kikoin(氢弹物理学家)在莫斯科建立了类似的学校,随后有人在列宁格勒、基辅及埃里温也仿效了这一做法.

Lavrentiev 和 Kolmogorov 认为,未来的数学家未必来自社会及知识界的精英阶层,在全国各地,特别是在小城镇,有巨大的民间人才宝库. 大城市里有才能的年轻人已经得到了广为宣传的奥林匹克竞赛及数学小组的关怀,而小城镇里的年轻人既缺少称职的数学教师又完全没有与年轻的研究人员 —— 其任务是塑造成杰出的未来数学家 —— 接触的机会. 为挑选最有才能的高中生,来自莫斯科、列宁格勒、基辅及科学城的年轻数学家,游历全国的所有边远地区以帮助组织当地的奥林匹克竞赛,同时指导物理和数学寄宿学校的入学考试.

几乎同时,几个杰出的数学家(例如 A. Cronrod, E. Dynkin, I. M. Gelfand)决定为较大的城市居民组办数学学校(注意,确切地说是为那些上中学的最后二或三年的孩子举办的). 于是,莫斯科的第 2, 7, 9, 444 中学成为具有强化数学课程的一流学校.

同时出现的另一个不那么雄心勃勃的机构,称为"普通"学校里的数学班,在那里,有兴趣的高中生可学到更多的(且更高等的)数学知识.

归功于 I. M. Gelfand 的另一个重要的创造,是在 1964 年创立的全苏数学函授学校. 这一著名的机构(只有几个领(低)报酬的长期合作者),借助于莫斯科大学数学专业的人才始终如一的帮助(几年以后,大部分帮助来自函授学校的毕业生),设法吸引成千上万的高中生学习课程以外的数学.当然,大部分学生来自那些不能提供上述常规及非常规的数学学习条件的地方.

随着函授学校的工作的推进,又演化出一种新形式的功能,称为"集体学生",这与当地教师直接相关.即一组学生在本校一名教师的指导下做函授学校指定的作业,每月提交一份共同完成的作业论文.个人及集体这两类工作形式经证明都是卓有成效的.

在20世纪60年代中期,为愿意从事数学研究的有才能的年轻人提供了一个很广阔的供选择的天地.数学兴趣小组、奥林匹克竞赛,多种特殊的班以及学校,其中包括寄宿学校及函授学校,用以满足各种潜在的人才的需要.所有这些机构,在某种意义上,都是外围组织(不是由上面权力机关强加的,也不是由教育体系派生的).幸亏由于投入该事业的人(大多是青年数学家)的热情,使它有效地发挥了作用.这些机构还趋于自我再生:例如数学寄宿学校的校友常常在他们成为研究生后(有时在之前)回到数学寄宿学校当教师.

实际上所有在20世纪60年代上学的领头数学家都进过上面提到的人才学校之一.在他们的班里,他们受到很强的激励去取得成功.环绕在大城市数学奥林匹克竞赛优胜者周围的热烈气氛,可与美国高中篮球队队长周围的气氛相比.下面将简单列举一下 Kolmogorov 寄宿学校培养的一些校友的名字,他们是:Varchenko,Matiyasevich,Levin,Nikulin 及 Krichever.

大众数学书及 *Kvant* 杂志

苏联科学事业中最值得称颂的成就之一是大众科学出版业的成就.在20世纪50,60及70年代中,用买两杯柠檬水(或半个冰激凌)的钱,你便可买到诸如:Khinchin 的《数论的3个宝石》或 Kirillov 的《极限》那样的数学科普书籍.甚至在20世纪80年代,Boltyansky Efremovich 的绝妙的介绍拓扑的科普书或 Arnold 的《突变理论》一书,售价不及一个橘子或半个香蕉.

但对出版业在数学普及中所做的这些事,Kolmogorov 感到还不够.他与 Kikoin 在1969年协力创办了 *Kvant*(《量子》杂志),一个由科学院资助的、面向高中学生的物理和数学方面的科普月刊.结果它成为出版业的一次不寻常的成功:(尽管仅能通过按年的订阅来销售)到1972年(这期间可描述为数学事业的繁荣时期)销售量达到令人难以置信的 370 000 份,其后有所下降,在20世纪80年代保持在 200 000 份左右.

该杂志的经常性撰稿人是 A. N. Kolmogorov,A. D. Alexandrov,

L. S. Pontryagin, V. A. Rokhlin, S. Gindikin, D. B. Fuchs, M. Bashmakov, V. I. Arnold, A. Kushnirenko, A. A. Kirillov, N. Vaguten(= N. Vassiliev + V. Gutenmakher), Yu. P. Soloviev, V. M. Tikhomirov 等. 西方读者通过阅读由"自然科学教师协会"在华盛顿出版的基于 Kvant 过刊的美国版本的《量子》(Quantum) 杂志, 便可了解 Kvant 杂志的主要内容.

数学事业中的停滞

20 世纪 60 年代的数学繁荣未能持续很久, 在不祥的 1968 年(苏联坦克滞留布拉格)以后, 勃列日涅夫及其密友严厉加强了对意识形态领域的控制, 特别是对科学界, 再一次强烈主张科学的党性原则. 这一时期是数学界发生最惹人注目的变化的时期, 原因可能是在此之前数学是一片被偶然遗忘在沙漠中的绿洲.

在莫斯科, 从 1968 年开始, 伴随着"Esenin Volpin 案件", 即所谓的"99 人信件"以及随后的发展, 发生了一系列事件: 莫斯科大学力学数学系行政管理方面的变化, 反对犹太人进入莫斯科大学的政策的重新执行(本来自 1955 年已中止执行), 对数学家的铁幕又一次拉上了(除了那些对共产党或克格勃有特殊贡献的人). 这些事实众所周知, 然而, 人们并不总是清楚地认识到, 当时执政的政策不仅是种族歧视的一种特殊的丑恶形式, 而且更一般的是试图对人的自尊心及公正的遏制, 以及对科学事业中的卓越人才及成就的摧残, 随后, 迟钝与驯服成为在学术事业中成功的主要因素.

可以预料, 当时会对前文中提到的所有从事大众数学的外围机构采取些行动, 实际也确实如此.

在莫斯科, 莫斯科大学的力学数学系党组织控制了 Kolmogorov 寄宿学校, 清除了"不合需要"的教师(包括本附录作者), 解雇了思想自由化的导师, 引入禁止犹太人入学的政策.

就全苏联而言, 教育部控制了数学奥林匹克竞赛. 1976 年在第比利斯举行的第 13 届全苏数学奥林匹克决赛是评委会以重大的牺牲而换取的一次胜利, 他们成功地保留了竞赛的传统(通过与那些想管理及毁掉竞赛的教育部官僚们进行的为外人所不知晓的斗争): 第二年, 忠实的官僚们几乎全部地用那些更容易驾驭的数学家来替换原全苏评委会.

很多数学学校被迫关闭或被重新组织. 著名的莫斯科 2 中和 7 中及很多(特别是那些最有创新精神的教师指导的)数学班被迫中断.

并非对这些机构的所有打击都是成功的. Gelfand 的数学函授学校在意识

形态上好像是无懈可击的.然而,力学数学系新的领导班子组织了一个相应的与之竞争的学校,叫作"Malyi 力学数学学校",并诱惑性地向其学生许诺:他们更易进入该系且劝阻该系大学生不要帮助 Gelfand 学校.但这些并未起很大作用,Gelfand 学校依然办得很成功.

由 Pontryagin 及 Vinogradov 负责执行的另一接管任务也失败了,他们要从太自由化的 Kolmogorov 和 Kikoin 手中争到 Kvant 杂志的控制权.

也许更典型的例子是过去在传统上由莫斯科大学的数学家们指导的莫斯科数学奥林匹克竞赛的命运.曾在 1978 年被选为奥林匹克委员会领导人的 Kirillov,根据力学数学系主任签署的一项行政命令而被调离此职位,该系主任指派 Mishchenko 担任这一职务且完全改变了管理此竞赛的队伍.这导致了竞赛氛围的根本变化:它变得非常刻板且开始模仿莫斯科大学的入学考试.

另一鲜为人知但具戏剧性的故事与 Bella Muchnik 的数学讲习班(被人挖苦地称作"人民大学")有关.它开办于 1979 年,旨在为那些未能通过莫斯科大学的具种族歧视性入学考试的学生提供学习最高水平数学知识的机会.在它的 3 年开办期内,很多很好的数学家在那里执教而没有任何物质报酬.当克格勃逮捕了两名学生后该校才停办.Bella Muchnik 在被克格勃审讯后,一天深夜不幸死于一次车祸,肇事者逃离,很多人相信这不是一次偶然的事故.

但这只是一个极端情形.大多数半官方的大众数学机构未被破坏,相反它们变得更官方化了.靠机构的再生,在很多情形下它们保持了高度专业化水平,但同时失去了很多原有的非常规的特点.值得注意的例外是 Kvant 杂志和 Gelfand 函授学校,它们均设法保持其专业质量和办学精神.

新竞赛、新纪元

一般来说,20 世纪 70 年代及 80 年代初是令人沮丧的时期,当时大众对数学的兴趣逐渐下降,而且 20 世纪 50 年代及 60 年代创立的机构失去了很多吸引力.但至少有一个人没有陷入这种沮丧中,他就是 Konstantinov.尽管他从全苏奥林匹克评委会及莫斯科奥林匹克评委会被解职,而且他的数学学校被关闭,但他又重新行动起来:为中学生创立了一非正规的数学暑期讲习班,按惯例应在爱沙尼亚举办;把莫斯科 57 中学办成数学人才学校直至今日;又在莫斯科发起 Lomonosov 竞赛(一种受欢迎的中学多学科的群众性竞赛)且创立了非常成功的城市间竞赛(现为一种国际竞赛).

Konstantinov 是俄罗斯数学竞赛史上一位真正的传奇人物,然而在莫斯科、圣彼得堡、车里雅宾斯克等地还有很多不如他知名但同样致力于此事业的教师. 例如 B. Davidovich, A. Shen 及 A. Vaintrob, 他们帮助把莫斯科 57 中学办成一个杰出的学校且保持其最高水平, 尽管受到官方机构的行政方面的困扰.

这些以及其他的"手持火炬的人", 穿过勃列日涅夫时期的重重封锁把大众化数学的传统一直延续到"改革"的来临时. 在西方观察家看来, 符合逻辑的应是标榜自由化的政权会立即引发生机勃勃的对最好的民主传统的恢复, 特别是在科学和教育方面, 但这并未出现. 主要原因是(不是西方人通常想的那样)政治机构最高层的急剧变化并未伴随着低层的行政人事的变化. 那些在极权体制下曾竭力反对任何革新及自由化的官僚们, 今天仍在这么做, 而且又补充了新的能量: 这么做, 不单单是为维护旧体制, 而且是为他们自己的生存而斗争. 同时很多本可以在恢复最好传统中起积极作用的数学家, 在条件允许时情愿移居国外, 他们有理由把为他们的家人提供舒适的生活及良好的研究条件, 看得比这里的不确定的前途及拯救濒临消亡的传统更重要. 这主要是指那些当时处在 30 至 40 岁的数学家, 这一代人最好的年华不幸正处在那令人沮丧的停滞时期 (1968 ~ 1986 年).

莫斯科独立大学的数学学院

然而, 那些仍根植于莫斯科的领头数学家们又精力充沛地创立了一个雄心勃勃的新机构, 称为莫斯科独立大学(IUM) 的数学学院, 一个培养未来数学研究工作者的小型人才学校. 它的创建人感到, 莫斯科国立大学的力学数学系由于受 20 年的错误管理的破坏, 且从根本上讲, 现在仍受那些招致该系衰退的强硬路线人的领导; 它对造就新的数学人才已不再发挥作用. 从观念及教学方面看, 创建数学学院的带头人是 Arnold, 而在实际执行中, 其机构由 Konstantinov 管理. 在 1991 年 7 月进行了非常难的笔试(一种从 0 分到 120 分的评分制), 在 9 月开学, 首批注册的是 45 名学生. Konstantinov 成功地在莫斯科大学附近的一个学校借到了办公室及教室, 甚至从莫斯科的资助者那里得到一些钱, 以给学院的教师一些酬劳, 并为一些学生提供奖学金.

当时在俄罗斯还没有办私立(非公立) 教育机构的立法. 特别是, 这意味着莫斯科独立大学不能使其学生免于兵役, 使得大多数男生不得不同时也进入莫斯科国立大学. 于是莫斯科独立大学只能在晚上上课, 该校大部分学生有双份的学习负担.

尽管有这样或那样的困难, 莫斯科独立大学的数学学院正在成功地发挥作用, 它现有 25 个二年级学生及 35 个一年级新生. 美国数学会已向该校教师提供了一些资助, 教师中包括 D. V. Alekseevsky, B. L. Feigin, A. L. Gorodentsev,

S. M. Gusein-Zade, A. A. Kirillov, Elena Korkina, S. K. Lando, Yu. A. Neretin, V. P. Palamodov, V. S. Retakh, A. N. Rudakov, V. M. Tikhomirov, V. A. Vassiliev, E. B. Vinberg 及本附录的作者. 教师们感到他们有能力把莫斯科数学学派最好的传统传给他们的学生(到现在为止,他们已被证明是有才能的及可培养的),并希望莫斯科独立大学的数学学院能克服目前的困难(需要一所永久性教学场所及好的图书馆),成为(不仅面向苏联学生的)一个具有一流水平研究生院的人才大学.

现在怎么样

现在让我们估计一下当今的形势. 圣彼得堡的数学学派无论从象征性意义上还是字面上已不复存在. 就莫斯科及圣彼得堡国立大学的数学系来说, 修修补补已无济于事. 实际上所有 40 岁以下的领头数学家已经或正打算移居国外. 在莫斯科, 大学教授的月工资不够维持一周的生活.

另一方面, 我们这一代的很多领头数学家, 尽管经常居住在国外, 但还没有永久地移居国外: Novikov, Arnold, Maslov, Anosov, Faddeev, Vershik, Kirillov, Vinberg, Sinai 及 Zakharov 仍扎根于这里. 下一代的一些数学家也是如此: Ilyashenko, Helemsky, Feigin, Vassiliev, Khovansky, Rudakov, Soloviev, Fomenko, Drinfeld 及 Krichever. 文化的数学传统至今仍充满活力, 但不是靠国立大学及公办奥林匹克竞赛, 而是以其新的、非正规的机构来传授下去. 仍有很多数学班及数学兴趣小组, 莫斯科数学奥林匹克竞赛正努力以重新获得其传统的价值, *Kvant* 杂志正为生存而顽强地奋斗着, Konstantinov 负责的城市间竞赛及 Lomonosov 竞赛仍在很好地进行. 莫斯科数学会也仍在发挥其质朴的凝聚作用, 且出现了一些试验性新机构: 在圣彼得堡的以 Faddeev 为首的欧拉研究所, 在莫斯科的独立大学及以 Khovansky 为首的数学研究所.

这些足够了吗? 从现在起 5 年或 10 年里, 当我们这一代人太老了以致不能把从事数学研究的乐趣传给有才能的学生时, 是否有人会接过这一火炬呢? 显然逻辑推理告诉我们这两个问题的答案是 "不". 但在此宁愿无视所有的逻辑, 而祝愿美好的数学文化传统, 其中一些是这里已描述过的, 将不会消亡.